何新论美

何新——著

华东师范大学出版社

图书在版编目（CIP）数据

何新论美／何新著．—上海：华东师范大学出版社，2019

ISBN 978－7－5675－9413－5

Ⅰ．①何…　Ⅱ．①何…　Ⅲ．①美学－研究－中国
Ⅳ．①B83－092

中国版本图书馆CIP数据核字（2019）第138581号

何新论美

著　　者　何　新
责任编辑　乔　健
特约编辑　程军川
责任校对　林文君　时东明
装帧设计　吕彦秋

出版发行　华东师范大学出版社
社　　址　上海市中山北路3663号　邮编200062
网　　址　www.ecnupress.com.cn
电　　话　021－60821666　行政传真　021－62572105
客服电话　021－62865537
门市（邮购）电话　021－62869887
地　　址　上海市中山北路3663号华东师范大学校内先锋路口
网　　店　http://hdsdcbs.tmall.com

印 刷 者　三河市中晟雅豪印务有限公司
开　　本　710×1000　16开
印　　张　22
字　　数　327千字
版　　次　2020年7月第1版
印　　次　2020年7月第1次
书　　号　ISBN 978－7－5675－9413－5
定　　价　58.00元

出 版 人　王　焰

中华传统与中国的复兴
——何新选集总序

“推倒一世之智勇，开拓万古之心胸。”

一

面对21世纪期待复兴的中国，我们有必要抚今思昔，追溯传统。

华夏民族的先史中曾经有一个超越于考古的神话时代，这个时代就是华族所肇始和华夏文明滥觞的英雄时代。

我们华族的祖神女娲，是蹈火补天的伟大母亲——一位女性的英雄！

华族的诸父祖日神伏羲（羲和）、农神神农（历山氏）、牧神黄帝、雷神炎帝以及火神祝融、水神共工，或创世纪，或创文明，或拓大荒，或开民智，或奋己为天下先，或舍身为万世法！

帝鲧与大禹父死子继，拯黎民于水火。蚩尤、刑天九死不悔，虽失败而壮志不屈，天地为之崩裂！

后羿射日、夸父逐日，体现了对神灵的藐视；而精卫填海杜宇化鹃，则象征了对宿命的不驯……

中华民族的先古洪荒时代，是群星璀璨的时代，慷慨悲歌的时代，奋进刚毅的时代；是献身者的时代，殉道者的时代，创生英雄和俊杰辈出的时代！

传说华族是龙与凤的传人，而龙凤精神，正是健与美的精神！故“天行健，君子以自强不息！”

二

然而近世以来，疑古、骂古之风盛行，时髦流行之文化却是媚俗娱世、数典忘祖。不肖之辈早已不知我们原是英雄种族的后裔，我们的血脉中奔流着英雄种族的血系，忘记了我们的先祖原具有一个谱系久远的英雄世系。

“中华”得名源自于日华，所谓“重华”，所谓“神华”；华者，日月之光华也！“汉”之得名源自于“天汉”；天汉者，天上之银河也（按：《小雅·大东》：“维天有汉。”《毛传》：“汉，天河也。”郑玄云：“天河谓之天汉。”《晋书·天文志》曰：“天汉起东方。”《尔雅》曰：“水之在天为汉。”刘邦以“汉”为帝国之名，本义正是上应天汉也）！

故中华者——日华也（太阳也），天汉者——天河也（银河也），日月光华乃是华族先祖赖以得名的天文图腾。

面对未来，世途多艰，多难兴邦！我们今日正需要慎终追远，回溯华夏的先祖曾怎样艰难地“筚路蓝缕，以启山林”——呼唤而重觅一种英雄的精神！

“打开窗子吧……让我们呼吸一下英雄们的气息！”（罗曼·罗兰）

三

华夏文明是人类历史上所产生过的一切文明中，最优秀、最智慧、最具生命力和创造力的一种渊源于远古的文明。

5000年来流传有自的世序、历法、文献记载与近百年来地下出土的文物、文献的惊人之印证和吻合，使人可以确信，夏商周文明绝不是建立在所谓原始巫教（张光直）或野蛮奴隶制（郭沫若）基础上；而是建立在当时举世最为先进的天文历法知识、理性宗教哲学和最发达优越的农业及工艺城邦文明基础之上的。

《易经》、《老子》是中国天人学与哲学之源，《尚书》、《左传》、《国语》、《战国策》是中国政治学之源，《孙子》、《孙膑兵法》是中国兵学之源，《论语》、《孟子》、《礼记》是中国伦理学之源，三部《礼》经是中国制度设计之源，《素问》是中国医学之源，《诗经》、《楚辞》则一向被认为是中国文学之源。

然而，这些经典古书数千年间，仁者见仁，智者见智，实际从未真正透彻明晰地被人读通。而读不懂、读不通这些书，就根本没有资格讲论中国文化。

多年来，我不揣愚陋，一直有夙志于全面地重新解读这一系列古代经典。近年来，我又重新整理过去的研究札记，这些文字实为中年时期（1985—1995年）之著作，而间有新知，因此对拙著重新做了全面深入的校订，并撰成此套丛书。此套丛书汇聚了我近三十几年间对经学、朴学之研究成果，其中不同于前人之新见异解殊多。这次重新出版，亦是对以往国学研究的一种自我总结，但学无止境，生有涯而知无涯。回忆自1980年予在近代史所及考古所的斗室之间开始对经部作探索性研究，于今忽忽竟二十五年矣。当年弱苗，如今壮林。树犹如此，人何以堪？感慨系之耳！是为总序。

何　新

2001年5月22日初稿于泸上雨辰斋养庐

2010年5月22日再记于京东滨河苑寓中

2019年记于北京

论　美

修订版序

1

所谓“美”，本是人对外物的一种评价——“它很美!”

这种评价，源自于人的感官感触以及内心感受。所以美是主观的——是人对外物的愉悦感，是发生美感及评价的源泉。

外物（客体）对人之五官（眼、耳、鼻、舌、身）发生刺激及反应，于是发生愉悦或不愉悦之感受——愉悦感产生喜爱（爱情），不悦感产生憎厌（惧以及恨）。

来自人类五官感触的愉悦之感，分别而言之：于视觉方面，则曰“好看或美”（视觉美）；于听觉方面，则曰“动听”“好听”（听觉美）；于嗅觉方面，则曰“芳香”“好闻”（嗅觉美）；于饮食方面，则曰“好吃”或“美味”（味觉美）；于体觉方面，则曰“舒服”“愉悦”“快乐”（体觉美）。其神意出离而陶陶然，则曰“适意”“美乐”以及“幸福”。

来自感觉以及感受官能之愉悦感，泛言之，皆可言之曰“美”。

2

由愉悦而生喜乐，则生追慕之感情，此即“喜爱”之“爱情”。转化为意识及意志，则有欲求以及追求之行动。欲求以及追求之强烈欲念与决心，即为心理学所言之“意志”。

审美活动，不仅关乎个人之心理，而且可影响于社会人众之心理。

故审美活动及艺术创作，对个人而言是寻求自身愉悦感之游戏。但就其影响他人（“受众”）以及社会而言，则审美具有操纵人性、情感以及行为之力量。所以，美不仅是艺术，也是能够魅惑人类的一种“巫术”。

3

自然本具有天然之形式美（纯净、整齐、协调都会给人之感官以愉悦的感受）。自然美包括天生之人体美、形貌美。艺术之美则是人工造设创作之美。由于艺术之美是人工所造就，所以艺术创作关连于意识及理性，从属于理念以及理想之追求。

艺术作品划分为两类：直接作用于感官者是感性艺术，如造型、音乐、香料以及烹调之术；通过符号及语言，作用于意识及思维之作品，是为理念之艺术。

理念之美超越于感官之美。道德情操之美，康德谓之“崇高”，关乎人格之塑造，实际属于最高级艺术形态之理念美。

4

诗歌与文学皆非感官感性之艺术，戏剧、影视则为综合类艺术，但也是观念及理性之艺术。

理念之美，纤巧者曰“优雅”，伟壮者曰“崇高”“壮丽”及“伟大”（即“伟美”，参看康德《论优美感和崇高感》）。

我早年醉心于美学及艺术，以上所言皆出自个人之心得，或为前人所未发，然惜乎中年以后荒于艺事，故此书中多数仍是旧年作品之结集。第一版未专署序言，兹略书以上数言为修订版序。

何新

2011 年 4 月

目录

"美"字之语源 / 001
试论审美的艺术观
——论艺术的人道精神与形式美 / 004
美的分析 / 018
关于艺术美的三种类型
——读黑格尔《美学》的一则札记 / 032
略论艺术的形式表现与审美原则
——兼论艺术的起源问题 / 039
论诗美 / 055
关于诗与语言形式 / 079
何新讲诗词 / 082
何新玩《红》杂记 / 100
试论汉文字书法之抽象美
——中国书法演化之鸟瞰 / 118
论中国古典绘画的抽象审美意识 / 157
论文人画
——《何新画集》自序 / 174
凝固的音乐
——读《中国古代建筑史》/ 181

论 19 世纪—20 世纪西方艺术中的“现代主义” / 187
婵娟、混沌、鳄鱼及开天辟地的神话
——文化语源学研究札记 / 210
《长恨歌》故事与辽宁红山女神 / 224
中国上古神话的文化意义及研究方法 / 229
钟馗的起源 / 238
符号与象征 / 240
艺术作品的符号学分析 / 249
论武侠及其文学 / 271
论《红与黑》/ 302
论巴尔扎克《人间喜剧》/ 317
“中国的莎士比亚”——徐渭 / 323
附录
关于莎士比亚的札记 / 326
莎士比亚隽语钞 / 327
关于美学问题的艺术家通信 / 333
纪念吴冠中先生：现代中国艺术形式主义革命的拓荒者 / 338
吴冠中与何新书论艺术形式革新问题 / 340
跋 / 342

“美”字之语源

《说文》释“美”为“大羊之甘味”，以美味之“美”为其字之本义，大谬不然也！

甲骨文及金文之“美”字，乃是一个冠羽饰之舞者的独体象形文字。“美”字的古音、本义、语源，乃是舞蹈及舞者。

“美”是美学中最重要的语词和概念之一，但是它在汉语中的语源及初始语义却一直是一个谜。

流行的传统的说法是：“美，甘也。字从羊、大。”（许慎《说文解字》）也就是说，“美”的语义是从美味中引申出来的。

这种说法相当权威也颇为流行，其实却是望文生义的附会之谈。今儒戴家祥曾指出：“谓羊大则肥美，盖拓晚周讹体‘美’字顶部之‘羽’变形为‘羊’而解说，致生窒碍。”其说甚是！

从古字形学的角度看，“美”字并非“羊、大”的合体会意字。“美”字是一个独体象形字，乃是一个头戴羽饰作舞蹈状的人形。

古代有一位《诗经》的传注者解释“美”字意义指出：“美，谓服饰之盛也。”（《诗·关雎序》）

王献唐说：“以毛羽饰加于女首为‘每’，加于男首则为‘美’。”参照于“美”字的形、义关系，王献唐的这一解释是接近“美”字本义的。

但是从语源看，“美”字在上古汉语中还有更深一层的涵义。“美”字的古音，并不读为今音的 měi，乃读作 wěi：

《经典释文》引《韩诗》：“美”字古音读作“娓”（wěi）。

《广韵》：“美”读音同媺（wěi）。

《玉篇》：“美”读“亡鄙切”（或作“无鄙切”）。

由以上古语言材料可知，美字的古声母在“无部”（声母 W），与“舞”之古音相通。故“娬媚”——美也，乃叠韵连绵词。

舞蹈之“舞”字的上古读音是“王禹切”（《玉篇》），音近于 wěi。由此可以发现：美、舞二字，实际上古音相通。

我们看甲骨文及战国文字中的“舞”字，所描写的都是一个人手持双羽或戴羽而舞蹈。

《说文・舛部》：“舞，乐也，用足相背。”“翌”，古文舞。《说文》所录古文（战国文字）的“舞”字，字形与“美”的古文字非常相似——像一个人头顶着羽毛。其实这个字应是《说文》中的“䍿”字的异体字。“䍿”，即皇，也是“翌”之别体，是古代的一种舞蹈。《说文・羽部》：“䍿，乐舞，以羽翿，自翳其首，以祀星辰也。从羽，王声，读若皇。”

汉代经学家对这种舞蹈仪式曾作过研究，他们指出：䍿舞是为祭祀太阳神的，又称“皇舞”。

舞者头上装饰羽毛帽，手中也持着羽毛，都是为了模仿作为太阳神象征的凤凰。[①]戴在头上的羽毛冠帽称作“翣”，而持在手中的羽毛称作“翿”。

由此可知，“美”字本义与“翌”“䍿”“皇”均相通，其语源来自以羽毛为装饰的舞蹈。这种舞蹈是在上古的图腾文化中一种祭祀太阳神的神圣之舞。由于这种神圣典礼必然具有的欢乐气氛，“美”——“舞”，在其原始语义中还具有着“娱乐”和“欢乐”的涵义。

“美”字起源于盛装而饰之舞蹈，“美”与“舞”两字最初乃是同音、同形、同义字的分化。[②]这就是汉语中“美”的本义和语源。

进一步的语源学研究还表明：“美”字不仅与“舞”字同源，与音乐的“乐”字也是同源的。[③]

《礼记·乐记》：“凡音之起，由人心生也，人心之动，物使之然也。感于物而动，故形于声。声相应，故生变，变成方，谓之音。比音而乐之，及干戚、羽旄，谓之乐。”由此可知，以手持干（盾）、戚（斧）、羽毛而舞，就叫“乐”。

“乐”有二音，一读为 lè，与“踛”（陆）相通，“踛，跳也”。乐、美古音相通。“命令”一词，在先秦古语中是双声叠韵之联绵词，“令”之古音读如“命”，犹如“乐”之古音读如“美”。今俗语“看你美的”，就是指快乐、兴奋。光怪陆离，其实陆离就是“美离”——“美丽”的同源词。读乐（lè）、踛（履）相通，即美极而跳跃也，亦为跳跃。

乐又读为 yuè，跃也。古所谓“乐”，都是指欢乐而跳舞。礼乐，是作为国家大礼的乐舞。

这很自然，因为富于节奏感的原始舞蹈必然需要伴随着强烈刺激性的音乐和歌咏。所以，原始舞蹈不仅是汉语中“美”这个语词的起源，而且也是“喜乐（悦）”“音乐”等语词的语源。

（本文原刊《学习与探索》1992 年第 4 期）

注释

①《周礼·舞师》：“教皇舞，帅而舞旱暵之事。”郑司农注：“舞，蒙羽舞，书或为皇。”《周礼·乐师》“皇舞”郑司农注：“以羽冒复头上，衣饰翡翠之羽。”郑玄注：“皇，杂五采羽如凤皇色，持以舞。”

②从语音看，“美”“舞”两字的演化，表现了 mei、wu 这两种共源语音的分化。这在古汉语中是一个具有普遍性的规律。请看以下一些词例：未—末，午—昧，妩—媚，妫—妹，寤—寐，等等。此外，“舞”字音转为“娥”，这个字在古汉语中意义正是“美丽”（见《方言》）。

③《诗·大雅·绵》“周原膴膴”，《毛诗传》曰“美也”。又，“美”即“每”也。《左传》僖公二十八年舆人之诵曰：“原田每每。”杜预曰：“美盛，若原田之草每每然。”（何案，文中“每”，今记作“茂”。）“每”字，其形写照女子头饰冠羽，与美之音义正亦相通。

试论审美的艺术观

——论艺术的人道精神与形式美

本文写作于1978年，是作者的早期作品（此处为最新修订版）。本文初一发表曾对当时的中国美学界给予一种强烈的震撼。不久之后中国新艺术思潮的兴起，与本文中所表述的形式主义美学观念是有着直接关系的。

著名艺术大师吴冠中来信评论此文云："大作带来旅途细读，很好，因为是贴切了艺术实践的、真实的，所以是科学的。不少虚伪的'艺术理论'文章，美术工作者不爱读，不读！年轻一代更反感。所以在美术界，理论与实践者间是话不投机。我自己的时间精力都倾注给实践了，没有理论水平，但看到伪论的毒害，使许多青年美工在作无效的劳动，有时写一点体会，比方'形式与内容''抽象美'等等有关形式美的关键问题，受到实践者们的共鸣，同时引起卫道士们的反对。因为有些只识归途的老马，他们还负责驾车的时候是决不敢走新路的，何况逢迎者也总不乏人。希望你坚决、勇敢地写下去，……攻那个'内容决定形式'的毒瘤。"

"非有天马行空似的大精神，即无大艺术的产生！"

——鲁迅

引　言

人来源于自然，但人性是对人类自然本性（源于动物性）的异化。

所以，人延长四肢而造工具，认知自然规律而有理性，变动物式的交配繁殖为爱情，超越人类之间的自然血缘纽带而建立了社会、国家、道德、法律。

本来人与万物一样从属于大宇宙，而后来宇宙万物却受支配于人，人成为万物的尺度。

人生本质上是一个无解之谜。帕斯卡说："我不知自己是谁，为何而在，归向何方。"每个人的全部人生在根本上可以归结为四个问题：①吾谁？②何在？③去何？④为何？（吾谁——我是谁？何在——存在于哪里？去何——归宿何在？为何——人生为什么？）全部艺术、宗教、哲学从根本上无非就是为解答这四大问题。

在非艺术的现实生活中，人们为利益和欲望所驱迫，不得不为生存而斗争，奔忙碌碌，载浮载沉，喜怒哀乐，不决于人。这是一个必然王国，人是不自由的。

但是在艺术的世界中，人类却超越了这种被局限的存在。艺术为人类展现了一重新的天地。

人类在艺术的王国中找到了自由。艺术本质上是一种沟通工具，沟通天、地、人、感情与思想，沟通就是共享。艺术美化了人的生活，也美化了人类自身。

艺术的发展需要艺术理论，即美学。艺术史证明，只有艺术理念的突破和解放，才能促进艺术创新，促进艺术在一个新时代的复兴和繁荣。

这篇文章，就是为了这个目的，向艺术理论的某些禁区进行冲击的一次尝试。

1. 审美是艺术的根本功能

艺术领域可以大体划分为五个部类：

①造型艺术（绘画、雕塑等）；

②声乐艺术（音乐、朗诵、歌唱等）；

③表演艺术（舞蹈、戏剧、电影等）；

④文学艺术（小说、诗歌等）；

⑤建筑艺术（园林、建筑等）。

艺术具有三重功能：①认识；②教育；③审美。

就艺术可以通过形象传递信息，从而沟通人类的思想感情看，艺术是人类的一种特殊语言。而就艺术可以表达人类对生活的理解和认识看，艺术又是人类认识自身和世界的一种特殊手段。

在艺术的一切功能中，审美作用应该是艺术最重要，也最根本的功能。

一件作品，如果它具有认识或教育的价值，却不具有审美价值，它就不配被称作艺术品。反之，若一件作品，虽然丝毫不具有认识或教育的价值，然而具有审美价值，那么它还是当之无愧地可以被称作艺术品。

不信吗？试看缀绣于窗帘上的这些花饰吧——它们没有意义，没有内容，它们只是一系列不规则花纹图形的有规则组合——它们具有形式美，正因为如此，这窗帘就成为了一件令人喜爱的艺术品。

由此可见：一件作品是否成为艺术品，及其艺术价值的高低，从根本上说，乃是以其是否具有审美价值及其审美价值之高低来确定和衡量的。

2. 自然美不同于艺术美

一件真正的艺术作品，必须满足两个基本条件：第一，它必须是人类劳动和智慧的创造物；第二，它必须能给人以精神上的愉快感受，即具有审美价值。这两点，可以说是使艺术品与非艺术品相区别的根本特征。

首先应该排除一种错觉。有人以为，凡是优美的事物，就都属于艺术。这种看法没有区分优美中的自然美与艺术美。自然美尽管可以是艺术的对象，却绝不属于真正的艺术本身。

海中的旭日，绮丽的云霞，晶莹辉彻的星空，绚烂多彩的宝石、鲜花，等等，大自然的这些作品都是十分优美的，但它们却不配被称作艺术，因为它们不是人类的创造物。

实际上，美在自然界中无论显现得何等瑰丽，却总是偶然的。因为美绝不是大自然创造万物的先在目的。

意大利著名美学家克罗齐说过：

> 只有对于用艺术家的眼光去观察自然的人，自然才表现为美。动

物学和植物学工作者不承认有美或不美的动物或花卉。自然的美是人发现出来的。[1]

这话是对的。生物学家绝不会赞同文学家的观点，认为豺狼、鳄鱼、驴子是丑的，而狮子、雄鹰和骏马是美的。对他们来说，一切动物只有分类学的差别，而不具有美学的差别。科学家对自然界的这种客观态度，也正是大自然本身的态度。

而艺术却不同。艺术中的美是必然的，因为美是一切艺术创作所必须设定的自觉目的。每个艺术家都应该在作品中显现他对于美的独特感受和理解。从这个意义说，大自然天然不是美的，艺术却天然就是美的。另一方面，只有形成了美感的人类，才第一次知觉到自然中的美。只有美感充分发达的人，才能特别深刻、特别细致地感受到大自然的美。美和美感都是人类历史的产物。单纯的自然美，至多只是消极的、潜在的美。它只有经过人类的陶熔铸炼和再创造，经过绘画、摄影，或雕琢修饰，才能升格为艺术的美，从而由自在的美变为自为的美，由偶然的美变成必然的美，由瞬发的美变成永恒的美。因此，尽管自然美在数量上无限地超过艺术美，但在质量上却永远低于艺术美。

3. 审美活动为人类所专有

一件艺术品，与人类的其他创造物之根本区别，是它具有审美的价值。

审美，是人类所独有的一种复杂而高级的精神活动。它是复杂的，它包含着感觉、心理、思维、情感等一系列多样化统一的精神活动。它是高级的，因为除人类以外，再没有任何其他生物也具有自觉的审美意识了。

有人认为：某些动物也具有美感，例如雌孔雀，它在择偶时不是总选择那种羽屏最漂亮的雄孔雀吗？

但是错了！这个例证恰恰表明孔雀并不会审美。否则，雄孔雀为什么不同样也挑选最漂亮的雌孔雀为配偶呢？而雌孔雀们为什么都是那样地丑陋呢？

实际上，一些动物对于美的爱好，并不比另一些动物对于丑的爱好具有更多的意义。我们知道，有些动物生来就爱丑：蟾蜍总是选择身上癞疤最多的对象为配偶，豺狼也总是选择类群中最凶獠即最丑的为伴。动物所追逐的——无论从人的观点看是美或丑——实质都只是一种性的特征。对这种特征的偏爱来自这个物种在进化过程中形成的本能，因此特征最强的动物最容易吸引异性。只是在凑巧的情况下，某种动物的性特征恰恰与人类的一种审美观念相吻合，如孔雀。于是，人们就误以为动物也会审美了。其实，没有任何动物能对普遍的美有任何知觉。动物的所谓美感，无论在质上或量上都根本无法与人类的审美感相比拟！

4. 艺术以自身为目的

普列汉诺夫在其所著《艺术论》中说："任何一个民族的艺术，依据我的意见，总是同它的经济有着最密切的因果联系。"[②] 为此，他分析了原始艺术的某些事例，试图证明人的审美观念归根结底来自人的经济观念。这种观点是对唯物史观的典型庸俗化。

就某些艺术看，难以否认，最初确实是带有某种实用性的。原始神话本来是先民用以解释自然现象和人类起源的一种幼稚知识。原始舞蹈则本是巫术的工具，先民们以这种表演向祖先和神灵祈求福祉。而艺术的进化过程，也就是它逐渐从狭隘的功利性目的中解放出来，走向独立的过程。

即使在艺术的摇篮时代，也已经出现了单纯是为观赏和审美的作品。几万年前的原始人类就在西班牙北部阿尔塔米拉山洞顶壁留下了一批动物图画。在这些信手挥涂的即兴作品中，很难确指它除了供人观赏（即审美）以外，还具有什么样的功利性目的。至于出现在石器时代晚期各种生活器皿之上的装饰花纹，即使机械地附和以某种经济动机的解释，又怎能令人信服呢？

在以后的历史中，艺术作品的产生仍然受到过艺术以外例如政治、经济、宗教需要的刺激，像敦煌的佛教绘画，文艺复兴时代艺术三杰（达·芬奇、米开朗琪罗、拉斐尔）以宗教为题材的绘画和雕刻作品等。这些事例似乎都给人以理由，说明艺术先天是不能自立，而必须附庸于他物的。然而，当我们流连徘徊于莫高窟的精妙壁画之下时，打动我们心的难道真是它所表现的佛教观念吗？当我们赞叹激赏于艺术三杰的绘画和雕刻作品时，难道我们也就被感化为基督教徒了吗？

在这些作品中，我们所赞赏的是它们的艺术魅力，而不是宗教观念。不论这些作者当初的主观意图如何，在这些作品中，与其说宗教在利用着艺术，不如说艺术也在利用着宗教。与其说艺术是宗教的工具，不如说宗教在客观上也成为了艺术的工具。由于时代的原因（受当时社会的政治、经济因素所制约），当时的艺术作品不得不以一种宗教的形式出现。时代尽管是特殊的，艺术美却是普遍的。这些作品的宗教形式今天已经过时，它们的艺术魅力却是永存不朽的！

由此就可以发现，旧美学理论中存在一个重大的谬误，它对艺术的内容和艺术的表现形式恰恰作了一种完全颠倒的认识。就以拉斐尔的油画杰作《西斯廷圣母》为例，这幅作品所表现的是一个宗教故事：圣母玛利亚抱着幼年的耶稣从云端降临人世。以往的评论家都认为，这一题材构成了它的内容，而画家对这幅作品的艺术表现则是它的外部形式。按照这种观点，艺术就恰恰在自身的内容中丧失了自己：艺术被认为只是包裹着作品外部的皮相，其内在的东西却是完全非艺术的。这种观点无法解释：既然人人都认为内容应该高于形式，那么早已有过千百幅表现圣母的作品，内容都与拉斐尔的这幅相同，为什么只有这幅作品最值得重视呢？

与这种传统观点相反，在艺术中，被通常看作内容的东西，其实只是艺术借以表现自身的真正形式；而通常认为只是形式的东西，即艺术家对于美的表现能力和技巧，恰恰构成了一件艺术作品的真正内容。人们对一件作品的估价正是根据这种内容来确定的。

拉斐尔的圣母像就正是这样。在一个早已被一般庸才表现过千百遍的旧题材形式中，他以自己的精湛造诣为之赋予了崭新的艺术内容，从而使这个已死的形式获得了新的灵魂和生命。他的这种艺术表现是如此深刻，正如黑格尔对之所赞叹的：

> 我们确实可以说，凡是妇女都可以有这样的情感，但是却不是每一个妇女的面貌都可以完全表现出这样深刻的灵魂。[③]

5. 艺术本身是超实用领域

由以上的分析可以进一步得出重要的结论：因为艺术在作品中以自身

为内容，所以艺术的目的就在于艺术本身。用康德的话讲即是："美的艺术是一种意境，它只对自身具有合目的性。"[④]

这是近代美学理论中一个意义极其重大的基本命题，但多年以来却一直无道理地受到曲解和攻讦。它被一些人指责为非马克思主义的，其实马克思很早就曾表述过与此类似的思想：

> 作家绝不把自己的作品作为手段，作品就是目的本身；无论对作家或其他人来说，作品根本不是手段，所以在必要时作家可以为了作品的生存而牺牲自己个人的生存。[⑤]

这不正是艺术应该以自身为目的的思想吗？

因为艺术必须以自身为目的，各种生活素材在艺术中就失去了它们的本来意义：它们不再是内容，而是形式；它们不再是实体，而是幻影；它们受艺术需要的制约，而不是艺术必须为它们服务，受它们制约。例如，在舞蹈或戏剧中进行战争和格斗，目的已不再是为了夺取现实意义上的胜利；用蜡型仿制香蕉、苹果，目的也不再是供人食用。

另一方面，如果一件事物还没有失去对于生活的实用意义，那么尽管它具有某种审美价值，也不能被认为是纯粹的艺术品。例如，接受着信徒香火供奉的佛像，造型固然很优美，对于信徒来说，却只是神的现实化身，而不是一件作为艺术的雕像。蜿蜒于群山的万里长城，在古代战争中是一座座烽火要塞，而不是今人眼中的古建筑艺术奇迹。它们的审美价值虽然是一直固有的，但要成为纯粹的艺术品，却只有当它们已完全失去其实用意义而只保其审美意义的时候。古代遗留下来的青铜鼎、金字塔、陶俑、玉器、兵器等等，也都是如此。由此可见，真正的艺术品是不满足人的功利性需要的。除了作为审美工具，除了寓认识和教育于审美之中，它不可能是服务于任何非艺术目的的工具；否则，存在的就绝不是真正的艺术作品！

6. 人类精神在艺术中得到解放

有人会问：如果艺术竟是一个超实用的领域，那么它的价值岂非太低了吗？它对于人类生活的意义，不就只是一件可有可无的东西了吗？

但是，难道只有能带来直接物质利益的东西才有价值吗？难道只有对人的衣食住行有直接用项的东西才对人有意义吗？17 世纪一位英国美学家有一次伫立于伦敦街头，面对那车水马龙、熙熙攘攘的人流感慨地说："这些市侩只会过一种虚假的生活。只有美的理想才能把他们解救出来。"

但如果硬是强调艺术为狭隘片面的功利性目的服务，不又恰恰是要把艺术再拉低到那种市侩生活的水平上去吗？

艺术固然没有直接的实用意义，却具有远比一切狭隘功利性目的更崇高的价值。艺术的审美活动，实质是使人类在精神上获得解放的方式。

人类本来是自然界的"奴隶"，处处受到未被认识的必然规律的束缚。劳动的发展，智慧的进步，逐渐使人类学会用自然本身的力量去征服自然。在这个历史进程中，人类创造了从原始石头工具到现代工业这样一系列的伟大生产力和科技文明。

但是，几千年来，尽管人类在愈益增多的方面变成自然界的主人，却在自身所创造的"异化力量"面前不断沦为新的奴隶。

例如，金钱本来是人类所创造的一种交换工具，后来却变成受到普遍崇拜、具有驱策人类之力的神灵。人类发明了各种形态的社会组织，使孤立分散的个人结合成了力量巨大的社会整体。但是，在各种社会组织中都形成了等级、阶级、特权、官僚制度等异化力量，破坏了人与人之间的原始平等，使多数人总是受到少数人的支配甚至奴役。

伴随着道德，出现了伪善。伴随着理性和科学，也出现了迷信和愚昧。最先进的科学和工业被用于制造旨在毁灭人类的热核炸弹，最高明的医学和生物学却被用来培养目的是灭绝生物的细菌武器，如此等等，人类历史中这种既正常又荒谬的矛盾真是举不胜举。在人类发展的道路上，几乎没有一种善不同时伴随着一种恶，几乎没有一个进步不同时带来了一种堕落。

马克思在分析人类历史中这种异化和矛盾时指出：

> 劳动替富者生产了惊人作品（奇迹），然而，劳动替劳动者生产了赤贫。劳动生产了宫殿，但是替劳动者生产了洞窟。劳动生产了美，但是给劳动者生产了畸形。劳动用机器代替了自己，但这样就使

> 一部分劳动者倒退到野蛮的劳动上去并且使另一部分变成机器。劳动生产了精神（智慧），然而替劳动者生产了无知、痴癫。[6]

由于这种矛盾，对于历史上的大多数人来说，生活总是艰难而沉重的。在这条道路上，有人呻吟，有人叹息，有人奋斗，有人抗争。而后来，人类逐渐学会了站到生活舞台之外去谛视、观察和思索生活，于是就发明了艺术。艺术再现了生活的过去，保留了生活的现在，也憧憬了生活的未来。不仅如此，艺术还再现了人的心灵和情感，成为伴随人类生命长河一同流动的进行曲。艺术既是一首人类生命的悲歌，也是赞歌。艺术发展的历史，也就是人类向真、善、美的生活理想不断探求和向往的历史。

7. 艺术是“游戏”

考古材料表明，原始艺术最初出现于新、旧石器的交替时代。这绝不是偶然的。旧石器向新石器的演变，即由工艺粗糙的石头工具向精美的石头工具的演变，反映着由非审美的人类向审美的人类的演变。这种演变标志着人类精神形态的一个重大革命。

它意味着，人类已开始懂得事物可以以两种形式存在：一种是单纯为了实用的形式；另一种是为了观赏，使人在精神上得到愉快感受的审美形式。当人试图给一件石头工具以一种优美的外形时，他不是在为满足一种迫切的物质需要而工作，而是在为寻求精神上的一种快适享受而工作。这种工作本身就能给人以愉快。马克思指出：

> ……人类本身则自由地解脱着物质的需要来生产，而且在解脱着这种需要的自由中才真正地生产着……所以人类也依照美的规律来造形。[7]

正是在这个意义上，艺术有类于游戏。所谓游戏（play），就是一种令人愉悦而无直接功利性目的的活动。[8]游戏令人获得身心愉快。

有人会说：真是岂有此理！游戏是玩耍，艺术是崇高严肃的事业；以艺术类比游戏，岂非对艺术的亵渎吗？

其实，游戏并非都是一种无聊的玩耍，许多游戏活动高雅而严肃。例如，体育竞技运动不也是一种游戏吗？更重要的是，游戏不是一种不自愿的被迫活动，从事游戏正体现了一个人对自身精力具有支配的自由权。

席勒说过这样的名言：

> 只有当人充分是人的时候，他才游戏。
>
> 只有当人游戏的时候，他才是完全的人。⑨

艺术正是在这一点上与游戏相似。它也体现了一种自由，即人对自身精神的驾驭自由。所以康德也说过："艺术有别于手艺，艺术是自由的，手艺却是被雇佣的。人把艺术仿佛看作一种游戏，这是本身就愉快的一种活动，达到了这一点，就算是符合目的。"⑩

8. 艺术是评价生活的试金石

我们来研究几个具体的事例吧。

法国近代名画家米勒有一幅油画，题目是《拾穗者》。画面上是三位正俯身于夏季炎日下拾穗的农妇，她们的面庞衰老而憔悴，岁月和生活在上面刻满了皱褶，她们衣着古朴而陈旧，正蹒跚于只剩残秸枯枝的田野中。整个画面的色调是沉闷而抑郁的，看着她们，你会意识到正压在她们肩头的生活重担，想起马克思的话：

> 他的劳动不是自愿的而是被逼迫的。是强迫劳动……一旦物理的或其他强制如果不存在了，那么劳动就会像鼠疫一样被厌弃。人类在外在的劳动中丧失了自己，这种劳动是自我牺牲的劳动，苦行的劳动。⑪

但是，当这种劳动成为艺术所表现的对象，它的意义就发生了变化。黑格尔说：

> 艺术家常遇到这种情形，他感到苦闷，但是由于把苦闷表现为形象，他的情绪的强度就缓和了，减弱了，甚至在眼泪里也藏着一种安慰。⑫

艺术对生活的表现，可以使人从生活的直接重压和苦闷之下超脱出来，伫立在它之外去谛视和思索它。即便是最沉重、最苦闷，甚至最丑恶的生活，只要它在艺术中成为被表现的对象，它就能在审美中唤起人的同情，或者唤起人的厌感和憎恨，因而在人的美感中被否定了。

由此可见，艺术的审美又是一块试金石。它不仅评价着生活，而且评价着人的情感和良知，也鉴定着一个人志趣和人格的高尚与卑下。只有那种对于正义被蹂躏和毁灭的悲剧能悲愤、对于丑恶被现形和讽刺的喜剧能欢笑的人，只有那种不仅只关注于自身的狭隘生活天地，而且也关切着出现于艺术中的与自身全无关系的人们命运的人，只有那种即使发现被艺术家所讽刺的角色中也有自己，还能因惭愧而微笑的人，才是一个在精神上强有力、在情操上真正高尚的人！

9. 人类在艺术中超越自然

当人类还不能在现实中征服自然的时候，人已经在艺术中超越了自然。艺术提高了人类在大自然面前的地位。

康德在分析人类审美观念中的“崇高”感时，曾经说过这样的名言：

> 胆怯者是不能对自然界中的“崇高”作评判的。例如“高耸下垂威胁着人的峭石悬崖，乌云密布挟着闪电与雷鸣的天空，喷吐奔肆中的火山，飓风横扫被摧毁的废墟，惊涛骇浪下无边无际的海洋，高悬大江之上的瀑布”，等等，这些景象足以使胆怯者恐惧。但对于自然的审美者来说，这种欣赏本身就表明人的意志和精神力量，比自然力量更雄伟，更崇高！[13]

因此也正如康德的学生费希特说过的：

> 我敢于昂首面对那可怕的、陡峭的山峰，面对那气势雄伟的瀑布，面对那雷声滚滚、电光闪闪、翻腾于大海深处的浪花，说：我是永恒的，我要抗拒你的威力！你，大地！你，天空！把一切都压到我身上来吧！[14]

人类就是这样，在对大自然的审美中，使自己在精神上凌驾和征服了大自然。艺术不承认有任何不可表现、不可征服的自然事物。即使人类还不能物质地征服它，也要在精神和想象中征服它。

无论是广袤无限的空间，还是可以销蚀摧毁世间一切的时间，在艺术中都要按照人的意志，得到自由的表现。

在一曲交响乐的演奏中，我们的精神不是可以跟逐着那跳动的音符、激越的旋律，在想象中飞掠过大地、高山、江河、海洋，直至辽阔无垠的宇宙空间吗？

在历史上已去而不返的事件，却可以在戏剧、史诗和小说中获得生动的精神再现。古希腊艺术家米隆为我们留下了著名的雕塑作品《掷铁饼者》，塑造了一个正弓腰曲背、行将完成一个急剧转体动作的运动员。只要再过一刹那，他手中的铁饼就将抛掷出去——再过一刹那！然而这一刹那已经保持了3000年。

以无形创造有形，以静止创造运动，以有限概括无限，以死的线条创造活的形象，这就是艺术的伟大力量！

10. 艺术是最崇高的人道精神作品

艺术所表现的是人生，艺术所诉诸的对象是人。艺术是一种呼吁，它要在人心和人的情感深处求得回声和共鸣。只有做到这一点的作品，才是成功的，人们才承认它是美的。因此，真正美的艺术作品必然是属于全人类的。

在艺术的长河中可以看到有两种类型的作品。

一种作品是趋应于某种暂时的时代精神需要而出现的，它可以在一时被哄抬起来，但其艺术生命却非常短暂，只要潮流一变，它就会死去。法国评论家丹纳曾经说：

> 二十年前轰动一时，今日只能叫观众打呵欠。某一支歌当年在所有的钢琴上弹过，现在只显得可笑、虚伪、乏味。所表现的是那种短时期的感情，只要风云稍加变动就会消灭；它过时了，而我们还觉得奇怪，当年自己怎么会欣赏这一类无聊东西呢？[15]

还有另一种类型的作品，它们的价值似乎是时间的函数，随同年代的积累而递增。这类作品刚出生时，却并非总是幸运的，由于拂逆了某种时兴的潮流，它们也许曾受到长时间的冷落。尽管如此，只要它们的艺术价值一旦被人发现，其艺术生命就是永恒的。莎士比亚的戏剧和《红楼梦》不都是这样吗？本·琼生在评论莎士比亚时说过一句名言：

> He was not of an age, but for all time.
> （他并非属于一个时代，而属于永远。）

这种类型的艺术品一旦产生，甚至也就不再属于它的作者。艺术的伟大价值在于，它们永远属于各个民族、各个时代的一切人。

马克思指出，希腊艺术所表现的是人类的儿童时代：

> 一个成人不能再变成儿童，否则就变得稚气了。但是，儿童的天真不使他感到愉快吗？他自己不该努力在一个更高的阶梯上把自己的真实再现出来吗？它的固有性格不是在儿童的天性中纯真地复活着吗？[16]

马克思还说过：

> 共产主义是私有财产即人的自我异化的积极的扬弃，因而是通过人并且为了人而对人的本质的真正占有；因此，它是人向自身、向社会（即人的）人的复归，这种复归是完全的、自觉的，而且保存了以往发展的全部财富的。
>
> 这种共产主义，作为完成了的自然主义，等于人道主义，而作为完成了的人道主义，等于自然主义。它是人和自然界之间、人和人之间的矛盾的真正解决。
>
> 是存在和本质，对象化和自我确证，自由和必然，个体和类之间的斗争的真正解决。它是历史之谜的解答，而且知道自己就是这种解答。[17]

从根本上说，无论人类中的一切个体存在，无论人类社会中任何一个特定阶级和阶层，也无论任何一种特定的政治、经济制度以及法权、伦理观念和意识形态，都是有局限而终究要归于消亡的！唯有艺术与美将伴随人类的整个历史而不朽！因为它是人类精神世界所产生的一朵最绚烂的鲜花！

（原载香港《抖擞》1980年第2期，《学习与探索》1980年第4期）

注释

①［意］克罗齐：《美学的理论》，中国社会科学出版社2007年版，第135页。

②［俄］普列汉诺夫：《艺术论》，曹葆华译，生活·读书·新知三联书店1964年版，第48页。

③［德］黑格尔：《美学》第1卷，商务印书馆1979年版，第201页。

④［德］康德：《判断力批判》上卷，商务印书馆1964年版，第151页。

⑤《马克思恩格斯全集》第1卷，人民出版社1957年版，第87页。

⑥［德］马克思：《1844年经济学哲学手稿》，人民出版社1955年版，第54页。

⑦［德］马克思：《1844年经济学哲学手稿》，人民出版社1955年版，第59页。

⑧例如赌博不是游戏，因为它有赚钱的功利性目的。

⑨［法］席勒：《审美教育书简》，北京大学出版社1985年版。

⑩［德］康德：《判断力批判》上卷，商务印书馆1964年版。

⑪［德］马克思：《1844年经济学哲学手稿》，人民出版社1955年版，第55页。

⑫［德］黑格尔：《美学》上卷，商务印书馆1979年版，第61页。

⑬［德］康德：《判断力批判》上卷，商务印书馆1964年版，第101页。

⑭［德］费希特：《论学者的使命》，商务印书馆1984年版。

⑮［法］丹纳：《艺术哲学》，人民文学出版社1963年版，第358页。

⑯《马克思恩格斯选集》第2卷，人民出版社1972年版，第114页。

⑰《马克思恩格斯全集》第42卷，人民出版社1979年版，第120页。

美的分析

1. 美是一种价值

毫无疑问，美是一种价值，而审美是一种评价。

价值是人对于事物的一种选择性判断。判断具有两类：肯定与否定。故普遍性的价值判断包含三组范畴，即：①美与非美（丑），②好与非好（坏），③善与非善（恶）。

第一组价值范畴：美与丑，是形式评价。

第二组价值范畴：好与坏，是功能评价。

第三组价值范畴：善与恶，是道义评价。

这三种评价是有关联性的：

形式评价是基于感性的评价，决定人感情的喜爱与厌恶。

功能评价是基于理智的评价，决定人的欲念与追求，要或不要。

道义评价是基于理性的评价，所评价的不是仅仅对于“我”一个人，而是对于“我们”——社会化人类的祸害与福祉。

本文不讨论后二组范畴，只讨论第一组价值。

价值范畴不仅可以选择，而且可以比较，所以价值有程度（即“量”）的差别。

审美的价值判断，来自主体对于对象之形式所给予的评价和估量。

极端的不美是丑，但在美与丑之间有非美非丑。各种与审美相关的范畴都可以相互比较，从而显示出从程度到意义的差别，例如优美、典雅、精巧、深刻、崇高、伟大，等等。

2. 美不能以物理手段观测

“美”所表示的是事物一种虚拟的属性。什么是虚拟属性呢？当我们说某物大、小、轻、重、长、扁、方、圆、黑、白、黄、绿时，这些属性都可以通过物理手段测量和规定，因此这些性状是可观测的物理属性；我们说，它们是事物的实有属性。但如果我们说某物“美”或“丑”，“崇高”或“荒谬”，“粗俗”或“高雅”等等时，这些属性不是可用任何物理手段所观测的，因之它们并不是事物物理性的实体属性。

事物被赋予“美”或“丑”的规定，是来自主体作为评价者的一种感性的判断（所谓感性判断，即基于感觉、感受的判断）。审美判断来源于人的感情——喜欢或不喜欢。“美”“丑”之类性质，有时看起来似乎存在于对象自身，实际上只是一种被人类的先天性价值观所虚拟设定的属性。这种属性并非事物自身所固有，而是由于人类对事物的某些特征赋予了特殊的形式性意义。

英国哲学家洛克把对象的性质区分为两类：第一类性质是与人无关的实在性客体，如长、短、高、矮；第二类性质则与人的观测有关，是一种相对实在的客体，如声、色、气、味。那么，“美”与“丑”，是既不同于第一类也不同于第二类的第三种性质。审美的范畴，从属于人类的先天性价值观。

3. 美的基础是感知

所谓“美”，在语言中是一个涵义相当模糊的价值指号。这个指号的深层结构中具有复杂的歧义，这是“美”难以被定义的原因。

产生这种深层歧义的根源在于以下两个方面：一方面，“美”是主体某些感受和感情的一种表达（主观性）；但另一方面，这种表达又是以评价客体的方式作出的，因此仿佛是源自对象本身的。

当我说对象A很“美”时，我似乎是指出对象A具有一种性质，这种性质可以用“美”这个指号来表述。但实际上，这一陈述是我对自身一种感受状态的表述——对象 A 激动我的眼、耳和心灵，使我愉悦，使我喜爱，使我被感动，因此我说它（他或她）很“美”。当我说对象 A“美”时就是在陈述“我感觉（我认为）A 很美”。

由此可见，美的基础是感知，没有被感知者就没有美。“美学”一词起源于德语中的“Ästhetik”，这个词源于希腊文，其词根是“感知”。

所以黑格尔说，“美学”一词比较精确的定义正是“研究感觉和情感的科学”。[①]感知是纯粹个人性的。无论任何一种美，如果你未曾亲身感受和体验，你都有权利不承认。没有任何一种权威、任何一种科学可以通过逻辑证明或其他超越感知的描述而使人相信一种事物“美”。

“美”必须是我的感性（看、听、嗅、尝、触、占有）之实感，必须通过我的眼耳鼻舌身的感知。

“美”是不能通过三段论论证的，这是它与“善”和“真”这两种价值范畴的根本不同之点。“善”和“真”都由具有普遍性意义的原理所规范，唯有“美”是仅仅存在于个人化的感性知觉之中，因此美感本身具有一个非理性的层面。

4. 美的愉悦感来自人类的文化价值意识

美可以划分为三大类型：自然美、人体美、艺术美。我们首先讨论自然美。

自然美来自人类对于自然界的审美经验。这很容易形成一种错觉，就是认为自然物自身中具有一种美的性质，或者说可以被规定为美的实在性状。这种错觉可以理解，但它是经不起严格辨析的。

所有关于自然美具有实体性（或客观性）的说法，其根据都在于自然物形式上具有某种特征，例如整齐、对称、有序、纯净或者色彩缤纷，普遍为人们所喜爱，人们普遍认为这些形式是“美”的。材料在形状、颜色、声音等方面的抽象的纯粹性被看成构成美感的本质的东西。

例如画得笔直的线，毫无弯折地一直延长，始终不偏不倚；平滑的面以及类似的东西……由于它们坚持某一规定性，始终一致，而使人感受到一种惊异。天空的纯蓝，平滑如镜的大湖以及海面，也因为同样的缘故而使人愉悦。

但我们又可以注意到：如果说一些自然对象由于上述特征（整齐、对称、纯净）而能够使人产生美感的话，那么换成人工制作的对象，有时由于形式上过于整齐一律而令人感到厌倦和单调，从而被认为是创造力的贫乏。

曾有人指出，北京旧式居民楼的那种整齐划一化的火柴盒式设计是极其缺乏美感的。在中国古典文学中，晚期骈体文赋所追求的句式之整齐对称，也同样令人在形式上感到呆板和僵化。

由此可见，整齐、对称、单纯等抽象形式，在某种条件下可以成为美感的构成元素，但在另外条件下也可以构成非美感的元素。因此它们绝非美本身，更不是产生美感的充分必要条件。

为什么当某些自然物呈现出这种整齐、对称、纯净的抽象形式时我们能够获得一种审美的感受呢？为什么我们会赞叹和喜爱这些自然物呢？答案是：对这种形式的愉悦感，来自人类的文化意识，而并非来自人类的自然感情。

这种文化价值表现为我们内心中的一种惊叹，我们惊叹“为什么一种本身无理性、未经过理性设计和雕琢的自然物，却在形式上呈现出一种仿佛出于理智设计和精工雕琢的外观”。当我们观赏一个大溶洞的钟乳岩时，当我们俯瞰那平滑如镜的海面或仿佛被神力所推动而变幻万状似乎具有人类感情的怒海时，或当我们登高纵目，面对那蜿蜒龙走、翠拥碧绕的如海苍山时，我们所体会到和所惊叹的，正是这种呈现于自然之中而又超越于自然之上的那种仿佛出于人而又超越人的设计和创造力！

一块钻石，那晶莹的色彩和那极其整齐平滑的晶体棱面，令人惊叹不已。其形状愈大，则这种惊叹也就越大。因为我们从直观上难以置信，更不可理解：这种丝毫未经过智慧设计和巧匠雕琢修磨的天然石块，为什么会呈现出一种如此幻丽的色彩和如此精确巧妙的形式结构？它仿佛是出于（其实是超过于）巧匠智慧和技术的制作。

天然宝石产生于偶然。在这种偶然产生的自然物中，我们发现了一种超偶然的有机构造——正是这种发现令人惊讶和愉快。反之，对于一块具有同样形状的人工钻石，在审美上就不会令我们产生同样的惊叹和感受——因为在我们看来，它的色彩和形式是经过人工设计和加工，它应当如此，理所当然的。

天空中那种纯净碧蓝的色彩，似乎经过造物主有意识的选择和澄清。三峡夔门两岸那仿佛被利斧劈开而后磨光过的巨形危岩，田野及花园中那些仿佛精心剪裁镶嵌制作的奇异花卉，以及仿佛一幅泼墨写意画似的大理石花纹等等，这些自然物之所以令人惊叹，被我们认为具有一种特殊的美，其根源都在于这一点。

总而言之，自然物之所以美，是主体在其中发现了超越自然的理性秩序，而这种超自然理性的深层结构来自人类的文化意识。缺乏这种文化意识的人，不可能感受自然物中这种内在和谐统一的理性结构，不可能感知自然美——即使这种美就在他身边。

5. 美的价值具有超越性

再讨论艺术美。

在希腊语中，“艺术”一词兼有两种涵义：①美的作品；②创造、技巧、技艺。

《说文·丮部》：“艺，种也。”“艺”，在古汉语中本义为种植（《广雅·释诂》），甲骨文像人持禾而栽作。善植者有技能，所以“艺”也有技巧的涵义。中西语言中关于艺术的语义，都从语源上解释了“艺术”一名的技艺性由来，这是耐人寻味的。

事实上，艺术品就是具有审美价值的人工技术制品。由这里我们又可以得到一点启示——当我们称赏一部艺术作品优美时，往往是蕴涵着两层意义：①浅层的意义：这一作品的表现形态非常优美；②深层的意义：这件作品的制作技艺非常优美。

这是两种不同的评价：前者针对物，针对作品；后者针对人，针对作者（艺术家）。

通过艺术美评价的这种双重内涵，我们就可以解决美学中那个古老的悖论：为什么一种美的艺术可以表达丑恶？或者说：为什么丑恶的东西可以在艺术中得到美的表现？

对于艺术来说，问题并不在于表现对象的丑恶，而在于对丑恶作出卓越的表现。艺术家对于丑恶的对象能够显示出高明的表现技巧——无论所表现的是蛇、苍蝇、豺狼，还是死亡、凶杀（列宾的名画《伊凡雷帝杀子》）、罪行（《麦克白夫人》）、恐怖、地狱，其作品都可以闪耀出一种高超的美，震撼的美！

对这种奇特的审美经验，我们可以用意义的层级性作出解释。丑恶，只是题材的丑恶，它只构成艺术作品的表层形式；而优美，来自艺术家的智慧和表现力的超绝，它形成了艺术作品的深层结构。

由此我们可以意识到，美的价值具有超越性。在自然美中，它超越于自然而达到仿佛拟人化的理性结构；而在人类的艺术中，它又超越了人类，仿佛回到本色的自然。

另一方面，我们又必须注意审美价值与其他文化价值的冲突与协调。许多作品尽管制作精美，我们观赏后却有一种不舒服的感觉，其原因就在于作品揭示了文化价值所不能接受的东西。在这种情况下，不论作出这种表现的技艺是何等高超，人们仍将厌恶它——试想象一只制作得惟妙惟肖的生殖器模型以及三级片吧。

米开朗琪罗为梵蒂冈大教堂所画的《末日审判》曾被遮盖多年，因为他画出了当时人所羞于看到的东西。《红楼梦》《金瓶梅》在中国都曾成为禁书，其原因与此相似。

艺术作品在表现方式上，根据表现的难度，可以使其创造价值得到较为客观的评价；在表现的对象上，人类对其所作的选择却是非常主观的。艺术作品常常会承受到来自社会文化价值传统的强大批评性压力。

6. 审美价值涵括三个层面

认识到审美经验的多层级性，可以使我们注意到传统美学的一个严重疏忽：仅仅把“优美”看作审美的价值范畴，却没有意识到艺术美的价值包含着一系列程度不同的评价阶梯。其中至少有两个高于“优美”的重要范畴，是不能忽视也不应被忽视的——“深刻”和“崇高”。

“深刻”这个概念虽然早已被用作评判艺术作品，特别是文学作品思想和文化深度的范畴，但至今尚未被列入正式的审美范畴。而作为审美范畴的“崇高”，虽然早在古希腊和古罗马时代即已形成，但其真正语义也一直是模糊的。奥古斯都时代（公元前27年——公元14年）的罗马人凯西留斯写过《论崇高》，此书后来佚失了；其后有希腊人朗吉努斯续写了一部同名的著作《论崇高》，在书中他将崇高看作一种数量性的范畴，其涵义接近于我们所常说的“伟大”（“伟大”一词，在汉语中既有量的规定——“大”，亦有质的规定——“伟”，即不平凡）。

在康德和博克的著作中，“崇高”这个范畴再度引起了注意。博克把“崇高”看作是一种存在于美之外、与美无关的东西。他认为崇高感来自人类在欣赏那种描述痛苦和丑恶的艺术作品时得到的感受。他的理论深刻之点是注意到审美经验与人类道德感情的一致，但总的来说，其理论是模糊的、肤浅的。康德在其早年的美学著作《对美感和崇高感的观察》（1764 年）中，推进了博克的理论：

> 崇高的感情和优美的感情，这两种情操都是令人愉悦的，但却是以非常之不同的方式。一座顶峰积雪、高耸入云的崇山景象，对于一场狂风暴雨的描写或者是弥尔顿对地狱国土的叙述，都激发人们的欢愉，但又充满着畏惧。相反地，一片鲜花怒放的原野景色，一座溪水蜿蜒、布满着牧群的山谷，对伊里修姆的描写或者是荷马对维纳斯的腰肢的描绘，也给人一种愉悦的感受，但那却是欢乐的和微笑的。为了使前者对我们能产生一种应有的强烈力量，我们就必须有一种崇高的感情；而为了正确地享受后者，我们就必须有一种优美的感情。高大的橡树、神圣丛林中孤独的阴影是崇高的，花坛、低矮的篱笆和修剪得很整齐的树木则是优美的。黑夜是崇高的，白昼则是优美的。对崇高的事物具有感情的那种心灵方式，在夏日夜晚的寂静之中，当闪烁的星光划破了夜色错暗的阴影而孤独的皓月注入眼帘时，便会慢慢被引到对友谊、对鄙夷世俗、对永恒性的种种高级的感觉之中。光辉夺目的白昼促进了我们孜孜不息的渴望和欢乐的感情。崇高使人感动，优美则使人迷恋。[②]

康德认为“崇高”有三种：

> 崇高也有各种不同的方式。这种感情本身有时候带有某种恐惧，或者也还有忧郁，在某些情况下仅只伴有宁静的惊奇，而在另一些情

况下则伴有弥漫着一种崇高计划的优美性。第一种我就称之为令人畏惧的崇高，第二种我就称之为高贵的崇高，第三种我就称之为华丽的崇高。

康德指出：

崇高必定总是伟大的，而优美却也可以是渺小的。崇高必定是纯朴的，而优美则可以是着意打扮和装饰的。伟大的高度和伟大的深度是同样的崇高；只不过后者伴有一种战栗的感觉。而前者则伴有一种惊愕的感觉；因此，后一种感觉可以是令人畏惧的崇高，而前一种则是高贵的崇高。③

他对于崇高感作为美学范畴的分析是独特而深刻的。

但我认为，优美与崇高的区别不仅是一种程度（量）的差别。优美、深刻、崇高，它们所评价的是对象的不同方面：优美所评价的是形式；深刻所评价的是作品的理性意义；崇高所评价的是道德价值。兼有这三者的艺术作品，我认为就可以称作“伟大”。在这里，我们可以看到这三个审美范畴与艺术三个层面的对应关系：形式句法层面——优美；意义层面——深刻；道德文化隐义层面——崇高。

优美所评价的是表现和形式，而深刻和崇高作为审美价值却体现了艺术在文化中内在的价值品格和价值理想。在这个意义上，传统的“真”“善”“美”三个概念，在艺术审美经验中得到了融合。

7. 性选择是人体美感的核心

人体美构成由自然美向艺术美过渡的一个中介区域。

人体美也可以分成两个层次：一是天然形体的美，二是经过修饰的形态美和显现出性格、思想、教养、风度的文化性优美。就第一层面来说，人体美是一种自然美；就第二层面来说，人体美就不仅是自然美，也是一种文化价值的显现，是人对自我的重新塑形，乃是一种文化美。从美的历史观点看，人类的自我装饰可能正是文明与艺术的最初起源。在这里，我们可以看到美的概念的逻辑发展：

自然美→（自然）人体美→（人体）装饰美→艺术美

我们首先来讨论人体美的第一个层面，即人体直观形式的美。黑格尔说：

自然美的顶峰是动物的生命美。而最高级的动物美正是人类形体的优美。它来自肤色、光泽、毛发、轮廓与匀称的结构——人体上处处都显示出人是一种敏感而生气灌注的整体。他的皮肤不像植物那样被一层无生命的外壳遮盖住，血液流行在全部皮肤表面都可以看出，跳动的有生命的心好像无处不在，显现为人所特有的生气活跃，生命的扩张。就连皮肤也到处显得是敏感的，现出温柔细腻的肉与血脉的色泽，使画家束手无策。④

在这种意义上的人体美，是一种无机性的自然美。我们赞叹人体结构的精巧、比例的匀称、色彩的滋润，那么也正如我们赞叹一块宝石、一个钟乳岩洞——所赞叹的只是自然理性的巧夺天工。

人体美，需要一种很高的文化意识，需要一种澄彻的理性，才能发现和感受它。从世界历史看，古代民族中只有希腊人对这种高雅的人体美获得了崇高的鉴赏力。而其他多数民族却羞于面对赤裸的人体，他们浓妆厚裹，层层包围；在一种恐惧罪恶的意识下，自然人体实际上被认为是一种丑。

直到今天，我们中国人也还未能从这畏惧邪恶的犯罪意识中解脱出来，赤裸的人体仍然是一种中国人所羞于面对的“丑恶”。另一方面，如果我们反思人类对人体美的最初知觉，那么就无庸讳言：在较低级的文化中，人体美之所以被注目，乃是由于发自性择优需要的性意识和性心理；摆脱这种性心理而以纯美的态度面对人体，所需要的是一种高级形态的文化情感——性意识的冷静和超越。

达尔文在论述人类的性选择时曾指出：

魅力最大而且力量较强的男子喜爱魅力较大的女人，而且被后者所喜爱……妇女不仅按照她们的审美标准选择漂亮的男人，而且选择那些同时最能保卫和养活她们的男人。这种禀赋良好的配偶，比禀赋

> 较差的，通常能养育较多较优的后代……这种双重的选择方式似乎实际发生过，尤其是在我们悠久历史的最古时期更加如此。

这就是说，人体美是人类性选择的一种方式，人体美本来是一种性优异的评价。

正因为如此，在未开化的原始民族中，形体美比相貌美更具有意义。对男子来说，形体美意味着宽阔隆起、强而有力的肌肉，标准的身高和体形，这显示了体魄的强健和力度。而对女子来说，形体美的主要标准取决于女性的第二性征的发育程度——丰满的胸部和臀部，以及匀称的体态。

人体自然美与人类性意识的关系，尤其表现在这样一点：人们只在很有保留的意义上才会说儿童（无论男童或女童）的体形美，这也就意味着在性征发育上不成熟的男女似乎不具有人体美。

8. 人体装饰标志着艺术美感的起源

人体自然美与性意识有关，在这方面还表现为一种普遍的心理：当人体天然具有某种吸引人注意的自然特征时，只要这种特征在一种文化中被认为是好的，那么人们就会着意爱护，而且将非常愿意在异性面前突出和夸张它。达尔文指出：

> 人类的男性类人猿祖先之所以获得他们的胡须，似乎是作为一种装饰以魅惑或刺激女人，而且这种性状只能向男性后代传递。女人失去她们的体毛，显然也是作为一种性的装饰，不过她们把这种性状几乎同等地传递给男女双方。大约是同样的理由，使女人获得了比较甜蜜的声音，而且比男人相貌漂亮。
>
> 各个未开化部落的人们都赞美自己的特征——头和脸的形状，颧骨的方形，鼻的隆起或低平，皮肤的颜色，头发的长度，面毛和体毛的阙如，以及大胡子等等。

在中国人传统的相貌美观念中，把大眼、高鼻、小嘴以及皮肤的无斑和纯净看作必要条件。但这些也恰恰正是人类脸部最突出的特征。当人在自然相貌和形体上缺乏对于异性有吸引力的突出特征时，就往往采用装饰和化妆的方法以制造出某种引人注意的形象。

在这种装饰和化妆中，人体自然美由于社会化需要而转变为一种人工性的美。这种人体装饰的起源，往往标志着艺术美与文明的起源。考古学家告诉我们，其历史在中国可以一直上溯到距今18000年前的山顶洞人时代——在他们的遗骨边，发现了装饰用的赤色石粉、骨珠和饰物。

达尔文还曾经描述过人类装饰自身形体的各种奇特风俗：

> 在我们来说，赞人之美首在面貌，未开化的人亦复如此。他们的面部首先是毁形的所在。世界所有地方的人都有把鼻穿孔的，在孔中再插入环、棒、羽毛或其他装饰品的爱好；世界各地都有穿耳朵眼的，而且套上大大小小的装饰品。南美的博托克多人（Botocudos）和伦爪亚人（Lenguas）的耳朵眼都弄得如此之大，以至下耳垂会触及肩部。在北美、南美以及非洲，不是在上嘴唇就是在下嘴唇穿眼。博托克人在下嘴唇穿的眼如此之大，以至可以容纳一个直径4英寸的木盘。
>
> 身体的任何部分，凡是能够人工变形的，几乎无一幸免。其痛苦程度一定达到顶点，因为有许多手术需费时数年才能完成（包括文身）。所以需要变形的观念一定是迫切的，其动机是各式各样的。男人用颜色涂身恐怕是为了在战斗中令人生畏。某些毁形也许同宗教仪式有关，或作为进入青春期的标志，或表示男子的地位，或用来区别不同的部落。
>
> 在未开化人中，相同的毁形样式流传极久。因此，无论毁形的最初原因如何，很快它就会作为截然不同的标志而被重视起来。但是，自我欣赏、虚荣心以及企图博得异性赞赏似乎到处都是最普遍的动机。

9. 面相表情显现性格

人体外部装饰艺术使人体美由自然美转变为文化美、艺术美。这种美，就其与人类性心理直接相关而言，是显然属于一个低俗的层级的；另一方面，人的美还可以达到一个更高的层级——在这一层次上，人并非通过外部的装饰，而是通过精神和内在的修养和陶冶，获得一种具有崇高感的优美。这一点迄今尚鲜为人知，因而更值得研究。

人的相貌是天生的，人的仪表却是后天的，是可控制、也可以转变的。人的面部表情和姿容举止展示着人的心灵和感情，而持久、习惯的表情可以深深地烙印在脸上，成为一种后天的相貌，展示出内在的精神风貌以及品格和人格。

这一点达尔文也曾经指出过。他说，凡是承认性选择原理的人都将会引出一个明显的结论：

> 神经系统不仅支配着身体的大多数现有机能，而且间接地影响某些心理属性以及各种身体构造的连续发展。

培根曾说：

> 若仔细考究，形态之美胜于色彩之美，而优雅之美又胜于形态之美。最高的美是画图所无法表现的，因为它难于被直观，这是一种无法定义的奇妙之美。
>
> 有两位画家——阿皮雷斯和丢勒——曾经幼稚地设想：可以按照某种几何比例或者通过摄取不同人身上美的特点，用图画组合成一张最完美的人像。其实，这样合成出来的美人，恐怕只有画家本人欣赏。美是不能制订规范的，创造它的是机遇，而不是模式。有许多种面容，就部分看并不优美，但作为整体却非常动人。
>
> 有些老人非常可爱，因为他们的风范具有成熟优雅之美。正如拉丁谚语所说："晚秋晴色尤为美好。"而尽管有的年轻人外貌俊美，却由于缺乏优美的修养举止而令人失望。
>
> 美貌犹如盛夏时的水果，容易腐烂而难以持久。世上有许多美人，有过放荡的青春，却承受着愧悔的晚年。因此，把美的形貌与美的德行结合起来吧。只有这样，美才会放射出真正的光辉。[5]

康德也说过：

> 人们认为，一个完全合规则的脸，画家请他坐着做模特儿的，是未必够格称作美的。因为这脸可能并不具有显示性格的有力特征。当然，如果这种特征夸张过分，便破坏了标准观念（合于目的的形式），

这就将变成漫画。

但经验表明，一张非常标准化地合乎规则的脸，在性格上可能常暴露着一个极端平庸的人。我猜想……假使从精神方面，显示不出一种有力突出的表情特征，那么这虽然能构成一个没有毛病的脸相，却不能产生人们所称作天才的人物。因为天才总是从精神诸能力的通常关系中，趋向于强化的一系列才能上的优势。[6]

在这里，康德所谓“合乎规则的脸谱”，其实就是指具有自然美、天然美、比例匀称、面皮白净的那种小生气派。他认为，这种相貌的天然美——特别对于男子更是如此——并不是真正的优美。这是极深刻的见地！因为对于人类来说，有一种更高级的美——康德称之为“天才”的美——实际上就是显示着才能、修养、性格的仪态端方之美，即文化的美，是人类更应该追求，而且也可以追求到的。

10. 面相是可塑造的

毫无疑问，表情能表现人的性格。特别是人的目光常常刻画着性格上的特点。嘴部线条与鼻部之间的三角区，是言笑以及各种表情语言最富特征的表现区。根据线条的各种变化，人们可以清晰地抓住那些最微妙的情绪——微笑、嘲笑、严肃、轻蔑、不满、激动、愤怒等等。

某种经常的表情会成为习惯，并在脸部凝结出持久的线痕和神气，这种表现也就是人们通常所说的神气或神貌。神貌是性格的典型表现，而优美的性格必然具有优美的神貌（这并不意味着自然相貌的优越）。神貌超越了人体、脸相的自然结构，而显示一种或正直或邪恶，或和善或阴险，或敏锐或迟钝，或机智或愚笨，或幼稚或老练的精神。

在这一意义上，我们可以说：神貌显示着人品，一张成熟的面孔是性格与人格的综合象征。经验的密度、知识的厚度、思考的深度，是否具有创造力和个性，以至于资质愚笨或机敏，善良还是险恶，所有这些都能显示在人的相貌特别是眼睛和神气中。而这种相貌仪容，既是天生的，又是后天由性格、精神和人格所塑形的。

美国政治家林肯曾有一句名言：

人过了40岁就该对自己的面容负责。

日本经济学家、教育家小泉信三说过：

精于一艺或是完成某种事业之士，他们的容貌自然具有凡庸之士所不具有的某种气质和风格。

读书亦能改变容貌。读书而懂得深入思考的人，与全然不看书的人相比较，他们的容貌当然不同。潜心研读伟大作家、思想家的巨著，的确会使一个人在仪容举止上变得与别人不一样。

完成某种大业的人，自有其风度。即使不与他有所深谈，只要与他站在一起，就能让人感受到这一点。此即所谓人格的魅力。

这真是极为精辟之论！这种相貌和气质的美，已经超越了单纯的人体自然美。它是后天的美，是一种通过人格修养而可后天获得的文化美。

（原载《学习与探索》1987年第2期）

注释

①［德］黑格尔：《美学》第1卷，商务印书馆1979年版，第3页。

②［德］康德：《论优美感和崇高感》，商务印书馆2001年版，第2—3页。

③［德］康德：《论优美感和崇高感》，商务印书馆2001年版，第3—5页。

④［德］黑格尔：《美学》第1卷，商务印书馆1979年版，第188页。

⑤［英］培根：《培根论人生》，何新译，上海人民出版社1983年版，第25页。

⑥［德］康德：《对美感和崇高感的观察》，黑龙江人民出版社1978年版，第179页。

关于艺术美的三种类型

——读黑格尔《美学》的一则札记

1. 黑格尔关于艺术的分类

在黑格尔的美学理论中，有一个深刻而重要的思想。

黑格尔对于科学的最大贡献是创造了一种新的逻辑方法。根据这种方法，各种科学领域中的概念系统都应该被组织成一个体现事物发展进程的历史集合。在艺术领域中，黑格尔也应用了这种独特的逻辑方法。他提出，对艺术领域中所存在的各种不同的艺术科类，应该看作是递次产生于一个由低级向高级演进的历史阶梯上的。

他认为，艺术的发展经历过三个阶段，产生了三种类型的艺术，即：①象征艺术，其代表种类是建筑；②古典艺术，其代表种类是雕刻；③浪漫艺术，其代表种类是绘画、音乐、诗和散文。

他用这样一个概念序列来描述艺术种类的发展史：

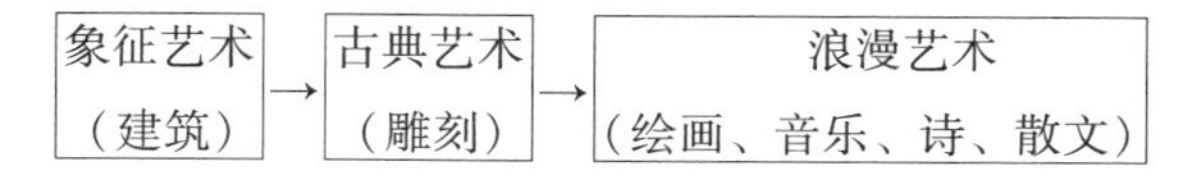

从现代的观点看，黑格尔的这一思想不免显得幼稚而粗陋。首先，黑格尔对于艺术领域的分类是很不完备的，一些重要的艺术领域例如舞蹈和戏剧竟被排除于他的眼界之外。其次，黑格尔对于所谓“象征艺术”“古典艺术”“浪漫艺术”的概念，既没有给予明确的定义，也没有作出合理的说明。这些概念的涵义在他那里是十分抽象而模糊的。

尽管如此，在黑格尔的这一思想中却包含着一个非常有价值的内核，可以为我们解决艺术理论中一些十分棘手而复杂的问题提供一把关键性的钥匙。黑格尔这一思想的深刻之点在于，他注意到了不同种类的艺术对于人类的思想和感情具有不同质的表现方式；并且可以按照由简单向复杂、由低级向高级发展的辩证规律找到它们的内在联系。

2. 象征艺术是抽象艺术

对于艺术的不同种类，可以就其表现艺术审美观念的不同方式，划分为如下的三大类型：①象征艺术（抽象艺术）；②形象艺术（相当于黑格尔所谓“古典艺术”）；③观念艺术（相当于黑格尔所谓“浪漫艺术”）。

这种划分的根据何在？其意义是什么呢？我们来分别地研究一下。

艺术的第一种类型是象征类艺术。这种艺术的特点，是使用某种感性的符号或标志，通过暗示和启发人联想的方式，象征性地表现作为艺术主题的某些观念的或情感的内容。属于这一领域的艺术具体种类有装饰艺术、建筑艺术和音乐艺术。

我们知道，装饰艺术是借用某些色彩、图纹或饰物去象征人的某种观念或情感的。例如，情人手上的戒指象征着不渝的爱情，大门上的大红“囍”字象征着建立新家庭的喜庆，臂上的黑纱象征着失去亲友的悲哀，原始人胸前悬挂一串兽骨来象征他的勇武，如此等等。这些装饰都是暗示着一种观念或一种情感的视觉符号。这是一种无声的语言，装饰品就是它的词，向每一个理解它的人传递着信息。

建筑艺术也是这样，通过由建筑材料所构成的空间形式，象征性地表现出设计者的某种观念。罗丹曾经说过，整个法兰西（精神）就包含在巴黎圣母院的大教堂中。在同样的意义上，我们不是也经常以万里长城和天安门作为我们民族精神的象征吗？在尼罗河畔的大沙漠里矗立着几座已存在6000年的金字塔，那是数十万名奴隶血汗经营而成的宏伟建筑物。它们都是一种静默的象征，表现着被埋葬的法老们灵魂的崇高和不朽。在其中一座金字塔光耀夺目的花岗石顶面上，我们能读到这样的词句：

> 阿美尼赫特法老在此仰望旭日的壮观！
> 阿美尼赫特的灵魂比星宿还高，他与下界心连着心！

音乐也是一种象征艺术，而并非如黑格尔所说的“浪漫艺术”。与装饰艺术和建筑艺术的不同，它不是以视觉符号作为象征，而是以音响的听觉符号作为象征。歌德曾经有过一句名言：“建筑是凝固的音乐。”岂非也可以说音乐就是化为音响的建筑？这二者就艺术的表现方式看，有相同点，又有不同点。建筑是把一种观念或情感凝固于一块固定不移的空间结构中，而音乐是把一个观念或一种情感动态地展现于时间的流程序列中。音乐的要素是音响，它的语言是节奏。通过各种音响的谐调和对抗、追逐和会合、飞跃和消逝，就产生了千姿万态的变音和旋律——就是它们，成为一种可以表现人类生活和复杂内心世界的象征物。

从等级看，应该说象征艺术是艺术领域内最初级的类型。这种艺术的特点，是它的艺术直观形式与它所表现的观念内容缺乏一种内在的必然联系。

例如在装饰艺术中，红色固然可以象征喜庆、吉祥，却也可以在相反的意义上象征鲜血、屠杀、恐怖。一身白装在东方人的风俗中是丧服，而在西方人的习俗中却是新娘的礼服。出现这样截然相反的观念，就是因为这些色彩和符号与它们所象征的观念并没有有机的必然联系。

在建筑和音乐中也是这样。一个赞叹着故宫建筑群之宏伟壮丽的游览者，未必能意识到在故宫的这种整体布局象征着一系列复杂的封建政治、伦理观念。因为这些观念与这些建筑物虽相关联，却又相互外在，你不能在这些殿堂中直接找到它们，而只能通过解说和联想才能意识到。

一支曲名为《马兰花开》或《玫瑰花》的音乐，就曲调本身来说，其实与任何马兰花或玫瑰花都毫无关系，因为这些花不会唱歌，不能发出音响。这些曲调象征性地表现鲜花怒放的过程，或者象征性地表现出一个人在鲜花前产生的优美心情。

由此可见，从表现观念内容的方式看，象征艺术是一种最初级因而也最原始的类型。它还没有创造出使内容与形式有机地融合于统一整体的艺术形象，而只能把观念内容作为艺术形象之外的东西间接地象征性地暗示出来。正如黑格尔所说的：

这里理念还在摸索它的正确艺术表达方式，因为理念本身还是抽象的、未受定性的，所以不能由它本身产生出一种适合的表现方式。[1]

在近代与现代的西方艺术中，我们却又看到了象征艺术的复活，甚至侵入了绘画、诗歌等本身不属于象征类艺术的领域。这又是什么原因呢？

象征艺术的特点是艺术的感性形式与其所表现的观念、情感内容的分离。如果说在原始艺术中导致这种分离是由于人类那时还未找到使观念与形式相统一的更好形式，那么在现代西方艺术中这种分离的再度发生是由于现代资本主义社会中人的“异化”。

社会总体的物质文明和消费生活是迅猛发展了，而人的孤独、自私、忧郁、悲观等精神矛盾却更加严重，艺术家们感到现有的艺术手段难以表现这种复杂而矛盾的精神内容，这就是使他们重新遁回到把各种艺术形式化为抽象神秘符号的象征主义艺术中去的原因。

3. 造型艺术是具象艺术

艺术的第二种类型是形象艺术。所谓形象艺术，既包括旧的艺术分类法所说的“造型艺术”，即绘画、雕塑、摄影等艺术种类，还包括通常所谓“综合艺术”的戏剧、舞蹈、电影等艺术种类。以上这些艺术种类的共同特点，是它们都以鲜明、生动、具体并逼近于真实的艺术形象去表现其艺术内容。

就表现方式看，形象艺术与象征艺术具有质的不同。象征艺术固然也有感性的形象，它的形象与它所要表现的那种事物的形象却并非融合而一的。例如，有的国旗上用天蓝的颜色象征自由，自由本身却不是一种颜色。又例如，有的国徽用狮子或鹰象征人民，而人民却并非真的是狮子或鹰。而形象艺术却不同，一般来说，绘画、雕塑、戏剧、舞蹈中的艺术形象，都可以在真实的世界中找到它们的原型。摹写真实的写实主义（Realism）是近代造型艺术的基本原则之一。并且，由摹写一般的实在深入到摹写瞬间的、更精确的实在（“印象派”），由摹写客观的实在发展为摹写被映现于人的主观世界的内在实在（“抽象派”等现代艺术流派）。

如果说，在象征艺术中，甚至现实具体的事物也只能得到抽象和观念性的表现，那么在形象艺术中就恰好相反，甚至对抽象的、观念性的东西也可以找到形象具体的表现。人间本来没有圣母，但在拉斐尔的圣母像中，还能有什么女性的形象能比她被表现得更真实、更动人呢？

这种直接呈现于感性直观中的，艺术形象的真实和生动性，是绘画、雕塑、摄影、戏剧、舞蹈等艺术种类所共有的鲜明特点。因此我们把这些艺术种类合称为“形象艺术”。我们所谓“形象艺术”，在原则上相当于黑格尔所说的“古典艺术”。黑格尔说过：

> 象征艺术是不完善的……只有古典型艺术才初次提供出完美理想的艺术创造与观照，才使这完美理想成为实现了的事实。[②]

4. 艺术体现观念

艺术的第三种类型是观念艺术。观念艺术也就是通常所说的文学艺术。这种艺术的特点是根本不具有直接呈现于感性直观中的艺术形象，它是依靠作为思维和语言实体的抽象物——概念和词语——来表现艺术内容的。它表现艺术的方式恰恰是一种非艺术的方式，它并非像其他艺术（象征艺术和形象艺术）那样用形象来表现观念；而正相反，是用观念来表现形象。所以罗丹曾经指出：

> 文学有这样的特点，能够不用形象来表达思想……这种用文字和抽象的东西戏耍的技能，在思想领域中，也许给予文学一种便利，为其他艺术所不及。[③]

如果说这种观念性的艺术也有其形象，那么它的形象不是现实地存在于作为客体的直观中，而是抽象地存在于作为主体的想象中的。属于这种类型的艺术有两大种类：①音韵文学——诗、词、歌、赋（以及早期的古典戏剧）等；②散文文学——小说、故事、戏剧文学等。

作出上述区分，是因为诗、词、歌、赋等音韵文学必须具有讲究语辞修饰和格律音韵的形式美。在这种文学中，概念乃是作为词或者作为一种修辞手段来使用，而不是作为真正的概念来使用。

通过模糊概念，从而为语词赋予某种形象化的内容，这是诗歌及语言文学的艺术特点。因此这种艺术是一种观念性的艺术。

观念类艺术是艺术领域中一个最独特的类型。特别是艺术的散文体形式，它的更进一步发展就超越出了艺术的领域，大量的哲学、历史和其他科学论文都可以广义地被涵括于散文文学的形式之下。

就表现艺术内容的方式看，观念类艺术达到了最高形态。象征艺术及形象艺术在表现一种观念时都要塑造一种具有某种意义的真实性的形象。而观念类的艺术则完全超越了这种具体的感性媒介，可以直接以概念去表现一种审美概念，并且既可以用一种观念象征性地表现另一种观念（例如象征派的诗歌），而且还能够以观念塑造形象（存在于思维中的形象）。因此，在观念类的艺术中创造了艺术表现的最为自由的形式。

5. 艺术史：抽象——具体——抽象

以上的分析，可以揭示出各种艺术类型发展的一个深刻规律：由抽象的、缺乏具体形象的象征艺术，演化为具体的、具有真实形象的形象艺术，又演化为在思维中实现了抽象、具体之统一的观念类艺术，这正是一个由艺术表现的低级形式向高级形式进化的过程。因此，我们就可以用以下一个概念序列来描述各种艺术种类的发展史：

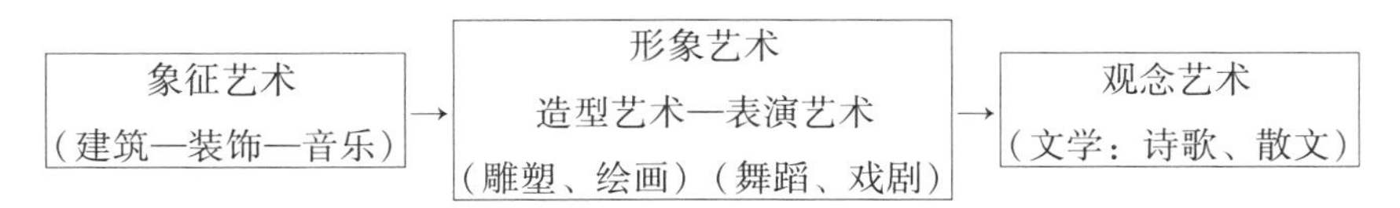

这个描述艺术种类发展的历史集合，在分类上比黑格尔的那个集合更完备，在逻辑上也更合理。黑格尔在谈到辩证法逻辑方法的运用时曾指出：事物的实在形态，“实际出现在时间中的次序，一部分跟概念逻辑的次序是互有出入的”[④]。

通过这一系列探究，我们可以找到理解各类艺术发展的钥匙，认识到，对于不同类型的艺术领域来说，由于其表现审美观念的方式具有特殊性，其审美规律和创作规律也必然各有不同。无视艺术类型这种质的特殊性，而把它们混为一谈，其结论就自然是靠不住的。

（原载《美术》杂志1982年第1期）

注释

①［德］黑格尔：《美学》第2卷，商务印书馆1979年版，第4—5页。

②［德］黑格尔：《美学》第1卷，商务印书馆1979年版，第97页。

③［法］罗丹口述，葛赛尔著：《罗丹艺术论》，人民美术出版社1978年版，第85页。

④［德］黑格尔：《法哲学原理》，商务印书馆1961年版，第40页。

略论艺术的形式表现与审美原则

——兼论艺术的起源问题

本文不讨论理想的艺术应该怎样，而是试图根据艺术史的事实分析艺术实际是怎样。不是为艺术拟定规则，而是剖析其原理。如果在本文中形成了一些新的假设和概念，或对已存在的概念提出了某种新的解释，那么作者的目的仅仅是为了激发读者对于艺术和美学问题的进一步思考。

1. 什么是艺术之“美”

艺术理论问题的复杂性可以归诸这样一点——其许多基本概念具有矛盾的规定，因而对一个美学命题的肯定表述常常要以另一个正相反对的命题作为补充。这种悖论使美学理论成为“辩证的”（dialectic）。

即如“美”这个概念就是这样。人们可以在许多不同的，甚至是截然相反的意义上谈论“美”——雄壮是美，纤柔也是美；纯净是美，非纯净（即“多样性的统一”）仍是美。

美必定在对象中具有一种作为根据的存在，主体显然不能从自心中直接鉴赏美，因之美必然是客观的。美只能通过鉴赏主体的价值确认才得到规定和现实化，一切得到评价的自然美也无不是被“人化的自然”，即主体在自然中所发现的人性中某种情感或情操的拟人表现[①]，因之美又必定是主观的。正由于美具有如此矛盾的规定，所以苏格拉底说“美是难的”。这就是说，定义“美”是很难的。德国近代著名艺术史家温克尔曼亦曾言：

> 美是自然界的伟大奥秘之一。我们可以看到和感觉到它的作用，可是要提供一个关于美的本质的清楚明白的一般概念，这却是一个尚未被发现的真理。[②]

当一个对象被理解为“完美”时，意味着审美对象与其理想范型的一致。当对象被理解为“优美”时，则意味着主体对于对象所作出的一种审美评价。完美与优美的结合，构成一般美，即“美丽”这个概念的双重规定：当我们作出“对象是美丽的”这个判断时，它意味着对象自身具有合于一种理想范型的卓越表现（客观的），它又意味着这种表现在鉴赏主体中所得到的确认和肯定评价（主观的）。

艺术在本质上乃是创造美的技巧。而所谓艺术作品就是人类对于美的事物的创造群。

创造美和表现美，是艺术的当然目的。然而，美虽然是艺术的目的，却并非艺术的原因。从历史上看，艺术起源于非艺术，美的创作先于美的观念。当史前人类尚未形成对于“美”的一般认识时，他们已经在尝试着“按照美的规律造型”了。

2. 艺术起源于巫术

艺术是人类精神文化的一种特殊形态。其特殊性在于，在艺术实践中，对于事物的形式表现成为主体创作的目的（而在其他一切实践活动中，则都以事物的实质内容为工作目的）。存在于艺术中的事物，无不失弃了自己在现实中的特殊规定性，而被形式地综合于一个审美的观念结构中。例如，舞台上的悲剧并不是生活本身的悲剧，而只是生活悲剧的形式表现。塑制的梅花精致逼真，永不凋谢，毕竟只是一种制造幻觉的形式的作品。正是从这一意义上，席勒和康德认为艺术起源于游戏。

这个命题是有意义的，却并不正确。因为艺术的形式表现是人类认识世界、征服世界的一种积极手段。史前人类的艺术性活动，构成了他们生产与生活不可缺少的、有时甚至是主宰性的内容。某些艺术的确包括游戏式的趣味性成分，却并非起源于游戏。

20 世纪 50 年代美学界接受来自苏联的观点认为“艺术起源于劳动”。

作为一个历史定义，这个命题既不正确也不错误，却毫无意义。

广义的劳动包括人类的一切历史实践活动。在这个意义上，甚至人类本身都是劳动的产物，马克思指出“整个所谓世界历史不外是人通过人的劳动而诞生的过程”，又何止艺术起源于劳动呢?

一个科学的历史发生定义，正应当指出被讨论对象所不同于其他对象的特殊起源。所谓“艺术起源于劳动”，犹如“艺术起源于艺术”的说法一样，乃是极其浅薄的“同义反复”。

如果深入分析人类早期艺术的史料就可以发现，原始文化中的装饰、舞蹈、歌咏及音乐、绘画、雕刻、建筑[③]、诗剧，莫不与原始人类的宗教活动紧密相关。

史前文化的研究表明，地球上所有的原始民族，在其由蒙昧期、野蛮期向文明期进化的过程中都曾经历过“巫教文化”的阶段。原始艺术则正是这种巫教文化的产物。

3. 史前艺术具有功能性

巫教，是人类最原始的宗教形式。巫教观念的发生，标志着人类对于一个超现象的本质世界的最初发现。它既是一种古老的愚昧，又是一种萌芽的智慧。在巫教文化中，既发展了早期艺术，又孕育了最初的哲学。原始巫教文化普遍具有如下两大特征：①在观念形态上有氏祖（灵鬼）崇拜、图腾（动、植物）崇拜、自然界（山、河、日、月等）崇拜；②以艺术活动作为巫术的手段。

原始人类为了实现一个有利于人的目标，往往模拟自然，表演一种魔法。例如非洲的某些原始部族观察到下雨的现象与青蛙的活动有关，因而在天旱不雨时就装扮成青蛙进行跳跃式舞蹈和模拟蛙鸣的歌吟（中国古代亦有扮龙赛祭以求雨的风俗）。这种戏剧性的巫术活动，暗示了原始艺术——装饰、舞蹈、歌咏的最初起源。

研究人类原始思维的著名学者列维-布留尔指出：

> 原始人周围的实在本身是神秘的。在原始人的集体表象中，每个存在物、每件东西、每种自然现象，都不是我们认为的那样……对属

于图腾社会的原始人来说，任何动物、任何植物、任何客体，即使像太阳、星球和月亮那样的客体，都构成图腾的一部分。[4]

在原始人看来，客体是一个到处布满神秘幽灵的世界，神话即是他们解释这一存在客体的观念形态（例如中国远古的《山海经》），巫术则是沟通人界与灵界的联系手段，而艺术又是巫术的重要组成部分。为了更充分地论证这一点，我们不妨引证一些史料：

旧石器时代北京猿人的遗址中，被埋葬者身旁洒有赭红色的铁矿粉末和装饰品。据考古学家推测，这些艺术制品与埋葬及祭祀死者时进行的巫术仪式有关[5]。

在属于中石器时代欧洲的马格尔莫斯（丹麦）文化和阿齐利文化（法国、西班牙）的遗址上，发现了也许是最古老的雕像、神秘几何图案和动物岩画，据考古学家推测，这些作品都与史前人类的巫术活动有关。

在新石器时代亚洲的沙尼达（伊拉克）、仰韶（中国）、巴达里和阿姆拉（埃及）等古老文化遗址中，也发现了各种陶制的神像以及绘制于陶器上的图腾符号。

艺术史家赫尔内斯、格罗塞等均曾指出，装饰艺术的起源与“交感巫术”有关。原始人用蠡痕、颜料和刺纹以及兽骨、珠贝等物装饰于形体上，不是为了审美，而是幻想通过这种装饰获得被崇拜的那种图腾象征物的神秘力量[6]。

例如，在回乔尔人（Huichols）那里，相信健飞的鸟儿能看见和听见一切，其神秘力量来自鸟儿的翅和尾的羽毛。因此，巫师就把这些羽毛插戴在自己身上，认为这将能使他看到和听到地上、地下所发生的一切。[7]

《史记》中记载了古代南中国人民亦有“文身断发”的风俗。这种风俗起源于龙的图腾崇拜：“常在水中，故断其发。文其身，以象龙子。”[8]

雕刻、绘画等造型艺术的起源也与原始巫术具有深刻的联系，例如发现于江苏连云港将军崖的新石器时代岩画。

据报道，将军崖岩画凿刻在长22.1米、宽15米的平整而光亮的黑色岩石上，主要内容为人面、农作物、兽面以及各种符号。近十个人面像中，有一条线向下通到禾苗、谷穗等农作物上，农作物的图案有11处，中间杂以许多似为计数的圆点符号，反映了古代东方民族对土地、农业的崇拜和依赖。岩画中已发现有19种符号，它是中国古文字的先河。

有一组画面以各种兽面纹以及类似太阳、星象的图案为主，可能是对天体崇拜的需要。在好像一个天然广场的山坡上，处于岩画的中间，有一块大石和三块小石，和史籍所载我国东方民族祭祖的大石以三小石为足的“石主”十分相像[9]。

世界各地多有发现这一类原始绘画遗迹，它们无不与原始人类的巫术崇拜活动有关。

4. 巫之事神必用歌舞

王国维在讨论上古歌舞艺术的起源时说：

> 歌舞之兴，其始于古之巫乎？巫之兴也，盖在上古之世……巫之事神，必用歌舞。

东汉王逸《楚辞章句》说：

> 沅湘之间，其俗信鬼而好祠，其祠必作歌乐鼓舞以乐诸神。[10]

《说文解字》释“巫”：

> 巫，祝也。女能事无形以舞降神者也。象人两褎舞形。

从甲骨文看，舞字正“象人两褎舞形”（褎，袖藏牛尾也）。可见“巫”“舞”二字古义相通，歌舞起于巫舞。

据古文字专家胡厚宣先生称，甲骨文中“舞”字通“雩”。《说文》训“雩”：“夏祭乐于赤帝，以祈甘雨也……雩舞羽也。”《尔雅 · 释训》：“舞，号雩也”。甲骨卜辞中多有“贞，舞雨”“奏舞雨”的记载，证实了商代乐舞常用于夏季祈雨的巫术仪式。就字音言，则舞、雩、巫相通而可互训。又据《周礼 · 旄人》郑玄注“旄，旄牛尾，舞者所持以指麾”，可知远古舞者手中持旄牛之尾，故甲骨文中舞字象其形。直到近代，在我国西南某些保留着原始社会遗风的少数民族中犹可见到这种巫舞。《汶川县志·风土章》："酣歌畅舞，是谓巫风，昔有之矣。楚人信鬼，祷祝尤繁。蜀界楚疆，并崇巫教，婆娑作态，呼啸招魂。"

就建筑艺术来说，最古老最壮丽的建筑物不是王宫，而是神的庙宇和死人居住的地下宫殿——坟墓。例如约6000年前苏美尔人建筑的埃安娜塔庙（18层，面积2400平方米，大圆柱直径26.2米），以及埃及法老王的金字塔（其中一座高146.6米，底边长230.35米）。

一位建筑美学家对于金字塔所作的艺术分析：

> 金字塔的艺术构思反映着古埃及的自然和社会特点。这时古埃及人还保留着氏族制时代的原始拜物教，他们相信高山、大漠、长河都是神圣的。早期的皇帝崇拜利用了原始拜物教，皇帝被宣称为自然神，于是就把高山、大漠、长河的典型特征赋予了皇权的纪念碑。在埃及的自然环境里，这些特征就是宏大、单纯。这里的艺术思维是直觉的、原始的。金字塔就带着强烈的原始性，仿佛是人工堆垒的山岩。它们因此和尼罗河三角洲的风光十分协调，大漠孤烟，长河落日，何其壮观！[11]

原始社会没有出现专门分工的艺术家，巫师就是艺术创作的设计和指挥，全体部族成员则都是艺术家和演员。他们创作艺术作品——绘画、雕刻、装饰、建筑、舞蹈，不是为了审美，而是如同他们进行狩猎、种植、采集一样，在从事一种有操作功能的实践活动。他们虔诚地相信这种艺术（巫术活动）的结果，将直接影响他们的农业能否丰收、战争能否胜利、生活能否幸福。

5. 宗教与哲学是艺术之基石

艺术就其全部发展看，一直与人类的宗教信仰和哲学宇宙观具有密切的联系。就迄今为止的全部艺术史看，宗教和哲学在人类精神文化中一直是艺术存在的两大基石。每一民族的审美观点，通过他们的宗教和哲学可以得到解释，同时也受到他们所信仰的宗教和哲学的监护与批评。因之，艺术审美观点的改变总是反映着宗教、哲学思潮的改变。毕加索说：

> 不是艺术本身在变，而是人的思想在变。因此，艺术之所以变，正表明思想在变。假如一位艺术家改变了他的表现风格，也恰好表明他观察现实的方法发生了变化。如果这种转变能和时代思潮的转变相符合，那么他的作品就会变得更好，否则就会变得更糟糕。[12]

当古希腊人以奥林匹斯诸神为中心的宗教信仰，在伯里克利时代（公元前5世纪）被“智者”和苏格拉底的理性哲学所动摇的时候，希腊人的艺术风格也随之发生了巨大的改变，从而产生了辉煌灿烂的希腊古典建筑和雕刻艺术。而在著名的文艺复兴时代，由于欧洲传统宗教信仰的瓦解和新哲学思潮的兴起，遂产生了如但丁、莎士比亚、薄伽丘、塞万提斯的诗歌、戏剧、小说那样磅礴千古的人文主义艺术。

在现代也仍然是如此。西方现代派艺术的兴起，直接起源于19世纪与20世纪之交在工业革命和科技革命推动下欧美宗教、哲学观的深刻变革。

我们也许可以对现代派艺术潮流作这样的概括：从文艺复兴到19世纪末叶的三四百年间，西方艺术完成了内容上的革命，即哲学宗教观的革命。在这一革命中，神的艺术转变为人的艺术，信仰、依赖与宿命的人生观被自由、理性和创造的人生观所取代。《神曲》是其前奏，《浮士德》则是其高潮。

而在现代派艺术中则又实现了形式的革新。这种形式的革新之所以必要，是因为内容的革命已经完成，其进一步的发展则遇到了困难。我们在现代艺术舞台上不复能见到如唐·吉诃德那样悲悼着古老的骑士世界之死亡的游侠，如哈姆雷特那样在深刻的内心道德冲突中为摆脱宿命而挣扎的奋斗者。

在现代艺术中，形式吞噬了内容。客观主义、写实主义转向于主观主义和抽象主义。在表现主义和形形色色的现代派艺术中，现实的表面结构瓦解了，实体范畴消失了，因果依存序列颠倒了，时间的流程打乱了。空间走向多维化，甚至分解为意识内在空间无限维的无限性。人的心理世界在精神分析派文学中颠倒错乱，潜意识和下意识的发现，在展示出人类精神王国立体层次的同时又把人类还原为非理性、无意识地被粗野的性本能所驱迫的动物。

在文艺复兴时代的理性主义中，文明是人类的理想；而在现代派的非理性艺术中，文明却是一个被嘲笑的幻梦。传统宗教观与机械论哲学的崩溃，使20世纪的西方人既丧失了信念，又丧失了精神的立足点。

生存的哲学意义已经迷失，只剩下一个无意义地存在和奋斗的自我，孤独地站立在这个陌生的世界中，无目的、无希望地与强大的异化力量作斗争。这就是西方现代存在主义哲学和艺术所展示的人生悲剧。由此而形成了形式性、神秘性、象征性、荒谬性——现代派西方艺术的四大特点。

6. 形式表现是审美之本质

如果说原始艺术的特征是其对于原始宗教的实用性，那么文明时代的艺术则是以非实用的审美形式表现为根本特征。在文明时代，正是由于对艺术形式表现的讲究和追求，形成了各种专门细致的创作技艺，从而产生了艺术创作的专业人才，即艺术家阶层。

因此，文明艺术与原始艺术的原则在本质上是相反的。

对于文明的艺术来说，不是所表现的对象而是对对象的表现，不是艺术的观念内容而是这种观念内容的存现形式，决定了一件创作品是否能被规定为艺术品。

对于这个美学命题，好辩者当不难提出诘难，而指之为“形式主义”。这种诘难并不值得给予太多的重视。艺术的内容与形式的关系，本来就是一个可以从两个反方向给以论证的对立统一的悖论：一方面可以论证内容决定形式，内容选择形式；另一方面亦有同样充足的理由论证形式实现和规范着内容，从而内容又被形式所决定。故黑格尔指出：

> 形式与内容是成对的规定，为反思的理智所最常运用。理智最习于认内容为重要的独立的一面，而认形式为不重要的非独立的一面。为了纠正此点必须指出：……没有无形式的内容……内容所以成为内容，是由于它包括有成熟的形式在内。[13]

在《美学》中他还特别强调：

> 在艺术里，精神内容和表现形式是不可分割的。

某些论者思考内容与形式的方式，总是不能摆脱瓶子装酒的表象。在他们看来，艺术的表现形式是专指艺术的制作技巧，这犹如一只瓶子；而艺术的题材、故事及某些道德观念才是艺术的内容，犹如应当装入瓶子的酒[14]。应当指出，对于艺术内容与形式的这种思考是极其幼稚的。

如果把艺术的形式表现仅仅理解为某些技巧，这就把艺术贬低为一种手艺了。对于任何一件艺术品，其形式表现与其所实际表现的内容都是有机地结合为一体的。一件艺术品的内容就是通过这一作品所实现的形式表现。除此之外，并不存在不同于这种表现的另一种内容。

譬如，我们说李白伟大，说但丁伟大，说米开朗琪罗伟大，说巴尔扎克伟大，绝不是因为李白吟了几首以酒、愁、山、水、月为“内容”的诗篇，但丁写了一篇以地狱为“内容”的神话，米开朗琪罗创作了一批以圣经故事为“内容”的造型艺术，巴尔扎克写了几个以市民生活为“内容”的悲喜剧故事——所有这些通常被称作“内容”，实质上仅仅是素材或题材的东西，在艺术史上丝毫不是什么新鲜的事物，在他们之前就早已被人使用过。然而李白之所以是伟大的李白，但丁之所以是伟大的但丁，米开朗琪罗之所以是伟大的米开朗琪罗，巴尔扎克之所以是伟大的巴尔扎克，就是因为、并且仅仅是因为，唯有他们才能为这种旧的题材找到根本独特、前无古人后无来者的艺术形式表现，从而做到了化腐朽为神奇，茁灵芝于秀圃！

毛泽东晚年论李白诗时曾指出：

> 李白的《蜀道难》写得很好。有人从思想性方面作了各种揣测，以便提高其评价；其实不必，不要管那些纷纭聚讼。这首诗主要是艺术性很高，谁能写得有他那样淋漓尽致呀！他把人带进祖国壮丽险峻的山川之中，把人带进神奇优美的神话世界，让人们仿佛也到了“难于上青天”的蜀道上面了。[15]

在这里毛泽东所说的艺术性，我理解就是指李白诗的卓越形式表现——的确，谁能像李白那样写酒、写情、写壮志、写愁思、写山川日月，而把一切都表现得那样“淋漓尽致”呢？难道不正是通过所创造的这种神奇形式表现，李白才所以成其为李白吗？

7. 人类通过审美规律而造物

在伦勃朗的作品和17世纪的荷兰风俗绘画中，一些最琐屑的生活细物，如一只冒烟的烟斗、一杯咖啡、一缕散射在紫天鹅绒上的光、一幅肮脏的扑克牌……都作为题材进入了绘画。就这些细物本身来说，它们在任何意义上都并不具备审美的特性，但正是通过伦勃朗、威廉・卡尔夫等艺术家精妙的形式表现，“把眼前的自然界飘忽的现象表现为千千万万的境界，好像是由人再造出来似的”（黑格尔语），而把这些微不足道的素材也转变成了不朽的艺术品。歌德曾说：“对于每个人，素材都摆在面前，似乎只须对内容有所把握，就能抓住内容。而对于大多数人来说，形式是一个奥秘。”[16]克罗齐则曾言：

> 诗人或画家若没有掌握形式，就没有掌握一切，因为他没有掌握他自身。同一部诗的题材可以存在于一切人的心灵，但正是一种独特的表现，就是说，一种独特的形式，才使诗人成其为诗人。[17]

这些话是很值得每一个真正的艺术家深思！

马克思在《1844年经济学哲学手稿》中指出：

> 通过实践创造对象世界，即改造无机界，证明了人是有意识的类存在物……动物只是按照它所属的那个种的尺度和需要来建造，而人却懂得按照任何一个种的尺度来进行生产，并且懂得怎样处处都把内在的尺度运用到对象上去。因此，人也按照美的规律来造物。[18]

这段话具有深刻的美学理论意义。马克思这里所用的“尺度”这个范畴，是借自于黑格尔《逻辑学》的。研究过黑格尔的人会知道，黑格尔把“尺度”这个范畴定义为质与量的统一。所谓事物的“内在尺度”，实质指此事物质量统一的理想范型。

马克思认为，懂得按照事物的这种理想范型创造事物，才能做到合于“美的规律”的造型。事物固有的“内在尺度”即理想范型，也就是此种事物之“美的规律”。这一观点极其深刻而重要[19]。

在物质生产的领域中，被生产物的理想范型是通过自然科学研究和工程设计而发现的。而在艺术创作的领域中，人类所面对的完全是一个形式设计和形式表现的世界，是精神作品的生产。从以往的艺术史看，在这种生产中，精神美的理想范型，艺术家常常是通过对当时宗教、哲学和美学观念的研讨和批判而形成的。千百年来，宗教和哲学的观念对于艺术创作具有那样深入持久的影响力，其原因即在于此。

8. 艺术具有三种表现形态

在《关于艺术美的三种类型》[20]一文中，笔者曾论及艺术对于审美观念具有三种不同的形式表现方式：象征的表现、形象的表现、观念的表现。由此而形成艺术的如下三种类型：

①象征艺术（象征性表现）：装饰、建筑、音乐、书法；

②造型艺术（形象性表现）：雕塑、绘画、舞蹈（动的雕塑）、戏剧、摄影；

③文学艺术（观念性表现）：韵律体文学（诗）、自由体文学（散文、小说）。

这些艺术类型各自的形式表现方式不同，因而也具有各不相同的审美原则。

象征艺术的美学原则是单纯的形式美[21]，这一点对于装饰、建筑、音乐及书法等象征型艺术是极其明显的。在康德看来，这种形式美是艺术美的最高形态，他称之为“自由美”，以区别于“依附（于观念）的美”。

音乐理论家汉斯立克曾用以下语句对音乐和装饰的形式美作过颇为生动的描绘：

> 音乐美是一种独特的、只为音乐所特有的美。这是—种不依附、不需要外来内容的美，它只存在于音乐的艺术组合中。优美悦耳的音响之间的巧妙关系，它们之间的协调和对抗，追逐和会合、飞跃和消逝——这些东西以自由的形式呈现在我们直观的心灵面前，从而使我们感到愉快。[22]

他又描绘被称作“阿拉贝斯克”的阿拉伯装饰花纹图案：

我们见到一些弧形曲线，有时轻悠下降，有时陡然上升，时而会合，时而分离。这些大大小小的弧线相互呼应，好像不能融合，但又构造匀称，处处遇到相对或相辅的形态，各种微小的转折上升到卓越的高度，却又下降，伸展开来，收缩过去，平静和紧张状态之间巧妙地交替，使观者应接不暇——这样的一种印象不是与音乐的印象有些相似吗?[23]

他指出：

这种美是没有什么目的的，因为美在于形式……它可以用于各种不同的目的，但它本身并没有目的，只有它自己是目的。[24]

这些话正是对于音乐、建筑、装饰以及书法这几种象征型艺术所共通的形式美的绝妙写照。

9. 理念决定造型艺术

造型艺术的美学原则是作品的形式表现与对象理想范型的统一。对于这种统一性的要求，也就是对于造型艺术审美真实性的要求。

我们必须注意，作为审美范畴的真实，并不是理性范畴的真实，也不是通过形象契合所表达的映现真实。

艺术真实毋宁说更是一种主观的真实——每个艺术家都是以自己的眼睛去观察自然，因而根据自己的感受和信念去表现所谓“真实”。所以拉斐尔曾说：

我所认识的模特儿都不够美，我只能从内心中寻找理想的形象。

在造型艺术中，形式美服从于艺术家表达理想范型的需要。因此，一个形式上（也是客观上）十分丑陋的形态，却可以通过卓越的主观艺术表现而塑就为一件优美精妙的杰作（例如罗丹的雕塑名作《老妓》）[25]。

毕加索的立体主义造型、石涛的写意山水、郑板桥的奇竹怪石、朱耷的牡丹孔雀，以及中国传统工艺美术中的布老虎、竹狮子、各种剪纸形象，在这些稚拙天真地变形或由于某种哲学意义而变形的艺术造型中，都既具有一种理想的真实，同时又缺乏一种映现的真实。

由此亦即可知亚里士多德以来所谓“艺术本于模仿说”的错误。对现实作出机械映现的作品不是艺术品，而是镜子。甚至对于看起来只能如实摄取现实的摄影来说，也只有当一幅影像通过场景的提炼，不再是一种机械的镜像反映，而是摄影者内心某种理想范型的对象化表现时，这帧影像才有资格被称作一幅创作和一件艺术品，而这实际也正是新闻摄影与艺术摄影的区别。

由此可见，造型艺术的本质绝不是对现实的镜像模仿，而是根据艺术家所怀抱的美学理想对现实作重新设计与塑造。这是一个对于造型艺术具有重要意义的命题。

与古典希腊美学的“模仿说”相比，中国古典美学中的“形神”及“意境”观要显得更为深刻。中国传统美学历来重视神似，而以形似为下品，更尤其强调诗歌绘画中的意境。“形似”就是模仿，就是那种直观的现象真实。

“意境”一词本出于唐译佛经。所谓“意境”，又称“心境”，乃是相对于“物境”“色境”“外境”即对象世界而言的。“意境”其实就是指主体内心的理想境界，一个充满情感与意象的主观世界。而“神似”所追求的是对于这种内心理想美的真实。这种艺术观必然不是“为艺术而艺术”的，是向着作为主体的人类的，即如鲁迅所说的那种“为了人生的艺术”。

艺术是人的创造物。对于一种现实的理想范型，总是通过艺术家本人的宗教和哲学观念（人生观和艺术观）而塑成的。对于同一对象的理想范型，不同的艺术家信念不同，因而亦常常具有不同的认识，必然会产生不同的艺术表现。这正是艺术风格和流派必然多样化的原因。毕加索曾说：

> 艺术是一种使我们达到真实的假想。但是真实永远不会在画布上实现，因为它所实现的只是作品和现实之间发生的关系而已。[26]

造型美的欣赏不同于象征艺术形式美的欣赏，因为这种美不是单纯直观的，而是在直观的形式下蕴涵着的艺术家的理想美。因此，对造型艺术的鉴赏，靠感性的直观或直觉是不够的，它还必须被理解。这种美的确是有所依附的，即依附于一种美的理念。在这一点上康德说得对：

> 美，如果要给它找到一种理想，就必须不是空洞的，而是被一个具有客观合目的性概念所确定的美，因此……必须有一个理性的观念

依托于一定的概念作为根据。[27]

10. 文学之美在于理念

文艺的美学原则与象征艺术和造型艺术都不相同。作为运用语言和观念的艺术，文艺完全不具有呈现于直观的感性形象。文学作品之美在于意象与理念。

当然，文艺也具有一种形式美。但这不是线条的美，不是色彩的美，不是空间结构的美，而是通过语辞的对称错落、韵律的和谐、思想表达的巧妙结构而实现的形式美。

文艺作品的意义，在于通过类型与事件的描述，达到作者与他人的对话和沟通，分享人生经历，从而理解自我与人生。就某种更深的意义观察而言，文学作品与哲学和宗教的作品具有相同的功能。

人生是痛苦的。一个人生来却并不知道“自我”是谁。我只能在我所遭遇的事件（fact）中、感受（feel）和思考（think）中，才逐渐知道自我是谁，并且通过文学作品与人分享。

在知却有所不知、有感而难与人言、想也想不明白的时候，我是谁呢？我能如何与人分享生命？

基督教的回答是，上帝永远是他所是（I am who am），而我永远是我所信（I am what I belive）。仁义礼智信只是目标，不是信仰；信仰的意思，是凭着我所信，去活出我所是。

文学之伟大，是向这个世界分享一个作家之所知、所思以及他的悲哀与喜悦。

伟大的文艺作品往往在有意无意中为一个时代之人生提供一种范型，这种范型就是所谓艺术之“典型性”。文艺的理想范型是设立在对于人性的深刻观察和割折，以及对于宇宙人生的深刻哲学感悟和对正义与善的永恒伦理理想之上的。

语辞形式美与观念理想美的结合，就是文艺的审美原则。只要观察一下古今中外所传世的一切文艺的杰作——从荷马时代的《奥德赛》到启蒙时代的《神曲》《哈姆雷特》《浮士德》到《卡拉马佐夫兄弟》，从莎士比亚到雨果、巴尔扎克、托尔斯泰、陀思妥耶夫斯基，在中国从孔子、屈原、司马迁、杜甫、李白到近世的《红楼梦》《狂人日记》，我们当会更深刻地理解这个美学原则的价值和意义。

在一部文学作品中，对于人生某一侧面之某种真理的揭示，能显示这部作品思考的深度；而对于正义与善的伦理原则的追求，则显示着这部作品内在性格的崇高。因此，正是在文艺的审美中，“真、善、美”这一人生中最高的价值理想被综合于一个统一的完整的理想范型中。

人性本身是不完满的，历史进程本身是充满破坏性即悲剧与“恶”的。不同时代的文学艺术杰作，却绝不会因其表现了对于后代可能是过时的理想而死亡，它们为各个时代的人类精神对于真善美的追求建树了一座又一座不朽的纪念碑。

（原载《美术》杂志1982年第8期）

注释

①马克思说：“对于非音乐的耳朵，最美的音乐也没有意义。对于它，音乐并不是一个对象，因为我的对象只能是我的某一种本质力量的肯定。”（《1844年经济学哲学手稿》）。如李白《菩萨蛮》词“平林漠漠烟如织，寒山一带伤心碧”，所写照的不是纯粹的自然美吗？但在这种自然美的景观中，却强烈地渗透着一个审美主体自身的感情色彩——“暝色入高楼，有人楼上愁”。

②北京大学哲学系美学教研室编著：《西方美学家论美和美感》，商务印书馆1980年版，第185页。

③这里说的是艺术建筑而不是实用建筑。所谓艺术建筑是特指以形式表现为目的而建造的建筑物。这种原始建筑莫不与原始宗教有关。

④［法］列维－布留尔：《原始思维》，商务印书馆1981年版，第28页。

⑤李泽厚指出：“当山顶洞人在尸体旁撒上矿物质的红粉，当他们作出上述种种‘装饰品’……它的成熟形态便是原始社会的巫术礼仪。”

⑥普列汉诺夫在《艺术论》中认为原始人类的装饰艺术本于审美目的，而他们的审美观念又起源于“经济观念”。这一假说是站不住脚的。因为原始人类进行装饰绝不是为了审美，而是为了象征。通过这种装饰性的象征，以达到令人惧怕、令人崇拜或避邪镇恶的目的，实现某种巫教观念。

⑦［法］列维－布留尔：《原始思维》，商务印书馆1981年版，第28页。

⑧《史记集解》，《吴太伯世家》“文身断发”引应劭注，中华书局1964年版，第

1446 页。

⑨李洪甫:《将军崖原始社会岩画遗迹》,《光明日报》1981 年 4 月 27 日。

⑩王国维:《宋元戏曲史》,中国戏剧出版社 1984 年版。

⑪陈志华:《外国建筑史》,中国建筑工业出版社 1979 年版 ,第 8 页。

⑫《毕加索论艺术》,《美术译丛》1981 年第 2 期。

⑬[德] 黑格尔:《小逻辑》,商务印书馆 1980 年版,第 279 页。

⑭瓶子与酒的童话常被用来比喻形式与内容的关系,但这是根本不恰当的。新瓶能装旧酒吗?可以,因为这二者在本质上是互相外在的。瓶子自有瓶子的本质内容,酒则自有酒的本身形式。但对于艺术来说,当一种似乎陈旧的内容被加工为一种新的艺术形象,那么这种内容也必定已发生变化,从而不复保持为旧的内容了。

⑮摘录自上海社会科学院编《毛泽东哲学思想研究动态》。

⑯[德] 歌德:《歌德自传:诗与真》,刘恩慕译,人民文学出版社 1983 年版。

⑰[意] 克罗齐:《美学原理 美学纲要》,朱光潜译,外国文学出版社 1983 年版。

⑱《马克思恩格斯全集》第 42 卷,人民出版社 1979 年版,第 97 页。

⑲康德在《判断力批判》第 17 节“论美的理想”一书中曾言:“只有人,他本身就有他的生存目的,他凭借理性规定着自己的目的……所以只有人才独能具有美的理想……能在世界一切事物中独具完满性的理想。”可以看出,马克思的上述观点与康德的这一思想十分相近。

⑳刊于《美术》1982 年第 1 期。

㉑应该注意,“形式美”与“形式表现的美”是两个不同概念。形式美仅是指呈现于视听直观的外在美;而形式表现的美,则不仅是形式美,而且也包括作为被表现对象的艺术美内容。

㉒[奥] 汉斯立克:《论音乐的美》,人民音乐出版社 1980 年版,第 38 页。

㉓[奥] 汉斯立克:《论音乐的美》,人民音乐出版社 1980 年版,第 39 页、3 页。

㉔[奥] 汉斯立克:《论音乐的美》,人民音乐出版社 1980 年版 ,第 39 页、3 页。

㉕康德指出:“一个完全合于规则的脸,在内心里也许暴露着一个平庸的人。”(《判断力批判》第 17 节)黑格尔亦曾言:“在形式上是一幅完全匀称的美的面孔,而在实际上却可以很干燥乏味,没有表现力。”(《美学》第 1 卷第 221 页)在这里他们所批评的,正是从艺术造型观点看的单纯形式美;由于缺乏突出的性格表现特征,因而不配称作美的理想造型。达·芬奇的名作《蒙娜丽莎》之所以优美动人,并不是因为她具有多么动人的花容月貌(就这一点而言她足以令人失望),而恰恰是因为艺术家通过那种安详沉静的神态和含蓄的微笑显示了一种极有力的性格特征。

㉖见《美术译丛》,1981 年第 2 期。

㉗[德] 康德:《判断力批判》上卷,商务印书馆 1964 年版,第 71 页。

论诗美

诗歌之美，古今共谈。然而正如严沧浪所说，诗美如“水中之月，镜中之象”，“透彻玲珑，不可凑泊”，知其美者多，而真知其所以美者少。

近世诗论家冯振曾说：“文学之事，约分二道，曰能，曰知。沈约云：‘自灵均以来，此秘未睹，皆暗与理合，匪由思至。’是能者未必知也。钟嵘评诗尽工，而所作不传，谅无佳构。是知者未必能也。知而不能，于工文何与？能而不知，抑何损焉？大匠能示人以规矩，而不能使人巧。巧，能者之事也。示人以规矩，则知者之事也。虽不能使人巧，示之以规矩，不犹愈于已乎？”①

在本文中，我们想对诗歌语言所特有的艺术审美规律试作几点分析和讨论。

1. 诗歌语言的艺术特点

人们常说诗是语言的艺术。这种说法虽不错，却并未指出诗歌语言作为艺术语言的根本特征何在。

实际上，诗歌语言具有两大特点：

①它是一种形象语言。

②它是一种讲究音韵声律因而具有音乐美感的语言。

第一个特点乃是一切文学语言（如小说、文学散文等）所共有的，第二个特点则是诗歌语言所独有的。

这里想指出传统语言理论一直未指出的一个事实，即人类的语言系统划分为在质态结构上不同的两大类型：①描写性的摹状语言，亦可称“形象语言”；②推证性的逻辑语言，亦可称“抽象语言”。

试比较以下几段文句：

（一）炉火照天地，红星乱紫烟。[②]

（二）高峰入云，清流见底。[③]

（三）群山浮动于浅蓝色的薄雾中，月光在湖水上撒开一道金红色的波纹。夜空中飘来藤罗花的芳香，晶莹的星星在闪烁。[④]

（四）修身者，智之符也；爱施者，仁之端也；取予者，义之表也；耻辱者，勇之决也；立名者，行之极也。士有此五者，然后可以托于世，而列于君子之林矣。[⑤]

（五）阿基米德公理：如果 X 和 Y 都是实数，而且 X 为正，则存在一个自然数 M，使得 $MX < Y$。[⑥]

（六）$P \times \neg P$　　　S。$\in S$。

显然，这几段文字不仅内容不同，而且在形式上也代表着不同的语言类型。（一）（二）（三）的表述方法是描摹、模拟。它们好像两幅用文字绘成的图画，只要你一闭目，其景色就可以呈现在想象中。而（四）（五）（六）的表述方法则是抽象推论。它们不能给人以生动具体的形象感。人虽能理解其意义，却无法在想象中描绘、刻画出它的图像。

这种区别，也就是摹状语言与逻辑语言的区别。在人类的日常语言中，这两种不同的语言类型常常是混杂的。其实，它们不仅表述方式不同，而且语言结构也有所不同。摹状语言是一种模糊语言，它在逻辑和语法上不仅允许不精确，甚至以不精确为优点。逻辑语言却是一种精密语言，它在逻辑和语法上都要求高度的准确性。文学艺术语言的基本形式是摹状语言，而科学理论语言的基本形式是逻辑语言。

2. 诗语是不精确的摹状语言

语言中会形成这两种不同的类型，是因为语词具有矛盾的性质。一切语词，在语言中担负着四种不同的功能：

①语词是语音符号，它表示一种读音。例如“海”这个字，它的音读

如 hǎi。

②语词是概念符号，它表示某种抽象（一般）性的涵义。例如“海”这个字，作为概念，它有自己的抽象定义和内涵。

③语词又是形象符号，它可以象征一种事物的形象。例如“海”这个字，可以使你在想象中描绘出碧波无垠里的海的意象。

④语词也是感情符号，它表征着一种感情信息——或爱的（褒义词）、或憎的（贬义词）、或非爱非憎的（中性词）。

诗歌，正是借助于语词的①③④三种功能，即借助于语词的音律感、形象感、表情性而构制的语言艺术品。诗语是典型的摹状（形象）语言。诗语忌抽象，并且与概念和逻辑无关。诗语所描摹之形象，既包括主观意象（人的感情、心灵、意象），也包括客观之意象（诗人所感受着的外部世界）。

歌德曾把诗歌类比于绘画，他说：

> 造型艺术对眼睛提出形象，诗却对想象力提出形象。[7]

达·芬奇说：

> 诗是说话的画，画是沉默的诗。[8]

正如我们在绘画时用色彩和线条勾划事物的形象一样，我们在诗歌中用文字和语词描摹写照形象。请看：

> 明月照积雪
> 长河落日圆
> 落花人独立，微雨燕双飞
> 细雨鱼儿出，微风燕子斜

吟读着这些诗句，诗中的景色似乎可以图画般地再现于人的想象中。

再看马致远的这首著名散曲小令：

> 枯藤老树昏鸦，
> 小桥流水人家，

古道西风瘦马。
夕阳西下，
断肠人在天涯。

其基本元素由十几个语词组构，但这些词不是作为抽象的一般性概念，而是十几种有色彩、有形象的事物代号，可以在人的想象中拼构成一幅栩栩如生的画面。

3. “境界”“意象”与“意境”

王国维说好诗贵于“境界”，“有境界则自成高格，自有名句”[9]。

“境界”一词本是佛家语。《俱舍论颂疏》：

功能所托，名为境界，如眼能见色，识能了色，称色为境界。

盖诗家所论之“境界”大体有二义：一曰“意象”，一曰“意境”。

佛家所谓“境界”者，即色相——现象界也。哲学中所说之“现象”，美学家谓之曰“形象”，诗家则谓之“意象”。

意象者，意识中之景象也。意境者，意象所内涵之纵深意义也。

王国维说：

境非独谓景物也，喜怒哀乐亦人心中之一境界。故能写真景物、真感情者，谓之有境界，否则谓之无境界[10]。

这里可注意者是王氏指出境界有二：一所谓“真景物”，一所谓“真感情”。

诗不仅可用语词写照描摹客体的现象（“真景物”），而且可写照描摹主体的意象（“真感情”）。例如：

对酒当歌，人生几何？譬如朝露，去日苦多。
问君能有几多愁，恰似一江春水向东流。
执手相看泪眼，竟无语凝噎。
白发三千丈，缘愁似个长。不知明镜里，何处得秋霜。

都是古人摹写主观感情而成意象，且深邃而有意境之名句。

4. 诗语之荒谬性

语词在诗歌语言中这种可以描摹、表征形象的特点，使诗歌语言结构可以超越语法和逻辑的约束。

判断抽象语言的尺度是语法和逻辑，而判断形象语言的尺度与“正确性”无关，而是生动和优美。在诗语中，为了达到生动和优美，可以破坏语言之逻辑结构，甚至可以破坏语法。

在好诗中充满了此类范例。如宋人晏几道词：

要问相思，天涯犹自短。

“相思”是无形体的感情，“天涯”是有广延的空间。以无形者与有形者作比较而言长短，在逻辑上岂非悖理？

宋人张孝祥词：

满载一船明月，平铺千里秋江。

此诗语气甚豪迈。但此语于常理则颇荒谬：

我驾船搭载着一船月亮，我划桨铺平了千里长江。

明月焉能载得？秋江岂能铺平？这种话语若非作为诗句而出现在日常语言中必被看做疯话和大话！但作为诗语，不会有人质疑其荒谬，反而觉得意境颇美壮。

又如王维的名句：

鸟鸣山更幽。

有鸟声吵闹反而比无鸟声安静，在逻辑上岂非荒唐？

明人诗：

山多红叶烧人眼。

红叶非火，如何能燃烧人眼？

贾岛诗：

促织声声尖如针。

声音无象，怎能“尖如针”？

明人诗：

雨过柳头云气湿，风来花底鸟声香。[11]

鸟声没有气味，岂能称为“香”？

又如：

月凉梦破鸡声白，枫霁烟醒鸟话红。[12]

月岂能“凉”？梦岂能“破”？鸡声岂能“白”？鸟话岂能“红”呢？

若只从形式逻辑的角度看，上述诗句都是不合逻辑的疯话。

以上所举均古诗中之名句，若究之，却无不在思维形式上悖乎常理。所以，理智感太强，必不能理解诗。

诗美不存在于理智的逻辑分析中，而存在于形象之想象与感情之共鸣中。不懂这一点，就会闹出笑话。李笠翁曾指责宋人“红杏枝头春意闹”这句词说：

此语殊难解。争斗有声谓之“闹”，红杏能“闹”，余实未之见也。“闹”字可用，则“吵”，则“斗”，则“打”字，当皆可用矣。[13]

这正是以抽象理智来分析诗词的一个典型事例。笠翁是清之际名哲，但这位老夫子竟不懂得“闹”字在这首词中不是作为一个概念，已经失去了它的原有内涵。“闹”字在此已不是一个动词，而被词人用为描写情状与形象的形容词、状态词。闹者，红火也。“春意闹”，正是描摹着一种火红、热烈、喧腾的景象。

打闹的场面是热烈而喧腾的，词人所借用的正是“闹”字所表征的这种气氛和形象，来形容开得红扑扑、热腾腾的杏花。这个字用得十分精彩，若换作其他字，则词句立即索然无味矣。若如李笠翁言“红杏枝头春意吵”“红杏枝头春意打”，味道全无，诗语顿然荒谬可憎！所以王国维说：“著一‘闹’字，而境界全出。”[14]

5. 诗语解构语法

诗歌不仅破坏逻辑，也解构了通常的语法规律。例如下面的诗句：

竹怜新雨后，山爱夕阳时。（钱起）[15]
香稻啄余鹦鹉粒，碧梧栖老凤凰枝。（杜甫）[16]
永忆江湖归白发，欲回天地入扁舟。（李商隐）[17]

在这些语句中，主宾语序颠倒，从语法观点看完全讲不通。它们的本义应当是：

新雨后怜竹，夕阳时爱山。
鹦鹉啄余香稻粒，凤凰栖老碧梧枝。
永忆江湖白发归，欲回扁舟入天地。

若这样改动，在语法上较合于规范，在诗味上却黯然失色。因为这些诗句之出奇和耐人寻味，恰在它们对正常主宾语序的颠倒错置中。所以古人说：

诗有别趣，非关理也。[18]
诗语自有理外之理。[19]

由此可见，忽视语词的抽象表义性功能，而突出语词的具象性摹形及象征功能，正是诗歌语言的重大特点。

6. 不疯狂必无好诗

毛泽东曾说：“用白话写诗，几十年以来，迄无成功。”[20]

为什么不成功？毛泽东未作探讨。思想内容政治方面的原因，超出本文讨论的范围[21]，我们只讨论语言艺术形式的问题。

德国诗人席勒说过：“古代诗人打动我们的是自然，是感觉的真实，是活生生的当前现实。而现代人却是试图通过抽象观念的媒介打动我们。”[22]

诗歌之语不必推理，不必解释，不必议论——这都是抽象语言的事。诗语的任务纯粹是描写，是表现，是叙述与倾诉。

最重要的是，要让一个形象接着一个形象，一幅画面接着一幅画面，一种激情接着一种激情；一切空间与时间、现实与幻想、此岸与彼岸的界限，对于诗都可以不存在。诗的想象可以打破它们，而且应该打破它们！

古今中外最好的诗人，其实都是最大的梦想家、幻游者，甚至是世俗所谓“疯子”。人不疯狂，必无好诗！唯幻想可以激发诗情，唯生梦境方可以创造诗境。

李白诗《梁甫吟》（节选）：

> 君不见高阳酒徒起草中，长揖山东隆准公。
> 入门不拜骋雄辩，两女辍洗来趋风。
> 东下齐城七十二，指麾楚汉如旋蓬。
> 狂生落魄尚如此，何况壮士当群雄！
> 我欲攀龙见明主，雷公砰訇震天鼓，帝傍投壶多玉女。
> 三时大笑开电光，倏烁晦冥起风雨。
> 阊阖九门不可通，以额叩关阍者怒。
> 白日不照吾精诚，杞国无事忧天倾。
> ……

什么“雷公砰訇震天鼓”，什么“以额叩关阍者怒”——试看这是何等疯狂的意态？

再读屈原的这些诗句：

> 朝发轫于苍梧兮，夕余至乎县圃。
> 欲少留此灵琐兮，日忽忽其将暮。
> 吾令羲和弭节兮，望崦嵫而勿迫。
> 路曼曼其修远兮，吾将上下而求索。[23]

这些描写也绝非现实，而只是对诗人自己梦想境界的一种描摹。在这些诗句面前，谁能不感受到心灵的震撼与颤动呢？

然而在现代诗歌中，所缺乏的似乎正是此种癫狂。

7. 诗语忌政治

新诗运动失败的原因之一是以政治语言入诗。诗之所最忌就是抽象范畴和政治概念。

现代诗中少数可读的新诗大都出自20世纪初叶，因为“五四”时代人的个性还是张扬的。而20世纪后半期人性已被政治所异化，诗作者皆缺乏诗应该有的形象张力与幻想力，因而丧失了诗情所特有的疯狂之美。以致多数赞美性的诗作，感情都像中世纪欧洲那种缺乏真实热情的宗教赞美诗。请看这样的诗：

> 在一万公尺的高空，
> 在安如平地的飞机之上，
> 难怪阳光是加倍的明亮，
> 机内和机外有着两个太阳！
> 不倦的精神呵，崇高的思想，
> 凝成了交响曲的乐章，
> 像静穆的崇山峻岭，
> 像浩渺无际的重洋！[24]

> ……反了！反了！
> 民心不可侮，民力谁能测？
> 民不畏死，奈何不得！
> 光明战胜了黑暗，
> 正义战胜了邪恶……[25]

又如这首：

> 大快人心事，揪出“四人帮”。政治流氓文痞，狗头军师张，还有精生白骨，自比则天武后，铁帚扫而光。篡党夺权者，一枕梦黄粱……

这类作品，可称为韵语，但不能称为诗。由一个概念转到另一个概念，由一种抽象转到另一种抽象，所罗列均是时髦而毫无情趣之政治词汇，这不是诗，而是政论大字报。从中看不到真实的感情，只能看到感情的扭曲造作；看不到形象，只看到公式。

这些政治诗甚至不如民间之“打油诗”。“打油诗”起源于唐代。据说唐时有个姓张的秀才，名叫“打油”。有一年冬天下了一场大雪，张打油坐在家里，眼望窗外一片雪白，不禁诗兴大发，遂写了一首“咏雪诗”：

江山一笼统，井上黑窟窿。
黄狗身上白，白狗身上肿。

此诗其实不错，没有一个“雪”字，对雪景却描绘得很逼真，近景、远景、动物、静物都写到了。可惜只是全无诗味，盖因其语言猥琐，境界低俗也！此后此类诗遂别成一体，称为“打油体”。

8. 诗的声律美

白居易说：“诗者，华声。”[26]闻一多说：“声律是诗之花朵。”这很好地道出了诗歌语言的又一重大特点，即必须具有声律音韵的美。实际上，所谓诗歌，可以说本质就是一种具有音乐美的艺术语言。

请读唐代王建《调笑令》：

团扇，团扇，美人病来遮面。
玉颜憔悴三年，无复商量管弦。
弦管，弦管，春草昭阳路断。

又如：

返咸阳，过宫墙；
过宫墙，绕回廊；
绕回廊，近椒房；
近椒房，月昏黄；
月昏黄，夜生凉；
夜生凉，泣寒螀；
泣寒螀，绿纱窗；
绿纱窗，不思量。

呀！不思量，除是铁心肠！
铁心肠，也愁泪滴千行。[27]

君生我未生，我生君已老。君恨我生迟，我恨君生早。
君生我未生，我生君已老。恨不生同时，日日与君好。
我生君未生，君生我已老。我离君天涯，君隔我海角。
我生君未生，君生我已老。化蝶去寻花，夜夜栖芳草。[28]

这些诗句的音律在整齐之中见参差，于和谐之中见变化。在词语的回旋重复、抑扬顿挫之间，诗人创造了一种音乐般的旋律与节奏，给人以优美的听觉享受。

再如民间流传的绕口令，也具有相似的音乐效果：

打南边来了个喇嘛，手里提拉着五斤鳎目。
打北边来了个哑巴，腰里别着个喇叭。
南边提拉着鳎目的喇嘛要拿鳎目换北边别喇叭哑巴的喇叭。
哑巴不愿意拿喇叭换喇嘛的鳎目，
喇嘛非要换别喇叭哑巴的喇叭。
喇嘛抡起鳎目打了别喇叭哑巴一鳎目，
哑巴摘下喇叭抽了提拉着鳎目的喇嘛一喇叭。
也不知是提拉着鳎目的喇嘛打了别喇叭哑巴一鳎目，
还是别喇叭哑巴抽了提拉着鳎目的喇嘛一喇叭。
喇嘛回家炖鳎目，哑巴嘀嘀嗒嗒吹喇叭。

王国维说：

一切之美，皆形式之美也。就美之自身言之，则一切优美，皆存在于形式之对比、变化及调和中。[29]

这一观点过去曾被批评为“形式主义”。但如果这是形式主义的话，那么就可以说：形式主义乃是一切艺术审美的基本要素。若无形式之美，则无艺术之美。

形式美虽然不是艺术美之最高形态，却是一切艺术美所必具的基本形态。许多古典诗歌及民间歌谣之所以美，并非由于它们的内容，而正是由于它们具有优美的声律和修辞形式。

9. 诗体之演化

诗歌的语言形式有自身的演进规律。王国维尝论古典诗歌发展史说：

> 四言敝而有《楚辞》，《楚辞》敝而有五言。五言敝而有七言，古诗敝而有律绝。律绝敝而有词曲。[30]

实际上，一部中国古典诗歌的发展历史，也就是古典诗歌的语言形式演进的历史。

古人起初不懂诗歌的声韵规律之美。因此，远古的诗歌曾是一种没有固定形式的“自由体”，例如：

> 日出而作，日入而息。
> 凿井而饮，耕田而食。
> 帝力于我何有哉？[31]

> 沧浪之水清兮，可以濯我缨！
> 沧浪之水浊兮，可以濯我足！[32]

> 登彼西山兮，采其薇矣，
> 以暴易暴兮，不知其非矣！
> 神农虞夏，忽焉没兮，
> 我适安归矣？
> 于嗟徂兮，命之衰矣！[33]

> 凤兮凤兮！何德之衰？
> 往者不可谏，来者犹可追。
> 已而已而，今之从政者殆而！[34]

信口直吟，了无修饰，洒脱自然，除了押韵以外，再无格律。

《诗经》创造了中国古典诗歌的第一种规范格式——相当整齐的四言式：

关关雎鸠，在河之洲。窈窕淑女，君子好逑。
参差荇菜，左右流之。窈窕淑女，寤寐求之。
求之不得，寤寐思服。悠哉悠哉，辗转反侧。
参差荇菜，左右采之。窈窕淑女，琴瑟友之。
参差荇菜，左右芼之。窈窕淑女，钟鼓乐之。[35]

南有乔木，不可休思。汉有游女，不可求思。
汉之广矣，不可泳思。江之永矣，不可方思。[36]

蒹葭苍苍，白露为霜。所谓伊人，在水一方。
溯洄从之，道阻且长。溯游从之，宛在水中央。[37]

在这种四言诗以及后来的五言乐府诗中，诗人们只是经验地运用着声韵规律，而未能理论地认识之。

魏晋以后，随佛典翻译梵语音韵学乃自印度传入，南北朝时周禺发现“四声”，沈约发现“韵律”。从此以后，诗人开始自觉地运用语言的“平仄”声调，以安排一种高低长短相互交错的节奏韵律，寻找语言的音乐美。这是古代诗歌史一个重大的发明和创举。沈约说：

自骚人以来，多历年代，虽文体稍精，而此秘未睹。至于高言妙句，音韵天成，皆暗与理合，匪由思至。[38]

夫五色相宣，八音协畅，由乎玄黄律吕，各适物宜。欲使宫羽相变，低昂互节，若前有浮声，则后须切响。一简之内，音韵尽殊；两句之中，轻重悉异。妙达此旨，始可言文。[39]

沈约认为诗歌音韵规律的发现是中国诗歌史中的一次革命。这也确非夸矜之词。

在《诗经》及乐府诗的时代，诗歌主要功能还是配乐而唱和的辞，而不是独立可吟诵的真正意义的诗篇。只有在音韵规律被认识之后，诗语才出现了被诗人们刻意追求的格律韵律之美，从而以语言为乐谱而从吟诵中找到一种音乐之美。

借助于语言声律的这种发现，再与当时盛行于骈体文赋中的对称修辞方式相结合，在唐代出现了五律、七律等优美的新格律诗。而歌词为曲副的传统也一直保持着，宋词、元曲起初都是配乐而唱的歌词。词和散曲在字数上长短参差，更加口语化，吸收了民歌的传统。

由上所述可以看出，一部中国古典诗歌的历史乃是诗的艺术形式不断翻新、不断进化的历史。由不谙声律的原始自由体和四言、五言诗，到拘泥于声律的五言、七言律诗，最后发展为形式解放并日趋口语化的词、散曲、民歌，这就是中国诗歌所走过的艺术发展道路。

这个过程一方面是对旧形式的不断破坏，另一方面新的更优美的诗歌语言形式也在这种破坏中不断地提炼出来。

10. 新体诗为何失败

新体诗在形式上有两个来源：一是翻译诗，一是民歌（打油）诗体。

对于当代诗歌影响最大的诗体实为翻译诗。然而，几乎所有的译诗在语言形式上都是不美的。

诗歌语言的本性决定，诗歌是一种民族性极强的语言艺术，本质上是不可译的。翻译所能转述只是其内容，无法再现语言形式的韵味与格律——在翻译中很难不丢弃原诗所具有的声律美。例如，比较雪莱的这首原作和它的译文。

A Lament

O world! O life! O Time!

On whose last steps I climb,

Trembling at that where I hail stood before;

When will return the glory of your prime?

No more—Oh never more!（下略）

悲歌

啊，世界！啊，人生！啊，时间！

登上了岁月最后一座山，

回顾来程心已碎。

繁华盛景几时再？

啊，难追——永难追！

……[40]

原诗的节奏感极强，音律是很美的；但在译文中，不仅这种音律美已无存，而且连基本的押韵也难以做到。

而正是此类外来的译体，成为20世纪中国新诗主要的模仿对象。模仿的直接后果就是新体诗的散文化，诗歌固有的语言艺术特色在新诗中都被丢失了。看以下的诗：

市场上，摆满了商品，

但是权力不在这里出售。

在另一个市场，它才是宝贵的商品，

价值也不以货币计算。

它货真价实，

商标上画的是，

腐蚀的灵魂。[41]

我们不管诗的内容如何，这里只讲它的形式。它没有韵脚，没有节奏，更没有平仄的格律。如果不是被分解成诗节的话，试问，其与一篇散文又有何区别呢？

11. 诗是贵族的艺术

有一部分现代作者追求模仿民歌的俚俗语言。而典雅的诗歌语言应当是提炼和雕琢过的艺术语言，不能是张打油式的俚语体。

诗自古就是精神贵族的艺术。诗语贵雅而不贵俗。古典诗词一向讲究炼字、炼句——这就是说，要像从生铁中提炼精钢一样，须从日常语言中提炼出富有诗意的、闪光的语言。

例如，同样表现男女相爱之情，汉代民歌所唱咏的是：

上邪！
我欲与君相知，长命无绝衰。
山无陵，江水为竭，
冬雷震震，夏雨雪，
天地合，乃敢与君绝！[42]

明清俚曲则以一种更直接的、更感性、更火辣的热情直接呼喊：

要分离除非天做了地，
要分离除非东做了西，
你要分时分不得我，
我要分时离不得你，
就死在黄泉，
也做不得分离鬼。

宋代词人所吟诵的是：

纤云弄巧，飞星传恨，银汉迢迢暗度。金风玉露一相逢，便胜却人间无数。

柔情似水，佳期如梦，忍顾鹊桥归路。两情若是久长时，又岂在朝朝暮暮。[43]

休休！这回去也，千万遍《阳关》，也则难留。念武陵人远，烟锁秦楼。记取楼前流水，应念我、终日凝眸，凝眸处，从今又添，一段新愁。

花自飘零水自流，一种相思，两处闲愁。
此情无计可消除，才下眉头，又上心头。[44]

其所诉皆为意象与间接之物象，并非直接诉说之情爱，然而于委婉中却柔情百结。细腻婉约，这种情致在民歌中是很难找到的。

古人留下的一些经典爱情诗篇，如元好问词：

> 恨世间、情是何物？直教生死相许。天南地北双飞客，老翅几回寒暑。欢乐趣，离别苦，是中更有痴儿女。君应有语：渺万里层云，千山暮雪，只影为谁去？
>
> 横汾路，寂寞当年萧鼓。荒烟依旧平楚，招魂楚些何嗟及，山鬼自啼风雨。天也妒，未信与、莺儿燕子俱黄土。千秋万古，为留待骚人，狂歌痛饮，来访雁丘处。㊺

又如东坡词：

> 十年生死两茫茫，不思量，自难忘。千里孤坟，无处话凄凉。纵使相逢应不识，尘满面，鬓如霜。
>
> 夜来幽梦忽还乡，小轩窗，正梳妆。相顾无言，惟有泪千行。料得年年肠断处，明月夜，短松冈。㊻

尽管内心充满悲切凄凉，词语仍幽婉悲沉，尽在“相顾无言”中。

与民歌相对比，文人词汇更为丰富、意象更为曲折绵密，此间确实有“文野之分，粗密之分，高低之分”。一般说来，民歌的语言俚俗质朴，感情直白显露；文人诗歌的语言雕琢优雅，情感含蓄内蕴。民歌之美是浑朴粗放的，文人诗歌之美是精致雕琢的。民歌是诗的滥觞、粗胚，文人诗歌语言是民歌的升华，结晶。

诗语可以吸收民歌的语言，却不应同化于民歌的语言。否认文学诗歌与民间诗歌在质态上的这种深刻差别，实际乃是艺术的民粹主义，其结果必然导致诗歌语言的庸俗化。

新诗革命不成功的根本原因，就是由于现代新体诗基本抛弃了两千年中国古典诗歌的最宝贵的成果——诗歌修辞和音律声韵的艺术美。在新体诗中，至今未能形成优美的艺术表现形式。许多诗完全倒退于原始时代那种信口而发、毫无形式的所谓“自由体”。

绝对的自由就是不自由，绝对无形式的诗也正意味着根本没有诗。因此，新体诗的创新，还是要从研究现代语音的声韵规律和修辞规律入手。

12. 诗中应当有“谜”

王国维在《人间词话》中说：

> 文学之事，其内足以摅己，而外足以感人者，意与境二者而已。[47]

在这里，王氏十分深刻地提出了关于诗歌审美的一个重要范畴——意境。唐人王昌龄的《诗格》一书中，作者提出诗要有“物、情、意”三境的说法。[48]而王国维的贡献在于他对“意境”的新解释。他把“物境”与“情境”合并为一个范畴——“境界”。“意境”这个概念，一方面指境界，另一方面指诗之命意——即隐含于诗中的微言奥意。

生动具体的形象、深邃微奥的命意，构成一首诗之意境的两大元素。

首先，好诗不可无形象。但生动的形象性只是诗美的必要条件，而非充分条件。陆放翁有一联诗：“重帘不卷留香久，古砚微凹聚墨多。”这两句诗刻画书斋案头的一幅小景，形象不为不生动。但在《红楼梦》中，它却受到林黛玉的批评，认为这不算好诗，因为它“浅”——虽有境界而无幽深的意趣。

再如贾岛的这一联诗也是很有名的：“鸟宿池边树，僧敲月下门。”写夜景颇生动，但王夫之却批评它：“如说他人梦，纵令形容酷似，何尝毫发关心？”[49]其原因也就在于，它虽白描出了夜色的境界，却缺乏深邃的命意。

严羽论诗曾说：

> 句中若无意味，譬如山无烟云，春无花草，岂有可观？[50]

对于一首好诗，如果说形象是肉体，那么命意就是灵魂。没有灵魂的肉体即使美丽，也只是一具无生命的石膏模特儿。但如果没有肉体只有灵魂，那么也还是不能产生好诗。

司空图说：

> 梅止于酸，盐止于咸，饮食不可无盐梅，而其美常在酸咸之外。[51]

命意直接袒露的诗，其意境必定浅薄。有这样一首诗：

大海是个蓝毯子，
各国朋友坐在局围，来呀
干杯![52]

辞意浅露，毫无意境。

一般地说，命意在诗中隐含得愈深邃，诗的意境就愈深，因而愈耐人寻味，诗品愈高，诗味愈浓，诗也愈美。正如法国近代诗人马拉美所说：

诗里应该有谜，诗语的魅力即在于此。[53]

13. 诗境有主客之别

历代诗人创造了灿若明珠的瑰丽诗篇，也创造了多样化的语言表现方式。王国维在《人间词话》中曾指出，古典诗歌具有两大艺术流派：

有造境，有写境，此理想与写实二派之所由分。[54]

所谓造境，是指古典诗歌的浪漫主义表现方式。例如，李白咏白发：

白发三千丈，缘愁似个长。
不知明镜里，何处得秋霜？

君不见黄河之水天上来，奔流到海不复回。
君不见高堂明镜悲白发，朝如青丝暮成雪。

元曲咏长江：

这不是江水，这是百年流不断的英雄血。

在这类诗歌中，诗人以自己的感情去写照世界，使客观事物明显地染就了诗人自身的主观色彩。这种艺术表现方式即所谓“造境”——理想主义、浪漫主义。

所谓写境，是指古典诗歌的写实主义表现方式，例如王粲诗：

出门无所见，白骨蔽平原。

路有饥妇人，抱子弃草间。

杜甫诗：

朱门酒肉臭，路有冻死骨。

在这类诗中，诗人尽力隐蔽了有人格的自我；就是写自我，也是把自我作为从属于客观的一分子，而不是创造客体的感情主体，力求客观真实地写照世界。此即所谓“以物观物”，这种艺术表现方式就是“写境”——写实主义。

14. 论“象征”

在中国古典诗歌中还存在着一个未受到重视的流派——古典象征派艺术。象征主义反对传统的艺术表现方式——既反对浪漫主义直抒胸臆、以我观物的主观表现方式，也反对现实主义白描形象、摹写真实的客观表现方式。它认为艺术是自我对世界的再创造，强调艺术的暗示性和神秘性。

在中国古典文学艺术中，一些最有独创性的艺术家，早就在自觉不自觉地运用象征主义的艺术表现方式。这种古典象征主义不仅在绘画领域中开创了一个独特的写意流派，而且在诗歌领域创造了一批意境深远，风格与浪漫主义、写实主义迥异的作品。

唐代著名诗人白居易在论述《诗经》的艺术表现方法时指出：

“北风其凉”，假风以刺威虐也。“雨雪霏霏”，因雪以愍征役也。“棠棣之华”，感华以讽兄弟也。“采采芣苡”，美草以乐有子也。皆兴发于此而义归于彼。[55]

白氏在这里所指出的这种“兴发于此而义归于彼”的艺术表现方式，实质就是象征主义。黑格尔曾说过：

象征无论就它的概念来说，还是就它在历史上出现的次序来说，都是艺术的开始。[56]

象征不同于比喻。象征与比喻的共同点，是它们都以一个直接的形象显示一种间接的意义。但是，比喻借助于事物的形貌相似，或属性相似；而象征则是一种符号，它与被象征的事物可以毫无共同之点。比喻有客观基础，象征则完全是主观的命意。比喻通常是明显的，而象征却总是隐晦的。比喻借助于联想即可理解，象征却只能借助猜测去意会。例如："硕鼠硕鼠，无食我黍！"[57]诗人用硕鼠的形象来讽刺脑满肠肥的剥削者。这是比喻，因为硕鼠与官老爷们不仅在心宽体胖的外形上，而且在不劳而获的属性上都有相似点。

再如："昔我往矣，杨柳依依。今我来思，雨雪霏霏。"[58]这是象征。诗人用"杨柳依依"与"雨雪霏霏"，象征远离故乡惜别不舍和思念亲人的心情。但这两种心情无论在形象上或属性上，与杨柳、雨雪都毫无共同点。

在古典诗歌中把象征主义手法发展到十分高妙的境界的，要算晚唐的卓越诗人李商隐。例如他的以下这篇作品：

> 竹坞无尘水槛清，相思迢递隔重城。
> 秋阴不散霜飞晚，留得残荷听雨声。[59]

这是一篇中夜怀忆友人之作。但在诗中诗人并未明言自己的感情，仅用月夜、秋露、听雨的形象，象征性地暗示了自己彻夜不眠的忧忧思绪。

不妨把李商隐的这首小诗与柳永的一首小词作一下对比：

> 薄衾小枕凉天气，乍觉离别滋味。展转数寒更，起了还重睡。毕竟不成眠，一夜长如岁。[60]

同样以长夜不眠为题材，柳永是抒情与实景相结合的浪漫主义，李商隐却用隐晦而间接暗示的象征主义，创造出了迥然不同的意境。

这种象征主义的表现方式使李商隐的许多作品蒙上了一层神秘幽深的艺术色彩：他的诗中仿佛有谜，加上美丽的修辞和韵律，使人即使乍读未懂也仍然会很爱读。

闻一多曾说：

> 诗这东西的长处就在于它有无限度的弹性，变得出无穷的花样，装得进无限的内容。只有固执与狭隘才是诗的致命伤。[61]

综上所述，生动形象的语言，优美和谐、富于节奏的声律，深邃曲折的意境，这即是构成诗歌美的三大要素。

兹用清人赵翼的《论诗》五首作为本文的结语：

满眼生机转化钧，天工人巧日争新。
预支五百年新意，到了千年又觉陈。

李杜诗篇万口传，至今已觉不新鲜。
江山代有才人出，各领风骚数百年。

只眼须凭自主张，纷纷艺苑漫雌黄。
矮人看戏何曾见，都是随人说短长。

少时学语苦难圆，只道工夫半未全。
到老始知非力取，三分人事七分天。

诗解穷人我未空，想因时尚不曾工。
熊鱼自笑贪心甚，既要工诗又怕穷。

（本文写于1981年夏[62]）

注释

①冯振编：《七言绝句作法举隅・自叙》，中国书店1985年版。

②〔唐〕李白：《秋浦歌》。

③〔南朝〕陶弘景：《答谢中书书》。

④［法］罗曼・罗兰：《给友人的信》。

⑤〔汉〕司马迁：《报任安书》。

⑥［德］R. 柯朗等著：《微积分和数学分析引论》，科学出版社1979年版，第99页。

⑦［德］歌德：《诗与美》，参见伍蠡甫主编《西方文论选》上册“歌德”部分，上海译文出版社1979年版。

⑧［意］《达・芬奇笔记》。

⑨王国维：《人间词话》（一）。

⑩王国维：《人间词话》（六）。

⑪《明诗纪事》卷二十二。

⑫〔明〕李世熊：《剑浦陆发次林守一》。

⑬〔清〕李渔：《笠翁余集》卷八。

⑭王国维：《人间词话》（七）。

⑮〔唐〕钱起：《谷口书斋寄杨补阙》。

⑯〔唐〕杜甫：《秋兴八首》其八。

⑰〔唐〕李商隐：《安定城楼》。

⑱〔南宋〕严羽：《沧浪诗话》。

⑲〔清〕方中通：《陪诗》卷四。

⑳毛泽东：《给陈毅同志谈诗的一封信》，《毛泽东书信选集》，人民出版社 1983 年版，第 608 页。

㉑最近看到 20 世纪 70 年代启蒙派新诗的代表人物北岛的评论云："40 年后的今天，汉语的诗歌再度危机四伏……词与物，和当年的困境刚好相反，出现严重的脱节——词若游魂，无物可指可托，聚散离合，成为自生自灭的泡沫和无土繁殖的花草。诗歌与世界无关，与人类的苦难经验无关，因而失去命名的功能及精神向度。这甚至比 40 年前的危机更可怕。"

㉒伍蠡甫主编：《西方文论选》上卷，上海译文出版社 1979 年版，第 4907 页。

㉓〔战国〕屈原：《离骚》。

㉔郭沫若：《题毛主席在飞机中工作的摄影》。

㉕《北京文艺》1979 年第 4 期《闪光的一页》。

㉖〔唐〕白居易《与元九书》谓："诗者、根情、苗言、华声、实义。"

㉗〔元〕马致远：《汉宫秋》。

㉘唐代作品，1974—1978 年间出土于湖南长沙铜官窑窑址。

㉙王国维：《论古雅之在美学上之位置》，见《王国维文集》下部，中国文史出版社 2007 年版，第 17—19 页。

㉚王国维：《人间词话》（五十四）。

㉛帝尧时代《击壤歌》。

㉜周代《孺子歌》。

㉝西周《采薇歌》。

㉞春秋《凤歌》。

㉟《诗经·关雎》。

㊱《诗经·汉广》。

㊲《诗经·蒹葭》。

㊳㊴〔南朝〕沈约:《宋书》卷六十七,《谢灵运传》,中华书局1976年版。

㊵见外文出版局版《国外作品选》1979年第11期。

㊶《商品》,《新港》1950年第1期。

㊷《汉乐府民歌·上邪》。

㊸〔宋〕秦观:《鹊桥仙》。

㊹〔宋〕李清照:《凤凰台上忆吹箫》《一剪梅》。

㊺〔金〕元好问:《摸鱼儿》。

㊻〔宋〕苏轼:《江城子·乙卯正月二十日夜记梦》。

㊼王国维:《人间词话》(补遗·十八)。

㊽或说后人伪托之作。

㊾〔明〕王夫之:《夕堂永日绪论内编》。

㊿〔南宋〕严羽:《沧浪诗话》。

51〔唐〕司空图:《诗品》。

52《诗刊》1980年第1期。

53见法国《七星丛书》版《马拉美全集》"巴黎回声报记者访问记"。

54王国维:《人间词话》(二)。

55〔唐〕白居易:《与元九书》。

56〔德〕黑格尔:《美学》第2卷,商务印书馆1979年版,第9页。

57《诗经·魏风·硕鼠》。

58《诗经·小雅·采薇》。

59〔唐〕李商隐:《宿骆氏亭寄怀崔雍崔衮》。

60〔宋〕柳永:《忆帝京》。

61《闻一多全集》第1册,《神话与诗》,三联书店1982年版,第205页。

62此文原发表于《学习与探索》1982年第1期,发表署名"张莉"(何新助理)。收入本书时,何新作了补充及修订。

关于诗与语言形式[①]

1

艺术是思想、意义的一种通过形式的存在。

思想意义可以直接叙述，仅依托于一种素朴的语言而存在，但是必须依托于一种优美的语式才能成为诗。一切艺术之所以是艺术，就是因为它具有某种引人注目的外貌形式。对艺术来说，形式是决定性的。形式是艺术的本质。形式体现美。内容的深刻、正确、崇高（高尚）都与形式无关，它们只与思想、意义有关。美表现于纯外现的形式。美的意义并不在于你表达了什么思想，而在于你如何表达思想。

不具有任何思想负载的纯形式是否可能优美？可能。然而，不具有任何形式的一种自由表述的思想是否可以是优美的？它可以深刻或正确，但不可能优美。

2

诗，是一种经过精心雕琢的具有形式的语言。寄寓于形式之内的，可以是某种思想（哲理、观点、意念），也可以是某种情感、感性、感受。

诗的语言必须经过雕琢和修饰。但正如一切艺术作品一样，这种人工和雕琢修饰愈不露形迹，愈是发自天真自然——也就是说，愈被隐藏从而似乎根本没有经过雕琢修饰——这种形式就愈显得优美。

诗艺的高明，在于以最精雕的语言形式，表现得似乎纯然出自天真而完全没有形式。

“君不见黄河之水天上来，奔流到海不复回。君不见高堂明镜悲白发，朝如青丝暮成雪……”这是诗吗？是。美吗？极优美，听起来似乎是一种纯然出自天真的感叹。

3

汉语诗的形式，经过一系列文体的演进，走过4个阶段：

①古典自由体（如著名的皋陶诗：“日出而作，日入而息，其乐融融哉!”）

②规范性古典文体（周至清代）。

③口语体（唐代王梵志诗、敦煌口号诗及元散曲）

④白话自由体（“五四”以来）

古典语言的诗歌在周代的《诗经》时代，开始寻求规范化的语言形式。这种规范性形式后来又不断被突破，从而产生新的形式。大体说来，其语言形式的发展历程如下：

四言（周）、六言（汉魏）、骈体（南北朝），这些都是一种偶数诗体，寻求语言对称美的形式。

秦汉以后形成五言、七言、长短句（词）、长短句自由体（散曲）——突破了对称。

此外，一直也还存在一种古典语言的自由抒情文体，如刘邦的《大风歌》“大风起兮云飞扬，威加海内兮归故乡，安得猛士兮守四方”以及唐代的“古风”，都是使用古典语言的“自由体”。陈子昂的《登幽州台歌》（前不见古人……），也是一种古典的自由体。

到目前为止，中国现代诗（即白话诗）在语言形式上仍处在一种幼稚阶段，处在不规范的原始自由体阶段。现代诗至今尚未形成成熟稳定、被公认为优美的规范化语形。

规范化意味着公认性，公认性在审美中极为重要。艺术的公认性即普遍性，是审美的重要特征。对于个人，任何东西都可以即时因感受之不同而认为美或不美。而真正的美，必须取得大众的公认性，即普遍性和规范性。

只有在这种公认性中审美才能达到客观化，才能形成客观性的评价尺度。

（写于2001年12月12日）

注释

①此文原为一封通信，曾收入何新：《美学分析》，中国民族摄影艺术出版社，2002年。收入本书时，作者作了修改。

何新讲诗词

1. 以象征手法写成的古典诗歌[①]

——李商隐《锦瑟诗》试解

李商隐诗，以“沉博艳丽”、旨趣深远、情致缠绵、韵味浑厚、“诗中有谜”著称，在晚唐诗中别开生面（后人或以李商隐、杜牧并称，号为晚唐“小李杜”）。冯浩《玉谿生诗笺注·序》谓：“晚唐以李义山为巨擘。余取而诵之，爱其设采繁艳，吐韵铿锵，结体森密，而旨趣之遥深者未窥焉。”[②]

李商隐出身高门士族（李氏皇族远支），一生经历却颇为蹭蹬。

晚唐之势，皇帝暗弱，朝廷之内宦官专政，京城之外藩镇跋扈。李商隐于唐文宗开成二年（837 年）进士及第。曾任弘农尉、东川节度使判官等职。早期李商隐因文才而深得牛党要员令狐楚的赏识，后因李党的王茂元爱其才而将女儿嫁给他，他于是遭到牛党的排斥。此后，李商隐便在牛李两党争斗的夹缝中求生存，辗转于各藩镇当幕僚，郁郁而不得志，潦倒终身。[③]

《锦瑟》一诗，在李商隐诗集中是著名的一首，向被录为压卷之作。此诗作于李氏晚年，用典深奥，寄托深远。然正因如此，亦向称难解，对其旨趣所在，历来异说纷纭。金人元好问《论诗绝句》云：

望帝春心托杜鹃，佳人锦瑟怨华年，
诗家总爱西昆好，独恨无人作郑笺。

清初王士祯《论诗绝句》亦云：

獭祭曾惊博奥殚，一篇锦瑟解人难。

笔者近日细玩读之，略有所悟。盖此诗之所以难于索解，是因为诗人运用了象征主义的表现方式。兹试解之：

锦瑟无端五十弦，一弦一柱思华年。
庄生晓梦迷蝴蝶，望帝春心托杜鹃。
沧海月明珠有泪，蓝田日暖玉生烟。
此情可待成追忆，只是当时已惘然。

刘攽《中山诗话》说："锦瑟是当时某贵人的爱姬。"《唐诗纪事》说是令狐楚的妾。总之，都以为"锦瑟"是人名。

钱良择在《唐音审体》中则云："此悼亡诗也。《房中曲》云：'归来已不见，锦瑟长于人。'即以义山诗注义山诗，岂非明证？锦瑟当是亡者平日所御，故睹物思人，因而托物起兴也。"朱彝尊、朱长孺、冯浩也都有此说。但实际上这些说法只是捕风捉影而已。旧解纷纷，殊无意义。

《锦瑟》约作于唐宣宗大中十二年（858年）[4]，这是诗人生命的最后年代。据《李商隐年谱》，李商隐生年约在唐宪宗元和八年（813年）前后[5]。由此推算，诗人作此诗时行年46，约略50岁。

此诗首句言：

锦瑟无端五十弦，一弦一柱思华年。

瑟者，古琴之类，拨弦乐器。长3米，有大小之分。大瑟有50弦，小瑟为25弦或16弦，每弦一柱。无端，无所由也。《管子·幼官》："始乎无端，终乎无穷。"无端，无头也。韩愈诗："今者无端读书史，智慧只足劳精神。"（《感春四首》之四）《尔雅》郭璞注引《世本》："庖牺作瑟五十弦。黄帝使素女鼓瑟，哀不自胜，乃破为二十五弦。"

诗人以古瑟之五十弦柱暗喻自己一生无所作为的五十华年。

瑟之所以称锦瑟，盖古瑟缀以锦带为饰。冯浩笺云：“言瑟而曰锦瑟、宝瑟，犹言琴而曰玉琴、瑶琴，亦泛例耳。有弦必有柱，今者抚其弦柱而叹年华之倏过，思旧而神伤也。”

第二句：

> 庄生晓梦迷蝴蝶，望帝春心托杜鹃。

庄生梦蝶事，典出《庄子·齐物论》：

> 昔者庄周梦为蝴蝶，栩栩然蝴蝶也，自喻适志与，不知周也。俄然觉，则蘧蘧然周也。不知周之梦为蝴蝶与，蝴蝶之梦为周与？

望帝化鹃事，典出《昭明文选》左思《蜀都赋》中注引《蜀记》：

> 昔有人姓杜名宇，王蜀，号望帝。宇死，俗说云宇化为子规。子规，鸟名也。

子规亦即杜鹃鸟，此鸟于每年暮春三月啼鸣求偶，声甚悲切，因又称“相思鸟”。

诗中所当注意的乃是两个字：“梦”与“心”。什么梦？庄周之晓梦。梦见什么？化为蝴蝶，飞去翩翩。真的吗？不，迷离中的。故曰“迷蝴蝶”。什么心？望帝之春心。何谓春心？李氏《无题》诗中别有句云：“春心莫共花争发，一寸相思一寸灰。”于此可见，春心即思念所爱的相思之心。

这两句诗中的“庄生”“望帝”，其实都是诗人的象征性寄托。而“晓梦迷蝴蝶”“春心托杜鹃”则更是一种象征，以此来追忆诗人当年所曾热切追求过的某种恋情。

第三句：

> 沧海月明珠有泪，蓝田日暖玉生烟。

沧海，茫茫大海，大海有贝产珠，明月化珠之典出晋张华《博物志》：

南海外有鲛人，水居为鱼，不废织绩，其眼能泣珠。[6]

蓝田，地在陕西，以产玉石闻名。《太平寰宇记》卷七："蓝田在蓝田县西三十里，一名玉山……灞水之源出此。"[7]据传说，蓝田山溪间常有云气，故有所谓"蓝田日暖，良玉生烟"的说法。

这两句诗的诗眼乃是两个字："泪"与"暖"。第一句诗蕴涵着一幅十分美丽的意象——沧海明月之夜，深情的鲛人泣泪成珠，珠中藏泪。斑斑珠泪与海天明月相映成辉。下句的诗眼不是"烟"，而是"暖"。暖者，热也。什么热？蓝田的太阳炽热。炽热到什么程度？灼玉成烟的程度。

很显然，这两句诗中的意象都是诗人自己内心感情的象征物。前一句象征诗人思恋爱人深夜无寐的斑斑清泪，后一句象征诗人蓝田烈日般的炽热狂情。由此引出结尾二句就是顺理成章的了。

此情可待成追忆，只是当时已惘然。

这两句是说：这种感情于今已化为不堪回首的往事，然而在当初却曾何等地使人怅惘迷恋呵！

由以上分析可看出，《锦瑟》一诗完全用意象和物象作为象征（即古人之所谓"兴"）的手法写成。其诗意朦胧隐约，是诗人晚年追思往日所曾献身的某种热情之作。所曾一往深情地追求的对象，究竟是一位情人，还是某种政治目标，诗中并未明言。吾辈亦自可暂付阙疑，而不必妄做解人也。[8]

旧注李诗者多不解此，竭力到诗意之外寻幽探隐，或猜测为悼亡，或猜测为影射时政。张采田《玉谿生年谱会笺》释云：

此全集压卷之作，解者纷纷。或谓寓意青衣，或谓悼亡，迄不得其真相。唯何义门云：此篇乃自伤之词，骚人所谓"美人迟暮"也，其说近似。盖首句谓行年无端将近五十，"庄生晓梦"状时局之变迁，"望帝春心"叹文章之空托，"沧海""蓝田"二句，则谓卫公毅魄，久已与珠海同枯，令狐相业，方且如玉田不冷……结句此种遭际，思之真为可痛，而当时则为人颠倒，实惘然若堕五里雾中耳。[9]

是说中引何义门说云“此篇乃自伤之词，骚人所谓‘美人迟暮’”，其义的确“近似”。然以下所作的诸种比附，如以“珠泪”比附李德裕，以“蓝田”比附令狐楚，则纯属穿凿之辞，不足深论矣。

2. 宋词中的存在主义“意识流”⑩

——解释周邦彦《兰陵王 · 柳》

周邦彦《兰陵王 · 柳》是送别词中之名篇，但其涵义幽深曲折，多用隐喻借代语句，故历代解者虽甚多，却难达真谛。今诠释解读如次：

兰陵王 · 柳

柳阴直，烟里丝丝弄碧。
隋堤上，曾见几番，拂水飘绵送行色。
登临望故国，谁识京华倦客?
长亭路，年去岁来，应折柔条过千尺。

闲寻旧踪迹，又酒趁哀弦，灯照离席，
梨花榆火催寒食。
愁一箭风快，半篙波暖，回头迢递便数驿。
望人在天北。

凄恻，恨堆积!
渐别浦萦回，津堠岑寂，斜阳冉冉春无极。
念月榭携手，露桥闻笛。
沉思前事，似梦里，泪暗滴。

此词题名曰“柳”，内容却不是咏柳，而是伤怀寄情。

中国自古有折柳送别之习俗，故古诗词里常用柳来渲染别情。3000 年前之《诗经》名句：

昔我往矣，杨柳依依；

今我来思，雨雪霏霏。

盖柳谐“留”音，留也。柳丝撩人而细长，可喻离思之缠绕而悠长。柳枝飘拂如招手送别，而柳烟漫漫如烟云，如感伤之离情。隋无名氏有《送别诗》传世：

杨柳青青著地垂，杨花漫漫搅天飞。
柳条折尽花飞尽，借问行人归不归？

临行折柳、插柳以送别，以柳枝而寄托相思，实乃华夏久远之旧风遗俗也。

诗歌者，寄情之言也。诗是人写的，诗人是抒情之主体。但此词之抒情方式则殊为独特，词分三片，而抒情之主体则三次转换。第一片主体是送行的主人，第二片主体是被送行的客人，第三片则混杂主客、主客之情交融于一体。这种写法，先“主”后“客”，最后难分主客，古今罕有。清人周济说这首词是“客中送客”，也仅见其一端而已。

周词之上片所写为主人（即送客者）目中即物之景。

“柳阴直，烟里丝丝弄碧。”这个“直”字语义，例来错解，皆以为曲直之“直”，遂难通矣。按“直”者，遮也，一音之转，音近相假。古人诗词多见借代文字。如辛弃疾词“江晚正愁余”，“愁余”二字难解。前人多曲为解说，犹诘屈难通；然读“愁余”为“踌躇”之借字，则豁然开解。遮，遮密也。烟者，烟雾也。薄雾如烟，浓烟如障，即所谓“直”或“遮”耳！

柳色如烟，迷离为情，映衬在隋堤上，渲染出主人伤别而浓郁之离情：“隋堤上，曾见几番，拂水飘绵送行色。”隋堤者，汴堤也。周邦彦客别之处在北宋都城东京（即古代之汴京，今日之开封）。东京汴河乃隋代所开凿连通南北之大运河一段，汴梁为运河边之重邑。沿河有堤，是即隋堤。“送行色”，送行之景象也。

“登临，望故国，谁识（我）京华倦客？”“识”者，记识与理解也。当“拂水飘绵”，弱柳拂波、春风飘絮之际，词人为行人送别而登上高堤眺望远方之故乡，友人的回归触动了主人自身的乡情。词人问：故乡啊，别离多时，你是否还记得我这个缠绵京华的倦客！倦者，累也。一个“倦”字，含有劳倦、厌倦、疲倦之意。厌倦何事？厌倦客居东京的宦旅生涯，而萌生思乡隐退之意也。

“长亭路，年去岁来，应折柔条过千尺。”“亭”者，望亭也，供行人休息的地方。古时驿路上每隔十里设长亭，五里有短亭。亭之起点，正是行路之起点。在这长亭路上，古往今来，年年岁岁，那一根根被人们折断而用来招拂告别的柳枝，加起来应当超过千尺了吧？

上片寥寥数语，词人所表达的何止是主人送客之伤怀？实际在词句中渗透而表达了一种辽阔的时空感，超越的历史感，个人的孤渺感，以及人生无所寄托、找不到家园归宿而悲怆空旷的寂寞悲情。

词之中片写客情，即临行的客人之所见及所思。

“闲寻旧踪迹”——寻者，寻找，也是寻思、怀思。闲者，间也，断断续续。临行的客人在追忆往事之遗迹也。

别离之际，思忆往事。词人的意识在此换位，已经由送客者转换成为被送别者的意识。词人设想当此之际别者所思何事。

“又酒趁哀弦，灯照离席，梨花榆火催寒食。”“又”者，亦借字，非一而再之“又”。又者，忆也。客人在追忆：昨夜，那正是一个寒食节的夜晚，主人为客人送行；于送别的宴席上举杯饮酒，伴奏着哀婉悲沉的乐曲。

古代有寒食节，在清明前一天，此俗今已失传。其实粽子一类的熟食，不应在端午吃，原本正是备于寒食节的熟食。

华夏上古风俗，家灶一年薪火不灭，唯于寒食节这一天改火——此日将旧火熄灭，禁火一日，节后即另燃新火。

新火由君王或长老（三老）举燃于祖庙或宗社，谓之“社火”，常燃一年。百姓万民皆取新火于宗社。此类上古风俗，自汉晋以后多失传；于是好事寄托之人，乃以端午附会屈原，而以寒食附会介子推，盖皆以讹传讹，不足深论也。燃取新火之日，谓之“晴明”，亦即“清明”。故清明之本俗，应举新火炊新食，而首先祭祖。此俗传至后世即乃清明扫墓祭祖的由来。

君主于宫中备有榆、柳之木，以赐贵族及近臣而取新火，此火谓之“榆火”。寒食清明时节正当春分，草方青，花正红，而梨花则盛开洁白若雪。

“催”也是借字。“催”古音“促”，通“簇”，簇拥之意。梨花榆火映照下，簇堆着满桌的寒食。“催”字又有促迫之意。岁月匆匆，欢乐无几，忽忽别期已近了。以上所描写这些景况，正是设想客人在船上对昨夜告别之宴的追思。然而往事已经消逝，现实却是“愁一箭风快，半篙波暖，回头迢递便数驿，望人在天北”。这是描写客人在船上，回望岸边之所见及所思。

愁者，无奈也，无奈风来如箭，加上长篙划动，船走得好快啊！牵动客人无限的愁思，再回头望去，送行的主人已远在天边。客船南下，故送客者在天北。然北者，非仅方位之北，亦读为“傍”，天边也。“望人在天边（北）”5个字，包含了别离者无限的惆怅与凄婉。

下片所写，乃是主客双方交融的离别及互相思念之情。抒写两种情怀的缭绕、纠缠、互动与缱绻，非主非客，亦主亦客，成为主客双情的交汇共融。

“凄恻，恨堆积！”凄恻者，凄怆也，苍凉悲恻之心情也，今语谓之心乱。

船，此际已经渐行渐远。主客心头都堆叠起一层又一层越来越浓重而压在心头的“恨”——此所谓恨，非关憎恨或仇恨，恰恰是爱，是因爱而生之“恨”。所恨何事？往日未尽的种种遗憾——应言未言之语，应诉未诉之情——一重重袭来，一遍遍玩味，一层层堆积在心上。这恨，实乃遗憾和悔恨也！

“渐别浦萦回，津堠岑寂，斜阳冉冉春无极。”水之细流远逝曰“渐”。渐者，远也。船渐行渐远，山环水绕，双方都已无法望见，岸上之人已经望不见船，船上之人亦望不见送别者了。大水旁通分流曰“浦”，“别浦”就是水流分叉的地方。萦回，即迂回。水波回旋，船已经行到分水处，一弯弯山水环绕，一切都逐渐迂回而隐没了。“津堠”是渡口上的守望所。

时在傍晚，斜阳残照之下，只见到一座座守望所冷清寂寞，孤独伫立。“岑寂”者，沉寂也。春色仍一望无边，空旷之景越发映衬着人的无奈与悲凉。于是只能再度回想起往事：“念月榭携手，露桥闻笛。”想念昔日的夜晚，我们曾在明月光下，台榭之畔，倚着沾满露水的桥头，吹奏起那幽幽的长笛。而于今这一切宛然若梦：“沉思前事，似梦里，泪暗滴。”那些难忘的夜晚都成梦境，想到这里，怎能不黯然情伤，流下泪水！

这首不长的词，渗透着存在主义的别离、孤独与无奈之感。词中情景交融，主客交融，意境婉约缠绵而悲凉空旷，乃是宋词中一首极其具有现代感的“意识流”以及象征主义的绝唱。

附：周邦彦《兰陵王 · 柳》译文

柳阴直	柳阴遮眼
烟里丝丝弄碧	在烟雾中，一丝丝柳条翻弄着碧绿
隋堤上	这隋朝的古堤上
曾见几番	曾见多少回
拂水飘绵送行色	当绿柳拂波、春风吹絮之际为人送行情景
登临望故国	登高遥望故园
谁识京华倦客	谁记得我这倦游京华之客
长亭路	这长亭路呵
年去岁来	年年岁岁
应折柔条过千尺	若把折断的柳枝连缀在一起，应早已超过了千尺
闲寻旧踪迹	追思往日踪迹
又酒趁哀弦	伴奏着悲哀的琴声，连饮数杯
灯照离席	灯光映照将散的残席
梨花榆火催寒食	梨花榆火簇拥着寒食
愁一箭风快	这船儿走得这么快，风行如箭，令人悲愁
半篙波暖	半没入水中的船篙挥动在渐暖的江波中
望人在天北	回望去，思念的人已留在天边

凄恻，恨堆积	悲伤呵！一层层恨悔堆积
渐别浦萦回	船迂回过一道道江浦，愈来愈远
津堠岑寂	河川沉静，哨所寂寞
斜阳冉冉春无极	斜阳冉冉，茫茫春色无际
念月榭携手	还记得吗，在月夜下廊榭牵着手
露桥闻笛	在沾满夜露的桥边听笛
沉思前事	沉思回想往事
似梦里	似乎都在梦里
泪暗滴	泪水静静滴落

3. 咏物就是“象征”

——读苏轼《水龙吟 · 次韵章质夫杨花词》

元丰四年（1081 年）苏东坡贬谪黄州，其友章质夫（楶）作《水龙吟》一首寄东坡，咏杨花。苏东坡乃作《水龙吟 · 次韵章质夫杨花词》还寄给章质夫：

似花还似非花，也无人惜、从教坠。
抛家傍路，思量却是，无情有思（丝）。
萦损柔肠（长），困酣娇眼（艳），欲开还闭。
梦随风万里，寻郎去处，
又还被莺呼起。

不恨此花飞尽，恨西园、落红难缀。
晓来雨过，遗踪何在？
一池萍碎。春色三分，
二分尘土，一分流水。
细看来，不是杨花，点点是离人泪。

此词是以象征主义手法写成，以杨花为象征物也。前人以此为所谓

"咏物"之词，如王国维《人间词话》谓："咏物之词，自以东坡《水龙吟》为最工。"王氏所谓"最工"不知何意？殊不知天下本无物可咏，咏物实皆咏人也。此词所咏之主体，是虚拟一个与爱人分别而在守望中的女性（"梦随风万里，寻郎去处"），以她的眼睛和感情看杨花；在哀婉中咏诉着柳絮、杨花，其实是在哀咏着身不由己遭遇了贬谪的东坡自身。

兹解译之如下：

像花又不是真花，不被怜惜、竟任凭它飘零坠落
不幸远离家乡依傍着道路，想念着，无情却令人牵挂
受伤的柔肠婉曲，困倦的娇眼凄迷，才睁开又闭上
梦魂中随着风飘万里，要寻找那情郎去处
却又被黄莺的啼叫唤醒

不在乎这柳花飘散，只可惜那西园中满地落花已难回缀旧枝
清晨新雨打过，看可还有它们的踪迹
池塘中漂着细碎的浮萍，莫非春色已分为三——
二分化作尘土，一分化入流水
细看吧，那花不是杨花，点点飘动的都是别离人之泪

（1）古言"杨树"与今所言之"白杨"非同种树。古人说的杨树是柳树中的异种。柳树有两种，一种枝条上耸者，称"杨"（扬），一种枝条下拂者，称柳（撩），合称"杨柳"。杨柳春季开花，花落即成杨花柳絮。庾信《春赋》："新年鸟声千种啭，二月杨花满路飞。"

（2）次韵：用原作之韵，并按照原作用韵次序进行创作，称为次韵。

（3）章质夫：名楶，浦城（今福建蒲城县）人。时任荆湖北路提点使，苏东坡时在湖北黄州，章质夫经常和苏轼诗词酬唱。

（4）从教：任凭。

（5）无情有思：言杨花看似无情，却也自有它的愁思。思：心绪，情思。思者，丝也，双关语，喻柳丝；又系也，牵系。韩愈《晚春》诗："杨花榆荚无才思，惟解漫天作雪飞。"这里反用其意。此词中多用双关语，包括下文之"肠""眼"。

(6) 萦：萦绕、牵念。柔肠：柳枝细长柔软，故以柔肠为喻。柔肠，喻柔长也。

(7) 困酣：困倦之极。酣者，深也。酒深曰酣，深睡亦曰酣。娇眼：美人娇媚的眼睛，比喻柳叶。古人诗赋中常称初生的柳叶为“柳眼”。白居易《杨柳枝》：“人言柳叶似愁眉，更有愁肠如柳丝。”

(8) “梦随风万里，寻郎去处，又还被莺呼起”三句，化用唐代金昌绪《春怨》诗：“打起黄莺儿，莫教枝上啼。啼时惊妾梦，不得到辽西。”

(9) 恨者，非憎恨、仇恨；是爱之恨，怜惜也。不恨，即不惜。落红：落花。缀：连结。此意象双关微妙，言旧情已去难复缀合矣！

(10) 萍碎：古人传说谓杨花入水化后可为浮萍。所谓“水性杨花”，语源即出此。苏轼《再次韵曾仲赐荔枝》“杨花著水万浮萍”，自注云：“柳飞絮落水中，经宿即为浮萍。”又，关于杨柳：今言“杨树”，与古人所言杨树非同种之木。今言杨树，指小叶杨、胡杨，为落叶乔木，叶子互生，卵形或卵状披针形，柔荑花序，种类很多，有银白杨、毛白杨、小叶杨等。古之杨树，乃柳树之异种，枝叶上扬者。《诗经·陈风·东门之杨》朱熹《集传》：“杨，柳之扬起者也。”《玉篇·木部》：“杨，杨柳也。”《尔雅·释木》：“杨，蒲柳也。”《文选·潘岳〈闲居赋〉》：“长杨映沼。”刘良注：“杨，柳树也。”《文选·王僧达〈答颜延年〉》：“杨园流好音。”吕向注：“杨，柳也。”

附：章质夫《水龙吟·咏杨花》

燕忙莺懒芳残，正堤上柳花飘坠。轻飞乱舞，点画青林，全无才思。闲趁游丝，静临深院，日长门闭。傍珠帘散漫，垂垂欲下，依前被、风扶起。

兰帐玉人睡觉，怪春衣、雪沾琼缀。绣床渐满，香毬无数，才圆却碎。时见蜂儿，仰粘轻粉，鱼吞池水。望章台路杳，金鞍游荡，有盈盈泪。

4. 南宋陈亮壮词二首解译

陈亮，南宋思想家、诗人，字同甫，号龙川。其所作二词或称为“宋豪迈词之冠”。历代好之者甚多，而解述不一，然似多未尽其意。因试为解译如次：

水调歌头・送章德茂大卿使虏

不见南师久，谩说北群空。
当场只手，毕竟还我万夫雄。
自笑堂堂汉使，得似洋洋河水，依旧只流东。
且复穹庐拜，会向藁街逢！

尧之都，舜之壤，禹之封。
于中应有，一个半个耻臣戎。
万里腥膻如许，千古英灵安在？磅礴几时通！
胡运何须问，赫日自当中！

解题：

自宋孝宗与金人签订“隆兴和议”以后，两国间定为叔侄关系。宋朝廷畏金，不敢作北伐恢复及加强国防的准备。每年元旦和双方皇帝生辰，按例互派使节祝贺，以示和好。虽貌似对等，但金使到宋被敬若上宾，宋使在金则低人一等，多受歧视。故南宋有志之士对此极为愤慨。淳熙十二年（1185年）十二月，宋孝宗命章森（德茂）以大理少卿试户部尚书衔赴金都城（今北京）贺万春节（金世宗完颜雍生辰）。临行，友人陈亮作此词送行而勉励之。

译文：

北朝不见南方义士已经很久，大概以为人才已被一扫而空。面对强敌你此行是孤身只手，仍要为我朝做个气压万夫的英雄。你身为堂堂昂扬的汉使，就要像浩浩荡荡的大河之水，尽管曲折往复也要奔流向东。虽然不得不向那异族毡包参拜，坚信早晚会在藁街与敌酋再逢。

那土地本是唐尧的故都、大舜的故土、夏禹的封疆，总还会有一个半个耻于做戎狄臣子的人！万里河山已被腥膻染透，千古英灵该向何处安放？磅礴的正气何时才能重新畅通？不必多问那胡戎的命运，灿烂太阳仍然照亮在天空！

念奴娇 · 登多景楼

危楼还望，叹此意，今古几人曾会？
鬼设神施，浑认作，天限南疆北界。
一水横陈，连冈三面，做出争雄势。
六朝何事，只成门户私计！

因笑王谢诸人，登高怀远，也学英雄涕。
凭却长江管不到，河洛腥膻无际。
正好长驱，不须反顾，寻取中流誓。
小儿破贼，势成宁问强对?!

解题：

多景楼（又名北固楼）在今江苏镇江（京口）北固山甘露寺内。其地唐时有临江亭，北宋郡守陈天麟改亭为楼。淳熙十五年（1188 年）春，陈亮游建康、京口登多景楼，作此词述怀。

译文：

登上高楼，环望四野！这江山形势的意义，古今曾有几人领会？天设地造的江山，竟只被看作天然划分的南北界限。一江横卧，东、南、西三面山峦环抱，这是多么好的争雄天下的态势！

六代王朝做什么去了？只知偏安一隅各谋私计！可笑那王谢诸辈，也曾到此登高望远，模仿英雄流下慷慨激昂之泪。守着这长江天险，竟听任河洛中原变成膻腥之地！正好从此乘势长驱，不应回首顾盼，像祖逖到中流击桨为誓！寄望年轻人击贼破敌——形势已成，何须计较强弱得失？

5. 读萨都剌《木兰花慢·彭城怀古》

古徐州形胜，消磨尽、几英雄。
想铁甲重瞳，乌骓汗血，玉帐连空。
楚歌八千兵散，料梦魂，应不到江东。
空有黄河如带，乱山回合云龙。

汉家陵阙起秋风，禾黍满关中。
更戏马台荒，画眉人远，燕子楼空。
人生百年寄耳，且开怀，一饮尽千钟。
回首荒城斜日，倚阑目送飞鸿。

译文：

自古中州形势优胜，为之消磨多少英雄！那位披铁甲双瞳孔的、有乌骓汗血宝马、身后兵帐如云的大英雄，当四面楚歌子弟兵散去，想来梦魂应不能回到江东。只留下一线黄河，乱山盘旋入云如龙。

汉家高阙陵墓又兴起在秋风中，好一片庄稼富庶关中。终也难逃变更之运——看跑马台荒废，善于画眉的多情人远逝，燕子飞去楼台成空。人生百年如寄宿客旅，何不开怀畅饮，一次喝尽千盅！回首看荒野伴高城落日，凭栏目送那远去的飞鸿。

解说：

毛泽东十分喜爱这首词，曾手书之数次。

毛泽东曾对秘书林克说："萨都剌是蒙古人（一说回纥人）……他的词写得不错，有英雄豪迈、博大苍凉之气。这首词牌叫《木兰花慢》，原题是《彭城怀古》，彭城就是古徐州。"

毛泽东又说:“萨都剌写了这些有关徐州的典故,吊古伤今,感慨人生,大有‘英雄一去不复返,此地空余乱山川’的情调。初一略看,好似低沉颓唐,实际上他的感情很激烈深沉。”

萨都剌字天锡。元泰定四年(1327年)进士。博学能文,其诗词作品传世数百首。最著名的是几首怀古词,寄托历史兴亡之感,意境沉厚、苍茫、悲凉,传世成为经典。

《木兰花慢・彭城怀古》词作于徐州,徐州即古彭城,城南有云龙山,北有黄河古道。此地曾是西楚霸王项羽的都城,有项羽演军场名戏马台。所谓“铁甲重瞳”之人,即指项羽。关于“重瞳”,民间俗称“对子眼”,现代医学解释这种情况属于瞳孔发生了粘连畸变,从O形变成∞形,应是早期白内障的现象,而古人则认为这是圣人的迹象。最出名的“重瞳”人,一个是上古之大舜,一个就是项羽。清儒钱谦益《徐州杂题》诗之二曰:“重瞳遗迹已冥冥,戏马台前鬼火青。十丈黄楼临泗水,行人犹说霸王厅。”清儒周龙藻《大墙上蒿行》:“亚父好奇策,终被重瞳误。”

词中“画眉人远”一句,典出《汉书・张敞传》。长安京兆尹张敞与妻子恩爱,亲自“为妇画眉”。窃以为“画眉人”虽用张敞典故,但词人在此所指实当为项羽爱妾美人虞姬也。

“燕子楼空”一句则借用苏东坡词中成句。晚唐贞元年间,武宁军节度使张愔(字建封)守徐州,宠爱名妓关盼盼,为之特建一座小楼,此楼年年春天招引燕子栖息。张愔死后,关盼盼隐居于此,守节不嫁,十余年后绝食殉情而死。苏东坡守徐州时曾留宿燕子楼,夜梦见关盼盼,作《永遇乐》咏之:

> 明月如霜,好风如水,清景无限。曲港跳鱼,圆荷泻露,寂寞无人见。紞如三鼓,铿然一叶,黯黯梦云惊断。夜茫茫,重寻无处,觉来小园行遍。
>
> 天涯倦客,山中归路,望断故园心眼。燕子楼空,佳人何在,空锁楼中燕。古今如梦,何曾梦觉,但有旧欢新怨。异时对,黄楼夜景,为余浩叹。

至元二年(1336年)春,萨都剌南行入闽,途经徐州、扬州、平江、杭州、桐庐、兰溪、仙霞岭、崇安、建溪等山水胜地，均留下诗篇。《木兰花慢·彭城怀古》词应作于此时。

萨都剌还作有《彭城杂咏》数首：

雪白杨花扑马头，行人春尽过徐州。
夜深一片城头月，曾照张家燕子楼。（燕子楼）

黄河三面绕孤城，独倚危阑眼倍明。
柳絮飞飞三月暮，楼头犹有卖花声。（黄楼）

彭城自古即为英雄美人之城，因之引发代代诗人不胜今昔之感。每登临古城，看黄河远去，云龙山傲立，追寻霸王遗迹，而感慨成王败寇则似乎是历史中不变之铁律。

当年刘邦击败项羽，关中繁盛一时，徐州遂荒落。纵有多情人如张敞、张愔、关盼盼，到头来不是也风流云散，终归化作前尘往事么？百年人生，不过如梦亦如戏。故苏东坡怀古词云："大江东去，浪淘尽千古风流人物""古今如梦，何曾梦觉，但有旧欢新怨"——也同样正是这种悲剧感、喜剧感，以及不尽沧桑之历史感，构成了萨都剌《彭城怀古》一词的无边意境。萨都剌身后不久，不过数十年间，朱元璋平地而起，推翻大元，遂又一轮改朝换代矣！

注释

①本篇是何新20世纪80年代在中国文化书院的讲课稿，曾发表于《诗探索》（1982年）。

②〔唐〕李商隐著，〔清〕冯浩笺注：《王谿生诗集笺注》下卷，上海古籍出版社1979年版，第819页。

③晚唐宦官专权，朝官中反对宦官的大都遭到排挤打击。以牛僧孺、李宗闵为首的牛党和以李德裕为首的李党，形成朝中两大利益集团，互相倾轧，争攘不休，从唐宪宗时期开始，到唐宣宗时期结束，将近40年，历史上把这次朋党之争称为"牛李党争"。唐文宗曾感叹"去河北贼非难，去此朋党实难"，牛李党争使本已腐朽衰落

的唐王朝加速走向灭亡。

④⑤见张采田:《玉谿生年谱会笺》。

⑥见〔晋〕干宝《搜神记》。

⑦见《太平寰宇记》卷七。

⑧〔唐〕司空图《二十四诗品》:“诗家之景,如蓝田日暖,良玉生烟,可望而不可置于眉睫之前也。”

⑨张采田:《玉谿生年谱会笺》。

⑩此文是何新1988年在中国文化书院的讲课,据录音整理而成。

何新玩《红》杂记

1.《红楼梦》作者不是曹雪芹，简驳胡适之《红楼梦考证》

中国古代长篇小说号称五大名著，即《三国演义》《水浒传》《西游记》《红楼梦》《金瓶梅》，其时小说原多不署著者，因此作者皆难明。现在所署名的罗贯中、施耐庵、吴承恩、曹雪芹都是后人攀缘附会追认的产物，一无手稿，二无实证，疑似为真，以讹传讹。

> 例如目前普遍说法，据明季传闻认为《三国演义》作者系罗贯中（名罗本），也有一些说法认为《三国演义》是元末罗贯中和他的老师施耐庵合著。但近人多有质疑。例如“孔明秋风五丈原”一节中，列有历代十几位名人文士赞颂诸葛亮的诗文，最后一首“后尹直赞孔明曰”的诗。这个尹直（1427 年—1511 年）是明景泰五年（1454 年）进士，他出生那年，罗贯中已去世48 年了。
>
> 近年张志和在中国国家图书馆发现明代插图孤本黄正甫刊20 卷《三国演义》，该版本封面、序言、目录、君臣附录是明天启三年补订，而正文部分则是目前所见最早旧版本，此书让原先的“嘉靖本为《三国演义》最早刻本”之说失去依据，而该书未署作者。
>
> 明朝流传的《西游记》，各种版本都没有署名。清汪象旭在所撰《西游证道书》中提出《西游记》为丘处机所著。这一看法提出后，

清人大多赞同。纪昀始疑此说，谓小说官制皆明制，写作时代当为明代，不可能是元人丘处机。钱大昕认为《西游记》中多处描写明朝的风土人情，而丘处机是南宋末人；此外《西游记》中多处使用江苏淮安方言，而丘处机向来在华北活动，并未在淮安居住过。也有明清道士、文人以为《西游记》是道士炼丹之书。明晚期以后方有人认为吴承恩是小说《西游记》的作者，皆系传疑之说耳。

红楼梦的写作时代并没有太大的问题，产生于清朝的盛世时期而暗寓悲哀之音。其作者到底是谁呢？流行的说法来自胡适，以为是曹雪芹（著作前80回）。这种说法通过20世纪以来红学家数十年的灌输与宣传，尤其是杜撰创出一套“红学”以后，似已成为难以置疑的定论。其实这种积非成是的说法根基不牢，完全不足凭信。

一个较早版本的《红楼梦》——程伟元乾隆五十六年刻本的序文中就明确说过：“《红楼梦》小说本名《石头记》，作者相传不一，究未知出自何人，惟书内记雪芹曹先生删改数过。”

从目前研究结果来看，《红楼梦》从开始流传时起就未曾说曹雪芹为《红楼梦》前80回的作者，而至多只是一位改编加工者。《红楼梦》真实作者与其他四大名著作者一样悬疑未明，何妨继续传疑下去；而经过胡适的一番考证，竟形成了《红楼梦》作者就是曹雪芹的诡说。

这个说法是胡适在他的《红楼梦考证》中提出的。细读胡适的这部书则发现，胡适的全部立论都建立在清人袁枚一条有讹夺之词的笔记上，基础甚为薄弱。

胡适的《红楼梦考证》列举了索隐派的三派，即王梦阮的“清世祖与董鄂妃”说、蔡元培的“清康熙朝的政治小说”说、清人笔记的纳兰成德为作者说。胡适反驳以上三说，而自创《红楼梦》是曹雪芹家族自传的新说。

其实，以《红楼梦》为清季贵族家自传的说法久已有之，但非指曹氏家族而已。胡适《考证》引以下资料指出清人多认为《红楼梦》乃清宗室贵族公子纳兰成德的家族自述。

陈康祺的《郎潜纪闻二笔》（即《燕下乡脞录》）卷五说：

> 先师徐柳泉先生云："小说《红楼梦》一书即记故相明珠家事。金钗十二，皆纳兰侍卫所奉为上客者也。宝钗影高澹人，妙玉即影西溟（姜宸英）……"徐先生言之甚详，惜余不尽记忆。

又引清末名儒俞樾的《小浮梅闲话》（《曲园杂纂》三十八）说：

> 《红楼梦》一书，世传为明珠之子而作……明珠子名成德，字容若。《通志堂经解》每一种有纳兰成德容若序，即其人也。恭读乾隆五十一年二月二十九日上谕："成德于康熙十一年壬子科中式举人，十二年癸丑科中式进士，年甫十六岁。"

又引钱静方《红楼梦考》也认为《红楼梦》是纳兰公子自述：

> 是书力写宝黛痴情。黛玉不知所指何人。宝玉固全书之主人翁，即纳兰侍御也。使侍御而非深于情者，则焉得有此倩影？余读《饮水词钞》，不独于宾从间得䜣合之欢，而尤于闺房内致缠绵之意。即黛玉葬花一段，亦从其词中脱卸而出。是黛玉虽影他人，亦实影侍御之德配也。

纳兰成德，原名纳兰性德，生于清顺治十一年（1655年），卒于康熙二十四年（1685年），乃清前期著名贵胄公子，隶满洲正黄旗。

纳兰本名成德，曾避康熙太子保成讳改名性德，字容若，号楞伽山人。好禅学，归心佛事。其诗词名句有"人生若只如初见，何事秋风悲画扇。等闲变却故人心，却道故心人易变"。说者或以为正即《红楼梦》之主题耳。

纳兰性德生于腊月，故小名"冬郎"。母爱新觉罗氏，乃阿济格之女，父纳兰明珠历任清宫内务府总管、武英殿大学士。纳兰性德早慧，17岁方进太学，18岁中举人，19岁会试中试，因疾未应殿试。22岁（康熙十五年）皇帝特敕补殿试，赐二甲第七名进士出身。

纳兰性德善骑射，好读书，经史百家无所不窥。夏承焘《词人纳兰容若手简·前言》称："他是满族中一位最早笃好汉文学而卓有成绩的文人。"纳兰性德生于钟鸣鼎食之家，少时以皇室亲戚故得出入宫廷，颇为康熙皇帝所爱重，以至“密迩天子左右，人以为贵近臣无如容若者”（《通志堂集》卷十九附录），然身世飘零，天性孤僻，其仕途并不顺利。故其诗词境界凄清哀婉，多幽怨之情。

康熙因纳兰性德是八旗子弟，与皇室沾亲，且与康熙长子胤禔生母惠妃为亲戚，所以常常带其在身边。初授三等侍卫职，后晋升为一等侍卫。他曾多次随康熙出巡，并奉旨出使梭龙，考察中俄边界情况。但纳兰性德并无权力实职，不堪“补天”大任。康熙二十四年五月三十日纳兰性德患病早逝，年仅30岁，葬于京西皂甲屯（在今北京海淀区上庄）。《清史稿》有传。

《红楼梦》前80回并无什么微言大义、伟大主题，不过是记述一些贵族家庭儿女生活及感情的婆婆妈妈事情。如果说有什么寓意，无非是大乘禅学关于人生空相的描绘与感慨而已。

纳兰性德平生经历与《红楼梦》中贾宝玉颇有几分近似。

纳兰性德19岁时（约1674年）娶两广总督卢兴祖之女为妻，夫妻十分恩爱。后卢氏因难产而去世，纳兰性德为她写下了许多感人至深的悼亡词。后续娶官氏为继室，两人感情也不错。除妻子外，还别有红粉知己汉家才女沈婉与纳兰性德以诗词唱和。纳兰性德善诗词散曲，多有佳作，如所作《长相思》：“山一程，水一程，身向榆关那畔行，夜深千帐灯。风一更，雪一更，聒碎乡心梦不成，故园无此声。”

24岁时，纳兰性德把自己的词曲自选成集，名为《侧帽词》；康熙十七年（1678年）又委托顾贞观在吴中刊成《饮水词》，取意自宋朝岳珂《桯史·记龙眠海会图》“至于有法无法，有相无相，如鱼饮水，冷暖自知”。后有人将两部词集增遗补缺，编辑一处，共342首，编为《纳兰词》（道光十二年汪元治结铁网斋本和光绪六年许增榆园本），今存共348首。

顾贞观曰：“容若天资超逸，悠然尘外，所为乐府小令，婉丽凄清，使读者哀乐不知所主，如听中宵梵呗，先凄婉而后喜悦。”

王国维云：“纳兰容若以自然之眼观物，以自然之舌言情，此由初入中原，未染汉人风气，故能真切如此。北宋以来，一人而已！”

甲戌本《红楼梦》中自述此书作者是“空空道人”，俞樾等以为作者之空空道人即纳兰容若，《红楼梦》小说出自纳兰家事之自传，并非无据之谈。此说乃被胡适斥为附会，胡适别以清人袁枚的一条笔记建立了自己的曹氏自传说，谓云：

> 袁枚的《随园诗话》卷二中有一条说：康熙间，曹练亭（“练”当作“楝”）为江宁织造，每出，拥八驺，必携书一本，观玩不辍。人问：“公何好学？”曰：“非也。我非地方官而百姓见我必起立，我心不安，故藉此遮目耳。”素与江宁太守陈鹏年不相中，及陈获罪，乃密疏荐陈，人以此重之。其子雪芹撰《红楼梦》一书，备记风月繁华之盛。中有所谓大观园者，即余之随园也。

袁枚乃乾隆时文人，以诗文笔记著称。唯胡适所引这条笔记中，竟然把曹楝亭的名字错写作“练亭”——当被注重小学的清儒讥为不识字也。又把曹雪芹说成曹楝亭的儿子，其实雪芹是曹楝亭的孙子。短短数百字即出现两处明显讹误，表明其所记述皆据一时传闻，并非严谨之词耳。至于袁枚文中谓《红楼梦》书中描写之大观园就是其家之随园，则更有托大吹嘘之嫌，毫不可信！

正是凭借袁枚这则不能看做信史的孤证笔记，胡适竟然据以作为建立“《红楼梦》系曹雪芹自传说”的基本证据！然后胡适即以曹氏家族事和《红楼梦》的贾府家事进行比较，提出一些似是而非的相似点，主观假设，大胆求证，完全以想当然之推论而非实际证据，落实他所臆想的《红楼梦》乃曹雪芹写曹府兴亡之自述的说法。其实胡氏说法多荒谬，全部结论都建立在沙滩之上，经不起推敲。

建国后之五六十年代，曾有一段时间把胡适学术骂得一文不值，但其论证《红楼梦》作者为曹雪芹之说则仍然被接受。李希凡派新红学更引申《红楼梦》为中国封建社会没落期的文学写照，认为其主题是描写贾府内外之阶级斗争云云，进而大颂其意义之“伟大”，更甚是荒谬也！

关于《红楼梦》之作者，《红楼梦》本身有明确交代，甲戌本第一回云：

> 空空道人听如此说，思忖半晌，将《石头记》（甲戌批：本名）再检阅一遍（甲戌批：这空空道人也太小心了，想亦世之一腐儒耳），

因见上面虽有些指奸责佞贬恶诛邪之语（甲戌批：亦断不可少），亦非伤时骂世之旨（甲戌批：要紧句），及至君仁臣良父慈子孝，凡伦常所关之处，皆是称功颂德，眷眷无穷，实非别书之可比。虽其中大旨谈情，亦不过实录其事，又非假拟妄称（甲戌批：要紧句），一味淫邀艳约、私订偷盟之可比。因毫不干涉时世（甲戌批：要紧句），方从头至尾抄录回来，问世传奇。

从此空空道人因空见色，由色生情，传情入色，自色悟空，遂易名为情僧，改《石头记》为《情僧录》。至吴玉峰题曰《红楼梦》。东鲁孔梅溪则题曰《风月宝鉴》（甲戌眉批：雪芹旧有《风月宝鉴》之书，乃其弟棠村序也。今棠村已逝，余睹新怀旧，故仍因之）。后因曹雪芹于悼红轩中披阅十载，增删五次，纂成目录，分出章回，则题曰《金陵十二钗》。

这里提到与《红楼梦》成书有关共5个人——空空道人原著，吴玉峰命名《红楼梦》，孔梅溪改名《风月宝鉴》，曹雪芹改编，曹棠村写序言——曹雪芹只是在成书基础上“增删五次，纂成目录，分出章回，题曰《金陵十二钗》”。对此5人，今论者认为是四假一真，只相信其中的曹雪芹为真。早有论者问得好：如果那4个人都是虚拟的，那么又何以就能断定曹雪芹改编则是真的?

尽信书则不如无书，尽不信书则也不如无书。实际上《红楼梦》的作者问题，无论是传闻中的纳兰性德或胡适所说的曹雪芹，证据目前都不足。《红楼梦》之主题，第一无关曹家自传，第二也不是讲阶级斗争，而只是一部某贵胄子弟铺衍其或曾亲历或采传闻的豪门生涯，不时卖弄文采笔墨借以表明厌恶八股正途，以及追忆少年情事浮沉感慨，借以隐喻禅机寄托人生“好了”以及“四大皆空”之主题的玩世之作而已。[①]唯因此书仅存半卷，民间俗称是一部有上无下之太监书——所以虽不无可观，但并不足以称之为“巨作”或“伟大”。

至于其作者究竟是谁，我们倒不如相信原书的自述，《红楼梦》的作者就是那位莫须有的“空空道人”。

2. 薛宝琴十首托古咏物诗谜底之揭破

余早年躬耕在东北农场，少书读。时伟大领袖指示宜多读《红楼梦》，因常翻阅其书，求猜谜解闷之娱乐耳。《红楼梦》第五十回至第五十一回有妙女薛宝琴所作灯谜诗《怀古》十首，每首各隐喻一物，十首皆为谜语。此十首诗所喻究竟为何史事及物事，200 多年来说者见仁见智，迄今未得确论。余早年在田亩间时曾好奇而试解之。惜乎昔日考订旧稿已残，仅略存数纸，片段不全，兹据记忆并重新寻书查典故而理之如次。余颇自信，认为这个哑谜已经破解。

《红楼梦》（第五十回）：

薛宝琴走过来笑道："我从小儿所走的地方的古迹不少。我今拣了十个地方的古迹，作了十首怀古的诗。诗虽粗鄙，却怀往事，又暗隐俗物十件，姐姐们请猜一猜。"众人听了，都说："这倒巧，何不写出来大家一看？"

《红楼梦》（第五十一回）：

众人闻得薛宝琴将素习所经过各省内的古迹为题，作了十首怀古绝句，内隐十物，皆说这自然新巧。都争着看时，只见写道是：

赤壁怀古 其一

赤壁沉埋水不流，徒留名姓载空舟。

喧阗一炬悲风冷，无限英魂在内游。

交趾怀古 其二

铜铸金镛振纪纲，声传海外播戎羌。

马援自是功劳大，铁笛无烦说子房。

钟山怀古 其三

名利何曾伴汝身，无端被诏出凡尘。

牵连大抵难休绝，莫怨他人嘲笑频。

淮阴怀古 其四

壮士须防恶犬欺，三齐位定盖棺时。

寄言世俗休轻鄙，一饭之恩死也知。

广陵怀古 其五

蝉噪鸦栖转眼过，隋堤风景近如何。

只缘占得风流号，惹得纷纷口舌多。

桃叶渡怀古 其六

衰草闲花映浅池，桃枝桃叶总分离。

六朝梁栋多如许，小照空悬壁上题。

青冢怀古 其七

黑水茫茫咽不流，冰弦拨尽曲中愁。

汉家制度诚堪叹，樗栎应惭万古羞。

马嵬怀古 其八

寂寞脂痕渍汗光，温柔一旦付东洋。

只因遗得风流迹，此日衣衾尚有香。

蒲东寺怀古 其九

小红骨贱最身轻，私掖偷携强撮成。

虽被夫人时吊起，已经勾引彼同行。

梅花观怀古 其十

不在梅边在柳边，个中谁拾画婵娟。

团圆莫忆春香到，一别西风又一年。

众人看了，都称奇道妙。宝钗先说道："前八首都是史鉴上有据的；后二首却无考，我们也不大懂得，不如另作两首为是。"黛玉忙拦道："这宝姐姐也忒'胶柱鼓瑟'，矫揉造作了。这两首虽于史鉴上无考，咱们虽不曾看这些外传，不知底里，难道咱们连两本戏也没有见过不成？那三岁孩子也知道，何况咱们？”探春便道：“这话正是了。”李纨又道：“况且他原是到过这个地方的。这两件事虽无考，古往今来，以讹传讹，好事者竟故意的弄出这古迹来以愚人。比如那年上京的时节，单是关夫子的坟，倒见了三四处。关夫子一生事业，皆是有据的，如何又有许多的坟？自然是后来人敬爱他生前为人，只怕从这敬爱上穿凿出来，也是有的。及至看《广舆记》上，不止关夫子的坟多，自古来有些名望的人，坟就不少，无考的古迹更多。如今这两首虽无考，凡说书唱戏，甚至于求的签上皆有注批，老小男女，俗语口头，人人皆知皆说的。况且又并不是看了《西厢》《牡丹》的词曲，怕看了邪书。这竟无妨，只管留着。”宝钗听说，方罢了。

大家猜了一回，皆不是。

“大家猜了一回，皆不是”，《红楼梦》作者后来也终究未将此十首诗的谜底作个交代。然而，从宝钗、黛玉、探春、李纨四人的对话看，其实大家并非猜不出来，而只是不方便将谜底讲出来。为什么？因为这十个谜底有两个特点：一是所谓“俗物”，常见之物；二是有“寓意”，要令读者从“俗物”及古迹引发联想。自《红楼梦》问世以来，此十首怀古绝句的诗谜就成了研究者不解之谜；绕道而走者多，望文生义者不少，胡说八道妄作解人者更滥多。余则自信以下所解基本可以揭开这个不解之谜。

第一首《赤壁怀古》：“赤壁沉埋水不流，徒留名姓载空舟。喧阗一炬悲风冷，无限英魂在内游。”此所喻物，走马灯也。

走马灯，灯笼之一种，灯内点有炬烛，产生热力造成气流，令灯内风轮转动。轮轴上有剪纸，烛光遂将剪纸影子投射在屏上，图像幻影不断走动。古人多在灯各面绘制历史故事图画，而灯转动时好像人物在你追我赶，故名走马灯。宋代已有走马灯，称“马骑灯”。

元人谢宗可咏走马灯云：“飙轮拥骑驾炎精，飞绕人间不夜城。风鬣追星来有影，霜蹄逐电去无声。秦军夜溃咸阳火，吴炬霄驰赤壁兵。更忆雕鞍年少日，章台踏碎月华明。”宝琴怀古第一首诗寓意与此诗同。赤壁，周瑜击破曹操南下大军之古战场地名。盖走马灯者，亦可象征人类政治舞台恩怨轮回之历史也。

第二首《交趾怀古》："铜铸金镛振纪纲，声传海外播戎羌。马援自是功劳大，铁笛无烦说子房。"此所喻物，铜鼓也。

铜鼓乃古代南蛮祭祀及战争动员之重器。《后汉书·马援传》记马援南征交趾得骆越铜鼓。镛者，铜作大钟也，亦称金鼓。马援，东汉名将，曾于金城击败先零羌兵，后复南下平定交趾，官拜伏波将军；晚年于征西南武陵蛮时病死军中，遂以马革裹尸还家。马援南征武陵蛮时作《武溪深》一首。崔豹《古今注》记："《武溪深》，乃马援南征时作。援门生爰寄生善吹笛，援作歌以和之。"此诗则化用其典。子房，汉初名臣张良之字。"铁笛"，传说张良善笛，曾吹笛作楚声，乱项羽军心于垓下，四面楚歌，遂灭项羽军。刘邦赞张良说："运筹策帷帐中，决胜千里外，子房功也!"

第三首《钟山怀古》："名利何曾伴汝身，无端被诏出凡尘。牵连大抵难休绝，莫怨他人嘲笑频。"此所喻物，皮影之偶人也。

皮影戏，即"影子戏"或"灯影戏"，用灯光照射兽皮或纸板做成的人物剪影以表演故事的民间戏剧。表演时，艺人在幕后牵线操纵偶人，同时配以打击乐器和弦乐，以娱乐观者。皮影最早见于汉代，大盛于宋代，元代传至西亚和欧洲。

此诗所咏"不羁名利，无端被诏"，乃李白故事及金陵凤凰台古迹。

汉代以才技征召士人，使随时听候皇帝的诏令，谓之待诏；其特别优异者待诏金马门，以备顾问。唐初置翰林院，凡文辞经学之士及医卜等有专长者，均待诏值日于翰林院，给以粮米，使待诏命，有画待诏、医待诏等。宋、元时尊称手艺人为待诏。唐玄宗时设翰林待诏，掌批答四方表疏、文章应制等事。天宝元年李白奉玄宗诏曾任之，天宝三年因招高力士、李林甫嫉遂辞官。

李白诗《玉壶吟》："君王虽爱蛾眉好，无奈宫中妒杀人。"《书情赠蔡舍人雄》："遭逢圣明主，敢进兴亡言。白璧竟何辜，青蝇遂成冤。"《赠溧阳宋少府陟》："早怀经济策，特受龙颜顾。白玉栖青蝇，君臣忽行路。"《答杜秀才五松山见赠》："昔献《长杨赋》，天开云雨欢。当时待诏承明里，皆道扬雄才可观。敕赐飞龙二天马，黄金络头白玉鞍。浮云蔽日去不返，总为秋风摧紫兰。"《赠崔侍御》云："长安复携手，再顾重千金。君乃虬轩佐，余叨翰墨林。高风摧秀木，虚弹落惊禽。"《走笔赠独孤驸马》云："是时仆在金门里，待诏公车谒天子。长揖蒙垂国士恩，壮心剖出酬知己。一别蹉跎朝市间，青云之交不可攀。倘其公子重回顾，何必侯嬴长抱关。"

宝琴此诗即言李白事迹也。宝琴此诗之所以题为"金陵怀古"者，盖李白辞朝廷待诏后云游东南，天宝五年去金陵，此后数年多在金陵，并在此作名篇《登金陵凤凰台》："凤凰台上凤凰游，凤去台空江自流。吴宫花草埋幽径，晋代衣冠成古丘。三山半落青天外，二水中分白鹭洲。总为浮云能蔽日，长安不见使人愁。"

第四首《淮阴怀古》："壮士须防恶犬欺，三齐位定盖棺时。寄言世俗休轻鄙，一饭之恩死也知。"此所喻物，盖打狗棒也。

乞丐行乞有可能遭恶犬攻击，须以棒子防身，所持棍棒曰打狗棒。

壮士，指韩信。一饭之恩，喻韩信报答漂母事也。《史记·淮阴侯列传》："（韩信）始为布衣时，贫无行，不得推择为吏，又不能治生商贾，常从人寄食饮，人多厌之……信钓于城下，诸母漂，有一母见信饥，饭信，竟漂数十日。信喜，谓漂母曰：'吾必有以重报母。'母怒曰：'大丈夫不能自食，吾哀王孙而进食，岂望报乎！'……汉五年正月，徙齐王信为楚王，都下邳。信至国，召所从食漂母，赐千金。"

第五首《广陵怀古》："蝉噪鸦栖转眼过，隋堤风景近如何。只缘占得风流号，惹得纷纷口舌多。"此所喻物，柳哨也。

柳哨，系口吹之民间乐器，以柳枝截取为之，抽取木干使之中空，吹之音律悠扬，自古流行于中原。

此诗所咏乃隋炀帝及隋堤烟柳故事。隋炀帝有凿通大运河之功，而以风流著名。隋堤在汴京，白居易《隋堤柳》："西自黄河东至淮，绿影一千三百里。大业末年春暮月，柳色如烟絮如雪。"

第六首《桃叶渡怀古》："衰草闲花映浅池，桃枝桃叶总分离。六朝梁栋多如许，小照空悬壁上题。"此所喻物，桃符也。

此诗实际是嘲笑中国无男儿——六朝空有巨木栋梁万千，不如悬壁桃符两片。

案桃符者，盖古人在辞旧迎新之际驱鬼镇邪之物也。古俗用桃木片分别写"神荼"（即虎神於菟）、"郁垒"（钟馗别号）二神名字，或者用纸画上二神图像，悬挂或张贴于门首，意在祈福灭祸。这就是桃符，传言鬼畏桃木，有镇邪作用。此言"题"者，乃名词，头也，所谓"壁上题"即"壁上头"。

关于桃符及神荼驱鬼之详考，可参阅何新《诸神的起源》，略云：《论衡 · 订鬼》引《山海经》："沧海之中，有度朔之山，上有大桃木，其屈蟠三千里，其枝间东北曰鬼门，万鬼所出入也。上有二神人，一曰神荼，一曰郁垒，主阅领万鬼。恶害之鬼，执以苇索，而以食虎。于是黄帝乃作礼以时驱之，立大桃人，门户画神荼、郁垒与虎，悬苇索以御。"（此引文今本《山海经》佚之）隋《玉烛宝典》引《括地图》记："神荼、郁垒于桃都山大桃树下，为门神。"宋陈元靓《岁时广记》卷五中记岁时风俗谓："正旦书桃符，上刻郁垒、神荼。"《北平风俗类征 · 岁考》记："元旦贵戚家悬神荼、郁垒，民间插芝梗、柏叶于户。"《艺文类聚》卷八十六引《庄子》佚文："插桃枝于户，连灰其下，童子入不畏，而鬼畏之。"长沙马王堆汉墓出土医书《五十二病方》云："禹步三，取桃东枝，中别为□□□之倡而笄门户上各一。"此药方的内容是驱鬼，方法是门上插桃枝。以桃木驱鬼风俗也见于湖北云梦睡虎地秦简。

桃叶渡，在今南京市秦淮河与青溪合流处，为南京古名胜。清人张通之《金陵四十八景题咏 · 桃渡临流》："桃根桃叶皆王妾，此渡名惟桃叶留。同是偏房犹侧重，秦臣无怪一穰侯。"所言穰侯，即秦昭王重臣魏冉，晚年死于陶邑（今定陶，谐音桃）。张通之诗与宝琴此诗有异曲同工之妙。诗句中之桃叶、桃根姊妹，皆乃东晋王献之的小妾。王献之最爱者则桃叶，常在此渡迎接之，桃叶古渡由此得名。传王献之作有《桃叶诗》："桃叶映红花，无风自婀娜。春花映何限，感郎独采我。桃叶复桃叶，桃树连桃根。相怜两乐事，独使我殷勤。桃叶复桃叶，渡江不用楫。但渡无所苦，我自迎接汝。桃叶复桃叶，渡江不待橹。风波了无常，没命江南渡。此歌载《古今乐寻》中，为乐府吴声流韵，至南朝陈时犹“盛歌”之。《桃叶歌》曲目据说保存在明乐中，至今日本的明清乐中还有这首古曲。

第七首《青冢怀古》：“黑水茫茫咽不流，冰弦拨尽曲中愁。汉家制度诚堪叹，樗栎应惭万古羞。”此所喻物，砚台也。

此诗亦为讽骂男人之诗。

黑水即墨汁。砚台即紫台。《渊鉴类函》记名砚有紫石砚。

杜甫咏昭君诗：“一去紫台连朔漠，独留青冢向黄昏。”“紫台”之典出江淹《恨赋》：“若夫明妃去时，仰天太息。紫台稍远，关山无极……望君王兮何期，终芜绝兮异域。”盖紫台者，本谓帝都也。

此诗则以紫台暗喻砚台，冰弦隐喻为素笔也，拨曲隐喻以书写为咏歌也。此诗隐喻颇深，所谓象征主义也，紫台黑水，素笔愁歌，汉家惭愧，献美求和，能羞人。此诗意谓汉家和亲制度荒谬，女性昭君有桃李之姿，而天下男人皆为无能之“樗栎”也。

唐欧阳詹《寓兴》诗：“桃李有奇质，樗栎无妙姿。”古以“樗栎”喻才能低下，典出《庄子．逍遥游》：“吾有大树，人谓之樗，其大本拥肿而不中绳墨，其小枝卷曲而不中规矩，立之涂，匠者不顾。”又《人间世》：“匠石之齐，至于曲辕，见栎社树……曰：‘……散木也，以为舟则沉，以为棺椁则速腐，以为器则速毁，以为门户则液樠，以为柱则蠹。是不材之木也，无所可用。’”

第八首《马嵬怀古》：“寂寞脂痕渍汗光，温柔一旦付东洋。只因遗得风流迹，此日衣衾尚有香。”此所喻物，汗衣或曰亵衣也。

马嵬，唐长安附近地名，杨贵妃缢死的地方。《旧唐书·杨贵妃传》：“（安禄山叛）潼关失守，从幸至马嵬。禁军大将陈玄礼密启太子，诛国忠父子。既而四军不散，玄宗遣力士宣问，对曰‘贼本尚在’，盖指贵妃也。力士复奏，帝不获已，与妃诀，遂缢死于佛室，时年三十八。”

此诗惋叹杨贵妃已死，汗衣犹在，徒留汗香。《释名·释衣服》：“汗衣，近身受汗垢之衣也。”

所谓东洋者，典出白居易《长恨歌》：“忽闻海外有仙山，山在虚无缥缈间。”李商隐咏马嵬亦曰：“海外徒闻更九州，他生未卜此生休。空闻虎旅传宵柝，无复鸡人报晓筹。此日六军同驻马，当时七夕笑牵牛。如何四纪为天子，不及卢家有莫愁。”唐时有传说或谓杨贵妃未死，潜逃至海外东洋（日本）；或说其死后魂魄升遐东洋仙山。

第九首《蒲东寺怀古》：“小红骨贱最身轻，私掖偷携强撮成。虽被夫人时吊起，已经勾引彼同行。”此所喻物，红灯笼也。

私掖，指灯笼骨架之撮合。吊起，双关语，灯笼须提起吊在手中。勾引，谓照明引路而行，亦双关语。

蒲东寺，乃唐文士元稹的小说《莺莺传》（一名《会真记》）及元剧作家王实甫的杂剧《西厢记》中所虚构的佛寺，原名叫普救寺，因其地在山西蒲郡（今永济县）之东，又称蒲东寺。故事中，张生与崔莺莺在此寺中恋爱。小红即崔莺莺之侍女红娘，为张生与崔莺莺私通牵线，事发曾被夫人吊起打。

第十首《梅花观怀古》：“不在梅边在柳边，个中谁拾画婵娟。团圆莫忆春香到，一别西风又一年。”此所喻物，盖团扇也。

梅开冬季，柳盛夏季。故以梅可喻冬，以柳可喻夏也。团扇者，与春俱现，入秋则收。团扇，即“宫扇”“纨扇”，圆形有柄之扇，起源颇早，宋代以后之团扇上多请名家作书画。古人常以团扇隐喻宫女及怨妇。唐王昌龄《长信怨》诗：“奉帚平明金殿开，且将团扇共徘徊。”汉乐府有《怨歌行》咏班婕妤：“新裂齐纨素，鲜洁如霜雪。裁为合欢扇，团团似明月。出入君怀袖，动摇微风发。常恐秋节至，凉飚夺炎热。弃捐箧笥中，恩情中道绝。”宝琴此诗正用其意。

此诗题“梅花观”，乃咏明代杂剧《牡丹亭》故事。

梅花观别名纯阳宫，在浙江湖州，道教名观。晋末文士何楷、南朝名士陆修静及后来的吕洞宾皆曾修道于此。此观元代称“云巢”，清中叶方改题“古梅花观”。

《牡丹亭》中杜丽娘死后葬于梅花观后梅树之下，有文士柳梦梅旅居该观，与丽娘鬼魂相聚，并受托将她躯体救活还魂，二人结为夫妻。宝琴此诗首句乃用剧中杜丽娘诗句："近睹分明似俨然，远观自在若飞仙。他年得傍蟾宫客，不在梅边在柳边。"

3. 宝琴怀古诗中关于《红楼梦》写作年代的重要资料，《红楼梦》非曹雪芹著作的一个新证据

宝琴的"怀古十题"之前八首，皆为古人之史事。惟第九首蒲东寺所咏之"小红"，乃隐喻王实甫杂剧《西厢记》中描写的晚唐红娘、崔莺莺、张生的故事。第十首梅花观，乃隐喻汤显祖杂剧《牡丹亭》南宋杜丽娘的还魂故事。《西厢记》《牡丹亭》皆被当日主流看作有伤风化的诲淫之坏书，故一向作贤淑女态的薛宝钗云此二首却无考，"我们也不大懂得"，希望宝琴弃之而重作。真性情而快人快语的黛玉却因此而讥讽宝钗："这宝姐姐也忒'胶柱鼓瑟'，矫揉造作了。这两首虽于史鉴上无考，咱们虽不曾看这些外传，不知底里，难道咱们连两本戏也没有见过不成？那三岁孩子也知道，何况咱们？"李纨则说了两句重要的话，云："这两件事虽无考，古往今来，以讹传讹，好事者竟故意的弄出这古迹来以愚人。"

按，清代之梅花观在浙江湖州，本名纯阳宫。纯阳为八仙之一的吕洞宾之号，纯阳宫即因供奉吕洞宾而得名，故又名吕祖庙。

纯阳宫坐落在浙江湖州城南金盖山（晋何楷曾隐居于此，故此山别名"何山"）之"桐凤坞（云巢）"，是全真教龙门派在江南的活动中心。传说宋真宗天禧年间（1017 年—1021 年）有高士梅子春居云巢，在东侧遍植梅树，名为"梅坞"，亦曰太湖边之"梅花岛"。自宋至清，历代文人雅士来此读书、隐居者众。

据此观庙志，清嘉庆元年（1796 年），乌程人闵苕敷（教名闵一得）拜全真门十代祖高东篱为师，至金盖山而重修纯阳宫。修观时候附会《牡丹亭》故事中之梅花观，而将该观名别题曰"古梅花观"。又因南朝名士陆修静曾经于此结庐修习，故尊陆修静为该庙观的开山祖师。梅花观有建筑物 137 间，遂成为当时浙江最大的道观。

汤显祖《牡丹亭》与梅花观有关的唱词见以下一段：

【捣练子】（生伞、袱，病容上）人出路，鸟离巢。（内风声介）搅天风雪梦牢骚。这几日精神寒冻倒。“香山嶴里打包来，三水船儿到岸开。要寄乡心值寒岁，岭南南上半枝梅。”我柳梦梅。秋风拜别中郎，因循亲友辞饯。离船过岭，早是暮冬。不提防岭北风严，感了寒疾，又无扫兴而回之理。一天风雪，望见南安（地在今福建泉州）。好苦也！

（中略）

〔末〕请问何方至此？

【风入松】〔生〕五羊城一叶过南韶，柳梦梅来献宝。

〔末〕有何宝货？

〔生〕我孤身取试长安道，犯严寒少衾单病了。没揣的逗着断桥溪道，险跌折柳郎腰。

〔末〕你自揣高中的，方可去受这等辛苦。

〔生〕不瞒说，小生是个擎天柱，架海梁。

〔末笑介〕却怎生冻折了擎天柱，扑倒了紫金梁？这也罢了，老夫颇谙医理。边近有梅花观，权将息度岁而行。

【前腔】〔末〕尾生般抱柱正题桥，做倒地文星佳兆。论草包似俺堪调药，暂将息梅花观好。

〔生〕此去多远？

〔末指介〕看一树雪垂垂如笑，墙直上绣幡飘。

〔生〕这等望先生引进。

此段对白中提到岭南、五羊城（广州）及南安，均在粤闽之间。由此可见，《牡丹亭》中的梅花观应在广东岭南附近，当指梅岭、大庾岭（大庾岭亦称梅岭，“五岭”之一，位于江西、广东、福建三省交境，为南岭的组成部分。原古道上有雄关，谓之梅关。梅关现尚存古驿道，道旁多梅树，故称“梅岭”。）古代传闻此岭上也曾有梅花观，而并非浙江湖州的梅花观也。

所以李纨说，这两件戏剧中描写的古事本来“均无可考”，然而“古往今来，以讹传讹，好事者竟故意的弄出这（假）古迹来愚人”——其所

嘉庆后重建之“古梅花观”

指，应即当时闵道人（苕敷）题湖州“古梅花观”以附会《牡丹亭》的事。李纨说见多识广的宝琴曾去过那里——“况且他（她）原是到过这个地方的”。

若准此，则《红楼梦》前 80 回的写作时间就不是胡适所认为的乾隆时代，而应当是在嘉庆初年也。说者皆谓曹雪芹死于乾隆二十八年（1763 年），则此时梅花观尚未重建及得名。那么，胡适《红楼梦考证》据以立论的另一证据——即据说他购置于上海的乾隆甲戌本的真正抄写年代，也大可以存疑矣！

今存甲戌本被红学界认定为《石头记》甲戌年底本的过录本，其底本的成书年代一直被认为是乾隆十九年甲戌（1754 年）。此说前已有人疑之，认为胡适据以命名的“甲戌”（原字为“戍”，被胡适订为“戌”，正误未知）一词，仅为孤证，或是抄胥手误。

以干支纪年命名脂本肇始于胡适，这书名后来被广泛接受与使用。20

世纪60年代著名学者吴世昌根据《红楼梦》庚辰本上署年为壬午、乙酉、丁亥及自署为甲午的批语，曾经撰文认为此书的成书年代应很迟，当为壬辰年（1772年）以后。

注释

①〔宋〕周密《癸辛杂识·别集·物外平章》："或作散经，名《物外平章》，云：'尧舜禹汤文武，一人一堆黄土；皋夔稷卨伊周，一人一个髑髅。大抵四五千年，著甚来由发颠？假饶四海九州都是你底，逐日不过吃得升半米。日夜官宦女子守定，终久断送你这泼命。说甚公侯将相，只是这般模样。管甚宣葬敕葬，精魂已成魍魉。姓名标在青史，却干俺咱甚事！世事总无紧要，物外只供一笑。'……"

试论汉文字书法之抽象美[①]

——中国书法演化之鸟瞰

书法是汉文字独有的艺术。西文亦有美术体、艺术体，但不能成为一种独立之艺术门类。原因在于，表音文字、字母文字使孤立字母难以成为有意义及意境，而且可以抒情又能负载主体命意的独立艺术。

我在早年著作《龙·神话与真相》一书中曾批评当时流行之汉字“象形文字说”，指出汉字不是原始之象形文字，而是兼具象形及标音功能之表意文字。“声不能传于异地，留于异时，于是乎文字生。文字者，所以为意与声之迹也。”

中国文字兼具象形、标音及表意三种功能，为西文所不具备，书写者借毛笔、宣纸的特殊生发效果，以汉字之布局而幻化抽象出无限神奇。正是汉字具有的综合表意功能，使得汉字之书法成为一种独特门类之艺术——书法艺术。

书法艺术之美，其本质是超越象形之抽象美。

1. 汉文字书法艺术的起源

汉字书法的最初艺术作品不是文字，而是一些刻画图形和符号，首先出现在文明原始期（新石器时代）之岩画及陶器上。

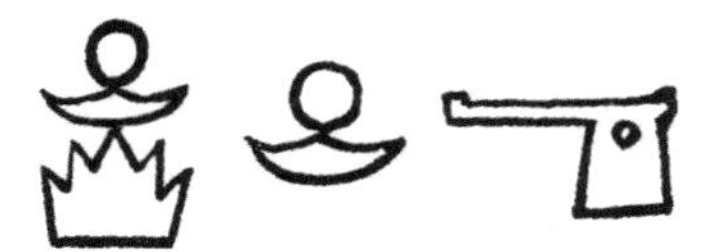

大汶口新石器时代陶文

古有“书画同源”之说。石涛云：“字与画者，其具两端，其功一体。”②

云南沧源岩画

早期岩画及契刻图形（文字），具有作为天、地、人相沟通的符号工具之意义，既是“画”，也是“书”。惟从技法看，这种早期契刻乃是先民性情之自然真实流露，尚无稳定成熟之技法可言。

鲁迅《汉文学史纲要》论汉字之美云，“今之文字，形声转多，而察其缔构，什九以象形为本柢”，“故其所函，遂具三美：意美以感心，一也；音美以感耳，二也；形美以感目，三也”。③

书法艺术与建筑艺术、纹饰（装饰）艺术和音乐艺术并为抽象艺术。

笔迹记录性格。书法笔迹的线条与顿挫，不仅奇妙地记录了运笔的力度与速度，而且记录了情感与心态。

书法之美本质是抽象之线条美与主观美（所谓写意性）。篆书之结构美，隶书之优雅美，楷书之庄重美，行草之动变美，通过书法语言——线条、造型、构图（势）以及笔、墨、纸结合后发生的自然洇渗浸润效果——书者赋之以“意”（意图）。意者，文意也。书法乃是有机命意（意图）与无机命意（感情、意志）之奇妙结合。

书法之美感有如无声之音乐：线划之起伏、重轻、方圆、走停、急缓、浓淡、交叉、重叠、离合，墨韵之晕、涩、湿、干等，有如旋律、音调之抑扬变奏。一幅书法作品静中寓动，随着视赏之移转，透露出作者感情之流动——点、推、抵、挑、滚、转、翻、畅、滞、拖、滴、摆、划、刷、晃、抖、颤、留、回、扫、擦、跳等“历历在目”。线条的中侧、藏露、快慢、重轻、粗细、方圆、曲直、正斜、颤滑、顺拗的性情、心情、动作，莫不随其情欲，变以为姿，“质直者则径侹不遒，刚狠者又倔强无润，矜敛者弊于拘束，脱易者失于规矩，温柔者伤于软缓，躁勇者过于剽迫，狐疑者溺于滞涩，迟重者终于蹇钝，轻琐者淬于俗吏”，“书如其人”。书法不但表现作者的性格，亦彰显人品。虽然善书未必皆好人，但是人之品格不高，则书法亦多“点画狼藉”。

远古之甲骨文已有高妙之技法。甲骨文主要是刻画而成的，从书法角度欣赏，已经完全具备了章法、结体、用笔等主要构成因素。有些甲骨并非契刻文字，而是朱书或墨书，已使用毛笔之类的书写工具。

许多甲骨契刻文字，其刀法灵秀，变幻莫测而妙趣横生，其微细处之细腻，笔触之成熟，体现了刻写甲骨文之史吏巫卜已经掌握书写技法——即“书法”④。郭沫若在《殷契粹编 · 自序》中赞甲骨书法说，“卜辞契于龟骨，其契之精而字之美，每令吾辈数千载后人神往”，“足知存世契文，实为一代法书”。⑤

所谓“法书”者，即后世之模本也。甲骨文、金文、小篆时期，其书法美还是原生态的，非自为形态，当时还没有书法理论，也没有著名的书法家传世。其书写工具、材料也还是原始的，所谓文房四宝也都没有产生。那时毛笔仅仅是在木棍前端系上一缕动物毛，其含墨与水的分量都十分有限，不具备后世毛笔的尖、齐、圆、健的四大功能。书法美还仅仅表现在文字的象形与结构对称圆融的书写上。

康有为云中国书法约 500 年一变。就书体来说，其艺术演变经历了“古文字（甲骨文、金文、小篆）——隶书（章草、草书）——碑、帖——行、楷”诸阶段。

金文，亦称钟鼎文。商周是青铜器的时代，作为礼器的鼎为其代表，乐器则以钟为代表，所以“钟鼎”即青铜器的代名词。而钟鼎等器物上铸刻的款识文字（或阴或阳），即金文。金文的内容多为记录当时祀典、赐命、诏书、征战、围猎、盟约等事件。金文字体古朴厚重，布局严整，艺术感极强。

金文体划多异，诸体合称“大篆”，异国不同文，形态殊奇异。在以

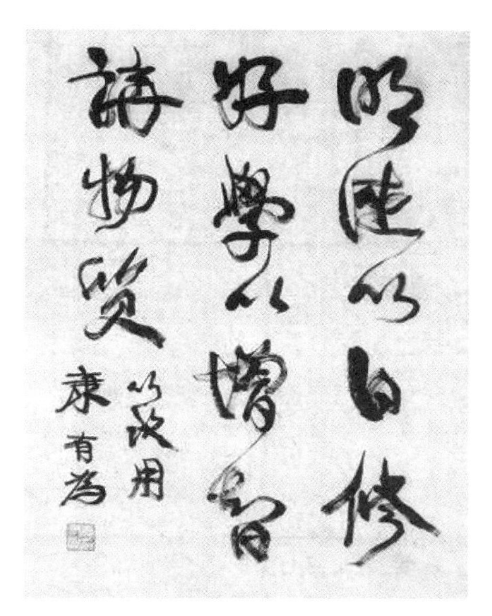

康有为的书法作品被称为“康体”

鸟为图腾之东夷族国，出现兼具宗教涵义既具象（若鸟纹）而又兼具审美涵义之鸟虫篆体（所谓蝌蚪文）。

2. 秦代小篆的通行

秦统一中国后，秦始皇命李斯主持统一全国文字——“书同文”。书同文打破了异国异族间方言的间隔，使得国内各民族各地域具有统一之沟通工具。篆书本有古文、奇字、大篆、小篆、缪篆、叠篆等很多种，大致归类为大篆和小篆两种。大篆包括甲骨文、金文、籀文等先秦文字。秦代之新体文字则称为秦篆，又名小篆。小篆是李斯的工作班子对先秦列国文字删繁就简，择优而创成。李斯主持编订了小篆之范本。

许慎《说文解字 · 叙》论云：“秦始皇帝初兼天下，丞相李斯乃奏同之（文），罢其不与秦文合者。斯作《仓颉篇》，中车府令赵高作《爰历篇》，太史令胡母敬作《博学篇》，皆取史籀大篆，或颇省改，所谓小篆者也。”“自尔秦书有八体，一曰大篆，二曰小篆，三曰刻符，四曰虫书，五曰摹印，六曰署书，七曰殳书，八曰隶书。”⑥

秦代政治大一统，为统一广大地域的行政，必然要求车同轨、书同

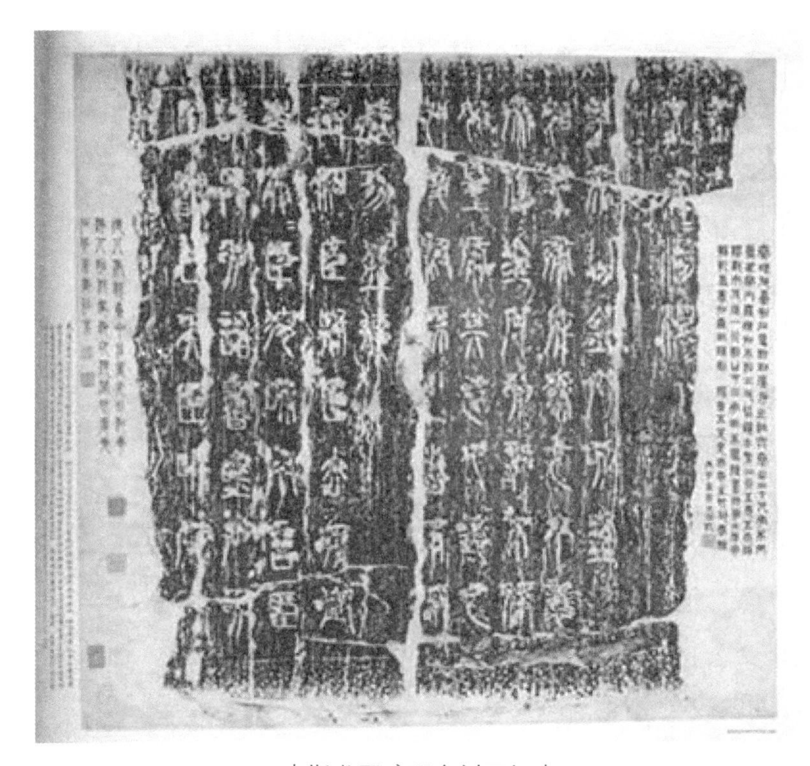

李斯书写琅琊台刻石拓本

文。或者说，书同文必以车同轨为条件。交通的便利带来文化交流的便利，而文化交流的便利最主要的是书写、认读的统一。

小（秦）篆之书体章法行列整齐，规矩和谐，结体匀称，上紧下松，亭亭玉立，线条则圆润中不失劲健，被评为“画如铁石，千钧强弩”。因小篆笔画线条直匀圆润，故又有“玉箸书”之称。

今传世秦篆有《绎山刻石》《泰山刻石》《琅琊刻石》《会稽刻石碣》《石门刻石》，皆传为李斯作书。李斯作书，笔画刚韧如铁石，体势则曲折若飞动，为一代书家之宗法。秦篆裁为整齐，形体增长，成为正体。《琅琊刻石》茂密苍深，书史引为极则。而秦权、秦量、秦诏版即变方匾，刀刻痕迹灿然。汉人篆体承之秦篆笔意而加少变，体势已在篆隶之间。

秦代墨迹之真体，今可见者并有青川木牍、侯马盟书、云梦睡虎地秦简等。

青川木牍

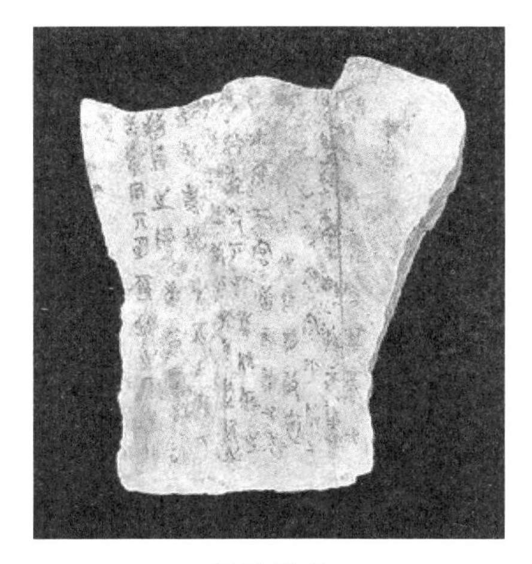

侯马盟书

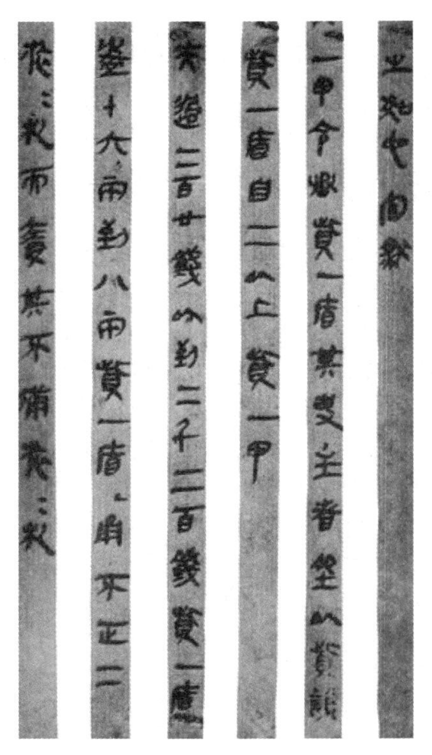

云梦睡虎地秦简

秦之小篆体文字高度抽象，其文字结体亦追求结构平正之形式美。但小篆篆法苛刻，字形复杂，结体曲折，书写不便，于是适合俗用之隶书出现了。

3. 汉代隶书及草书的发展

“隶书，篆之捷也”。隶书者，起源于皂隶“急就”之书——其创生就是为了书写方便（隶书的产生，有传说为秦吏程邈所创。程邈是秦朝的一个徒隶，因罪下狱，在狱中创出一种新书体；秦始皇看后很欣赏，赦免其罪，任为御史。这种新书体起初专供隶役使用，而程邈又是徒隶，所以被称之为隶书，或谓佐书、佐隶）。隶书的产生缘于政治、经济、文化生活的第一需要。

近年来秦汉简帛书出土蔚为奇观，因此而成就一门考古学、艺术史新学科——“简帛学”，然而作为书法史的研究对象还没有引起书法界的足够重视。

出土资料显示，战国至秦代的简牍墨迹，简化的和草化的篆书已多，笔画减少，字形由长圆变为扁方，很多字的收笔开始出现捺脚波磔，接近隶体，故被称为“秦隶”（以“秦隶”之名，区别于汉之“汉隶”，汉隶又有所谓“古隶”及“八分”等称谓）。

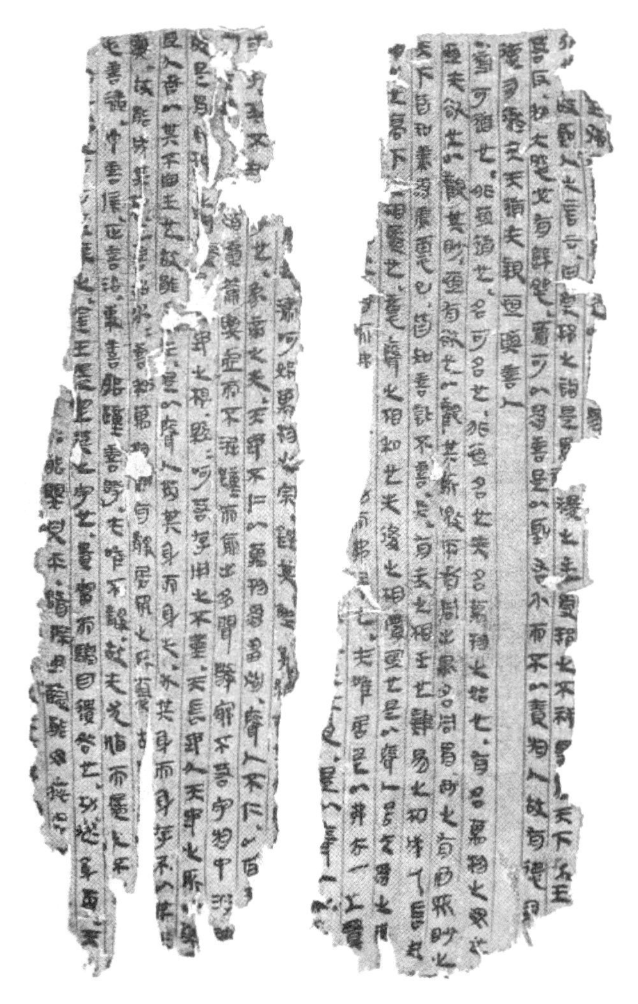

马王堆帛书

若以经学流布考之，《古文尚书》当是隶书杂以籀书写之，其体势由长而短圆，转折处用笔使转，尚无方折笔。而《今文尚书》是用今体隶书写定。汉初之写本马王堆帛书如《老子甲本》和《老子乙本》当即古文隶书，字体应属“秦隶”一系。

云梦睡虎地秦简比银雀山竹简、汉初帛书保留了更多的篆意，是由篆转隶的书迹，而居延汉简圆笔几乎脱略殆尽，与汉碑的方笔如出一辙，仔细玩味秦汉时期的简帛书，更可以了解中国书法由篆书向隶书的演变轨迹。

说者或云：隶书者，吏书也。秦末汉初篆书因实用之需要而向隶书蜕变，隶书是书吏“草率”书写而形成的，结体由纵势变成横势，字形方正，法度谨严，波磔分明。隶书的出现，结束了以前古文字的具象特征，促进汉文字作为表意表言书写符号化之抽象化。

隶书之用笔，突破了篆书单一的中锋运笔的束缚，点划分明，方圆相济，轻重有致，代表性的主笔捺脚成“蚕头燕尾”，一波三折，即后世所谓“隶书八法”。

“隶字即今真书。八法者，点为侧，平横为勒，直为努，钩为趯，仰横为策，长撇为掠，短撇为啄，捺为磔也。以永字八画而备八势，故用为式。”⑦

古体演为今体，婉转变为直接，隶书是汉字书写的一大革命，使汉字趋于方正，也为以后各种书体流变奠定了基础。

隶体书法至东汉也完全成熟。东汉之桓帝（147 年—167 年在位）、灵帝（168 年—189 年在位）间，乃社会大动乱之前夜，但于书法史上则为隶书之全盛时期。

汉隶中最具代表性的则为传世之汉碑体，“后汉以来，碑碣云起”。汉代是中国书法史上一大辉煌时期。汉碑之名品传世有《石门颂》《史晨》《孔宙》《乙瑛》《张迁》《礼器》《衡方》《封龙山》《曹全》《熹平石经》诸碑，多为桓灵时代之作品。

东汉后期在隶书基础上又发展出草书，称“草隶”。草隶由隶书快笔连体写成，“凡草书分波磔者，名曰章草”⑧草书者，“草捷之书”也。草书之最初形态即是“章草”。章草字间独立，接近于楷体之行草，为了书写简便，难写之字常有连笔之简化。

传世之章草代表作有史游《急就章》和张芝《八月帖》《秋凉平善

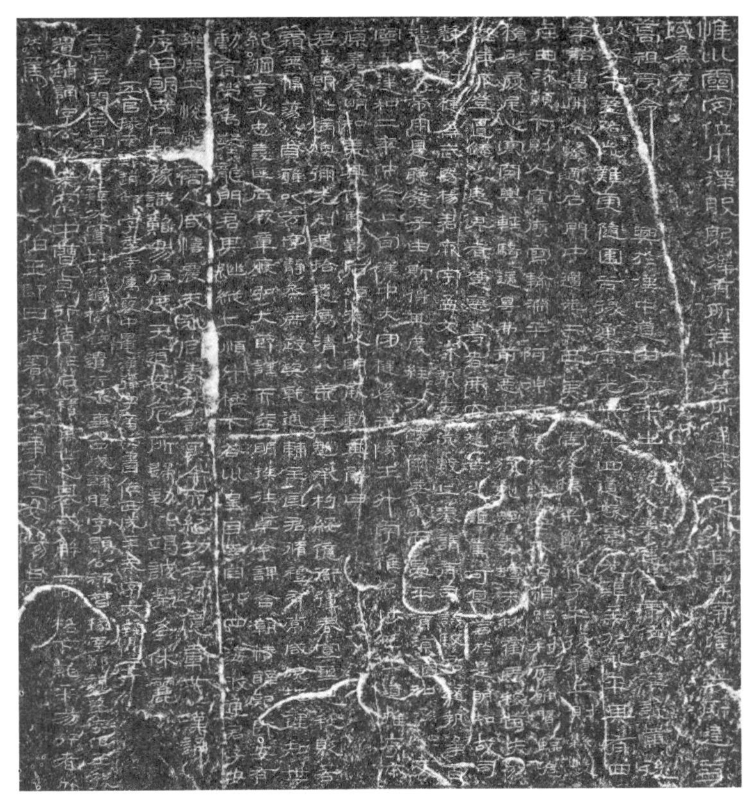

《石门颂》拓片

帖》等。

汉末政治动乱，书家却辈出，成为中国书法史上的黄金时代之一，一时蔚为大观。其时不仅有章草之发明，而且后世的所有书体，如今草、楷书、行书等，亦全部孕育于这一时期。揆诸世界上许多民族，其文化繁荣昌盛有时未必发生在经济全盛时代，而是在忧患频仍的时期，这是个值得深入思考的问题。

4. 南北书法的分化

东晋以后，南北分裂，书法亦分化为南北两流，形成近世所谓“北碑南帖”之异体。所谓“南北”在地理上大体以淮河为分界线。书法风格之不同，反映了南北文化形态之迥异。

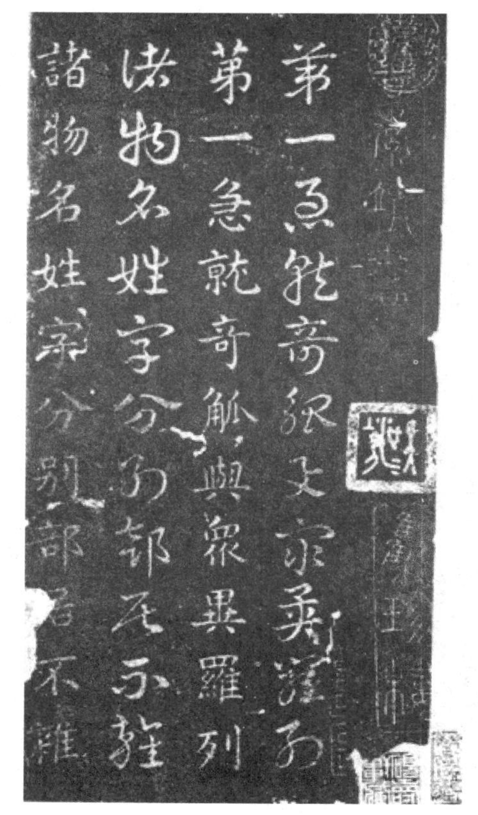

史游《急就章》

“北碑南帖”代表《魏孝文帝吊比干文碑》拓片

北派书体以真楷正书为主，但仍存汉隶的遗范，笔法古拙劲正，而风格质朴方严，长于榜书，多用于刻碑，这就是后世所说的“魏碑体”。魏碑体是汉隶以后出现的又一重大书体，其笔意凝聚在隶、楷二体之间，具有独特方正严谨之美。

魏碑兴起于北魏，直至清季之末于书法界影响不衰。魏晋南北朝时期中原动乱，南北分裂，战乱频仍，生民涂炭，但北方之经学仍于汉族贵族旧家所世传。其书法艺术亦恪守古法，师从汉碑笔意，而更求方正，形成独特的碑体书风。

隶书较之魏碑还是繁缛的，横划的一波三折，转折处要提笔然后用笔使转，撇划的收起，捺划的使顿，都限制了运笔的速度，快了就会达不到隶书的书写效果。因章草的出现，隶书书写的快速，使隶书的间架结构、用笔的方法都发生了变化，圆笔变成方笔，转折处再不用提笔，直接顿笔侧锋转折。汉末之碑体，已由“蚕头燕尾”的圆润隶书，变成了刀砍斧削见棱见角的楷体正字。隶书楷体化，实为书学的一大革命。

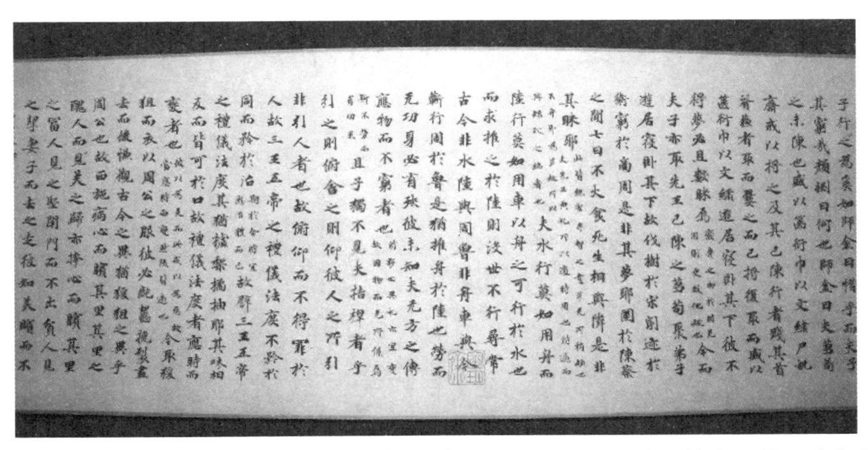

敦煌莫高窟藏经洞出土唐人手抄本《庄子》“天运”“知北游”篇全两卷原大复制

秦汉之际，佛法东渐，佛学与中土儒学、道学交相融汇，佛教艺术渐入中土，书法亦受到影响。

南朝广营佛寺，相传有480寺，实际还要多，佛教文化昌隆鼎盛。北朝亦广开石窟群，如敦煌莫高窟、洛阳龙门石窟、大同云冈石窟等等。就书法绘画而言，佛教东传带来了西域之异域风格。佛寺兴建造就了壁画与壁画家，如南朝的顾恺之、陆探微、张僧繇，北朝之曹仲达都是壁画大师。而石窟的开凿促进了刻石艺术，包括刻石造像与碑版书法。

自东汉以降，世家豪族、达官贵人皆重讽议，极为看重一个人的声望名誉；贵族以阀阅标榜，自然也就特别看重死后的名声。树碑立传遂成风气，而碑体书法乃得大兴。

《元钦墓志》，标准的魏碑体

康有为指出："北碑莫盛于魏，莫备于魏。盖乘晋、宋之末运，兼齐、梁之流风，享国既永，艺业自兴。孝文黼黻，笃好文术，润色鸿业，故太和之后，碑版尤盛，佳书妙制，率在其时。延昌、正光，染被斯畅。考其体裁俊伟，笔气深厚，恢恢乎有太平之象。晋、宋禁碑，周、齐短祚，故言碑者，必称魏也。""凡魏碑，随取一家，皆足成体，尽合诸家，则为具美。虽南碑之绵丽，齐碑之逋峭，隋碑之洞达，皆涵盖停蓄，蕴于其中。故言魏碑，虽无南碑及齐、周、隋碑，亦无不可。"⑨

魏碑代表了一代书风，魏碑是北碑的精华。魏碑著名者不可胜数。孝文帝以前，碑版不著。太和之后，诸家鹊起，名品有百余通，如《石门铭》《郑文公碑》《司马元兴墓志》《张猛龙碑》《杨大眼碑》《始平公造像记》，而《龙门二十品》最足称道。统观诸碑，"凡后世所有之体格无不备，凡后世所有之意态亦无不备矣"。

南朝也有碑碣传世，最负盛名的是《爨宝子碑》《爨龙颜碑》奇崛朴茂，《瘗鹤铭》疏朗潇洒，反映了南朝碑体不同之书风。

南朝书法，流畅疏放，自然随意，多用于文人尺牍，是为帖体。楷书在江南，受章草影响，形成行书一体，代表人物为后世称之为书圣的“二王”父子（王羲之、王献之）。于是仿者代出，帖学大盛，云蒸霞蔚，灿烂辉煌。

北碑雄刚，南帖润厚，北碑硬健，南帖蕴藉，各臻其妙，体现了不同的美学追求。

东晋“二王”父子（王羲之、王献之）以行书名世，书体妍润疏妙，成为百代宗师。

王献之《中秋帖》

王氏父子最有创新意义和存在价值的，是其流美飘逸的行书和行草书，如王羲之的《初月帖》《丧乱帖》《二谢帖》《快雪时晴帖》《游目帖》以及《兰亭序帖》（今存唐人摹本）等，而王献之则有《鸭头丸帖》《中秋帖》等。王羲之被后世尊为“书圣”。后世论者称王体笔势“飘若浮云，矫若惊龙”。

王羲之的行书代表作《兰亭序帖》思逸神超，被历代誉为“天下第一行书”。其书真迹虽失踪（据说唐太宗生前酷爱《兰亭序帖》，以致死后将之随葬昭陵），但唐宋仿者甚多，仍可略见其规模。现在传世最好的摹本是唐代冯承素的双钩摹本（神龙本，藏故宫博物院）。

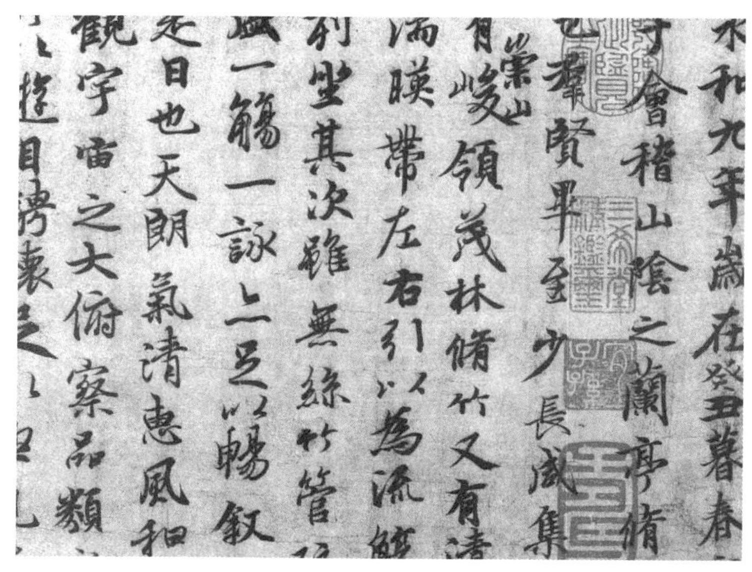

王羲之《兰亭序帖》（冯承素摹本）

5. 楷书的出现与发展

楷书正字又名正书、真书，创之于汉代。宋《宣和书谱》记：“汉初有王次仲者，始以隶字作楷书。”[10]但其大行则在魏晋。

实际上，楷书来源于章草。章草破坏了隶书平整的结构和模式定势（所谓“蚕头燕尾”）。楷书并非直接从隶书演生，而是通过章草文字的单体化和规整化而演变出的。

初期楷书（魏晋时期）仍残留隶书笔意，结体略宽，横画长而直画短，在传世的魏晋帖中有钟繇的《宣示表》《荐季直表》、王羲之的《乐毅论》《黄庭经》等。观其特点，如翁方纲所说：“变隶书之波画，加以点啄挑，仍存古隶之横直。”

楷书之连笔速写则演变成今草，今草又称“行草”或“行书”。张怀

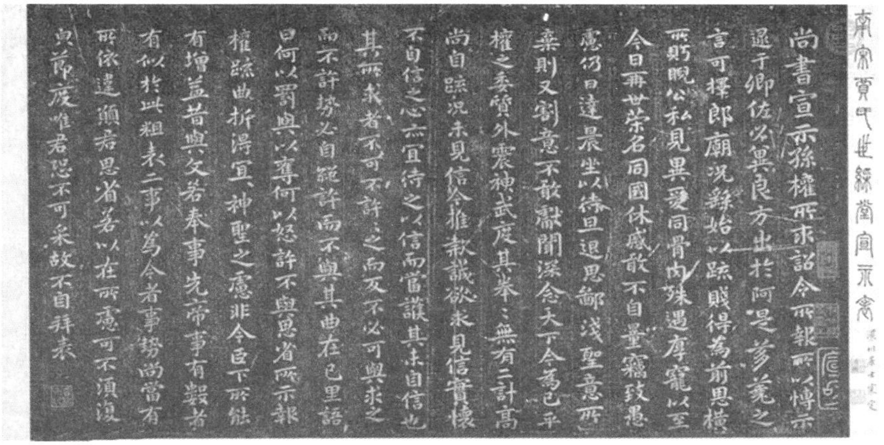

钟繇《宣示表》

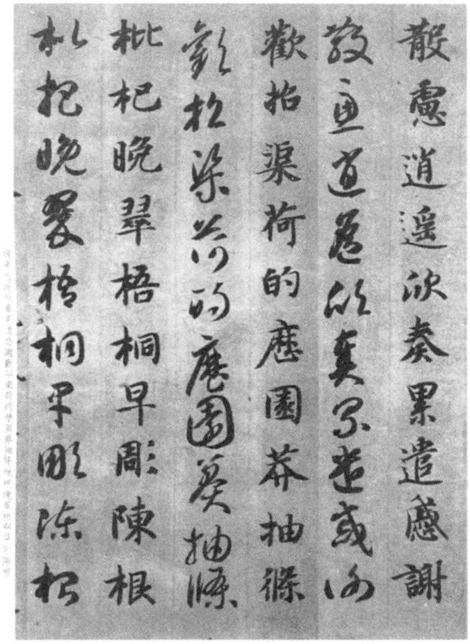

智永《真草千字文》

瓘《书断》云："行书者，乃后汉颍川刘德升所作，即正书之小伪，务从简易，相间流行，故称之'行书'。"因为行文迅速，往往上下字连写，末笔与起笔相呼应，每个字都有简化的规律。

楷体草书即今草（小草），是楷书与章草之合变。《书断》言：“草书者，后汉征士张伯英之所造也……。学崔（瑗）、杜（度）之法……以成今草，转精其妙。字之体势，一笔而成，偶有不连，而血脉不断。及其连者，气候通其隔行……故行首之字，往往继前行之末。世称‘一笔书’者起自张伯英，即此也。”“章草之书，字字区别。张芝变为今草，加其流速，拔茅连茹，上下牵连”，“章草即隶书之捷，草亦章草之捷也”。

章草文字较为独立，长于横向行间的呼应。今草则文字间扭曲连环，篇章中上下一气。今草狂放一笔串连即成所谓“狂草”。草书于文字之驰走间负载着作书人之感情情绪，高度自由抒发，表现书法家个性的艺术。[11]

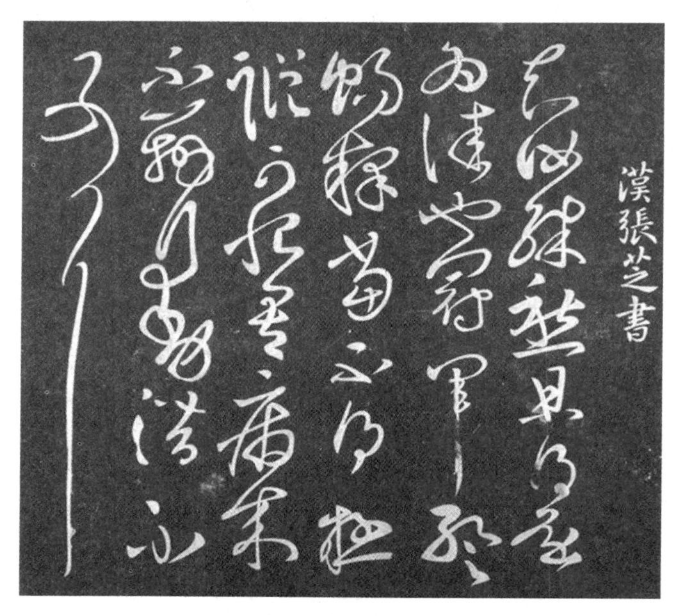

张芝《冠军帖》

东汉崔瑗著有《草书势》，使字之连笔草写在结体及走势上有了程序化的标准。东汉草书名家辈出，有杜度、崔瑗、张芝等，张芝被后世尊为“草圣”。

隋文帝结束南北朝的混乱局面，统一中国，出现一个短暂繁盛安定的时期。南帖北碑至隋代相融合，形成隋代真书体。书法史把隋代真书纳入魏碑体系，其与唐代楷书还有距离。

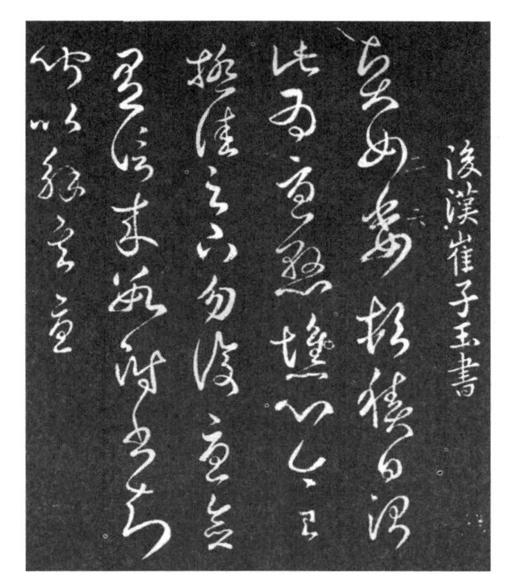

崔瑗《草书势》

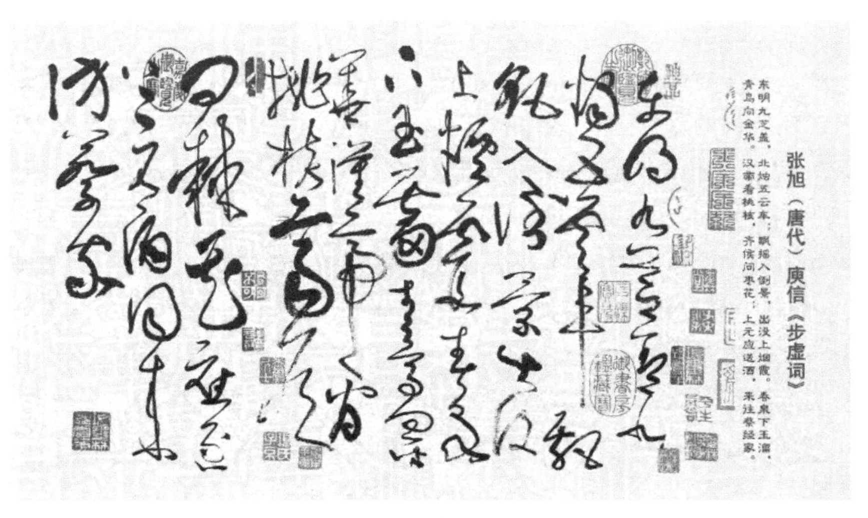

张旭草书《步虚词》

6. 唐代书法之兴盛

唐代文化博大精深，书道亦臻全面成熟，“书至初唐而极盛”。今日之中国文字，唐字也。

唐书之正楷体现了南方文化之行楷与北方之碑楷的交融兼汇。唐书结构严谨，法度森严，故后代论文字有“唐书尚法”之说。

欧阳询楷书《兰亭记》拓本

唐代书法对前代完成了一个大的综合，楷书、行书、草书都跨入了新境界，对后代的影响远远超过了以前任何一个时代。在楷书方面，“初唐三家”欧阳询、虞世南、褚遂良继“二王”之后，影响最为深远，号称“翰墨之冠”。

欧阳询字信本，潭州临湘人，南朝陈太建元年（557 年）生于衡州（今衡阳），幼年时其父欧阳纥“以谋反诛”，询因幼而获免，其父旧友陈尚书令江总将其收养，并教以书计。史称欧阳询“虽貌甚寝陋，而聪悟绝伦，读书即数行俱下，博览经史、尤精三史”。[12]后欧阳询仕隋为太常博士，官从七品。隋炀帝大业元年，欧阳询奉敕佐越公杨素修撰《魏书》。唐高祖武德二年（619 年），窦建德授欧阳询为太常卿。[13]武德四年，秦王李世民破窦建德军之后，欧阳询归唐，累迁给事中，官正五品上阶。武德七年，修《陈史》，奉敕编《艺文类聚》一百卷。贞观初，欧阳询官至太子率更令，弘文馆学士，封渤海县男，卒于贞观十五年（641 年），享年 85 岁。

欧阳询初学王羲之书法，后镕取魏碑笔意，渐变其体，笔力险劲，为一时之绝。[14]后人得其尺牍文字，咸以为楷范焉。虞世南称其“不择纸笔，皆能如意”。

欧阳询《九成宫醴泉铭》碑拓

张怀瓘《书断》论其书云“八体尽能，笔力劲险。篆体尤精……飞白冠绝，峻于古人。扰龙蛇战斗之象，云雾轻浓之势，风旋雷激，掀举若神。”欧阳询之书骨气劲峭，结构独异，于平正中见险绝，于规矩中见飘逸，诸体兼善，而以楷书为最，后人称之为“欧体”。其书法代表作有《化度寺碑》《九成宫醴泉铭》等。

欧楷是魏晋六朝北碑南帖在唐时法度融合的结晶：对南帖的继承即为对二王书体的发扬；在北碑的继承方面，欧楷书写形态、笔意与魏碑常见的书体常常有惊人的相似之处，无论是体势或是行气乃至用笔，都带有不同程度的魏碑余风，从《张黑女墓志》《张猛龙碑》《始平公造像记》中我们可以明显看出欧体字在用笔上与之一脉相承的地方。这些碑刻在笔画上皆以方折笔法完成，其基本运笔线路最突出的特点是骨力峻拔有如截铁。欧阳询看中其骨力特点，变方折为略含柔和的三角折，一方面确保了“骨力”不失，一方面又增加了“神气冲和为妙”的轻灵意韵。

欧阳询在隋代就颇有书名，入唐后书艺日渐精湛，声誉远播海内外。高丽国王深爱其书法，曾专遣使者来唐求之。唐高祖叹道：“不意询之书名，远播夷狄。”《旧唐书》云其书法“笔力劲险，为一时之绝”。后人说欧体书："若草里惊蛇，云间电发。又如金刚瞋目，大士挥拳。"欧书"劲险刻厉"，个性独特而成为初唐书法的杰出代表。欧体书法，最重要的传承者是褚遂良。观褚遂良早年书法，颇多隶意，与欧阳询多相似之处。

褚遂良《雁塔圣教序》

7. 虞世南与颜真卿之书法

在与欧阳询同时代的书家中，虞世南与之为比肩伯仲。欧阳询与虞世南曾经同为弘文馆学士，教习书法，二人都深得唐太宗的赏识与器重。

虞世南（558 年—638 年），字伯施，浙江余姚人。历陈、隋和唐三个时代。陈文帝知世南博学，召为法曹参军。入隋后为秘书郎，后迁起居舍人。归唐后引为秦府参军，又授弘文馆学士，与房玄龄同掌文翰。贞观七年（633 年）转秘书监，赐爵永兴县子，授银青光禄大夫，因称虞秘监或虞永兴，唐太宗称其德行、忠直、博学、文词、书翰为五绝。

其书法师法智永，取法二王，外柔内刚，圆融冲和，遒丽蕴藉，代表作品有《孔子庙堂碑》等。

时人多将欧虞并称。在唐人书论中，欧、虞书法可以说是平分秋色的。唐太宗对虞世南评价极高，乃至认为在虞之后竟"无人可以论书"。

张彦远《法书要录》卷一《传授笔法人名》概述唐人书法流变曰："智永传之虞世南，世南传之欧阳询，询传之陆柬之，柬之传之侄彦远，彦远传之张旭，旭传之李阳冰，阳冰传之徐浩、颜真卿、邬彤、韦玩、崔邈，凡二十有三人。”初唐欧、虞齐名，所谓虞法传之欧法之说欠妥。实际上，欧阳询与虞世南年岁相仿，欧书成名更早。

虞世南《孔子庙堂碑》碑拓

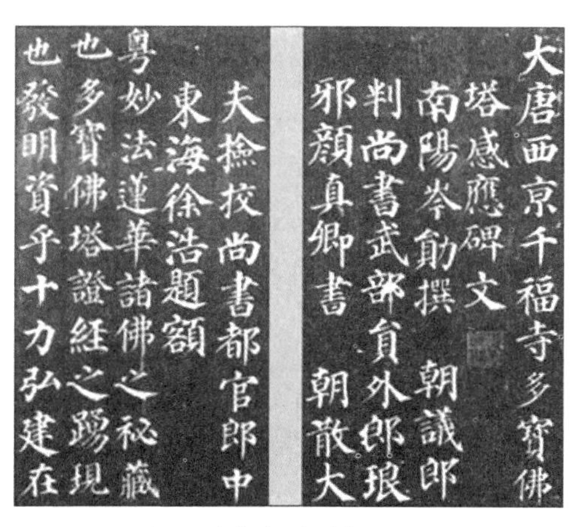

颜真卿《多宝塔碑》（局部）

颜真卿《述张长史笔法十二意》中张旭云其书法受之褚氏：“予传授笔法，得之于老舅彦远曰：‘吾昔日学书，虽功深，奈何迹不至殊妙。后问于褚河南，曰：“用笔当须如印印泥。”思而不悟，后于江岛，遇见沙平地静，令人意悦欲书。乃偶以利锋画而书之，其劲险之状，明利媚好。自兹乃悟用笔如锥画沙，使其藏锋，画乃沉着……’”

盛唐以后楷书诸体成熟完备。颜真卿楷体“纳古法于新意之中，生新法又于古意之外”，故董其昌谓唐人书法至颜鲁公乃大备。

颜真卿为楷书奠定了标准，成为后世习字的楷模。晚唐之柳公权承习颜法。正楷以“颜柳体”为标志程式化，总结出“米字形”造型法[15]。至此中国楷书字体得到了标准化的范型。

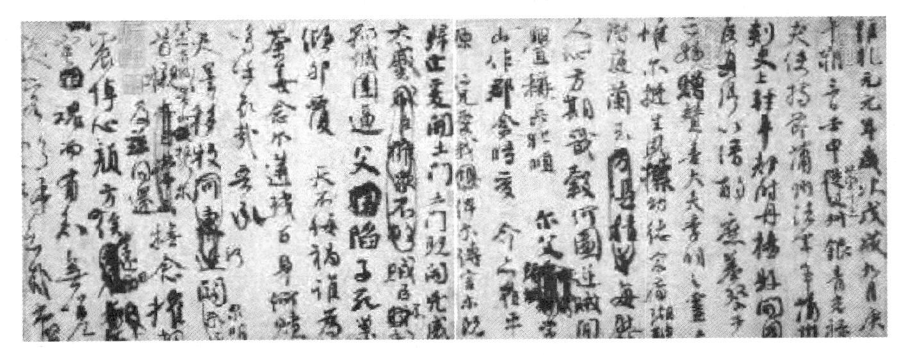

颜真卿《祭侄文稿》

颜真卿亦擅行草。颜真卿所书《祭侄文稿》亦被誉为天下名法帖。宋人陈深评之云，“纵笔浩放，一泻千里，时出遒劲，杂以流丽。或若篆籀，或若镌刻，其妙解处，殆出天造”，“书法至此极矣”。

颜真卿的侄子颜季明在安史之乱中壮烈牺牲，颜真卿对侄子深切悼念而作书，将其悲愤怀念之情表现在书法作品中。其笔速忽急忽缓，忽放忽收；笔姿忽抑扬，忽顿挫；或放笔为草书，忽凝练作端楷，内容与书写情绪高度交融，达于大化之境。[16]

唐代善行书者，李邕变右军（王羲之）古法，独树一帜。草书方面则诞生二圣，即张旭、怀素，二者皆以颠狂醉态将草书表现形式推向极致境界，所谓“颠张醉素”。唐之书体，一极是规范化之楷体“真书”，一极是不拘形迹之放浪狂草。当时的社会文化崇尚奔放浪漫的生活方式，盛唐二圣（张旭、怀素）之狂草，体现了这种追求个性解放的自由精神。

孙过庭对书法艺术作了总结，传世有其名作《书谱》。《书谱》不仅是草书之范本，亦是一篇书法艺术的理论经典。其书论之成熟，理解之深邃，思考之缜密，比喻之精当，构思之奇诡，联想之丰富，1300 多年来，

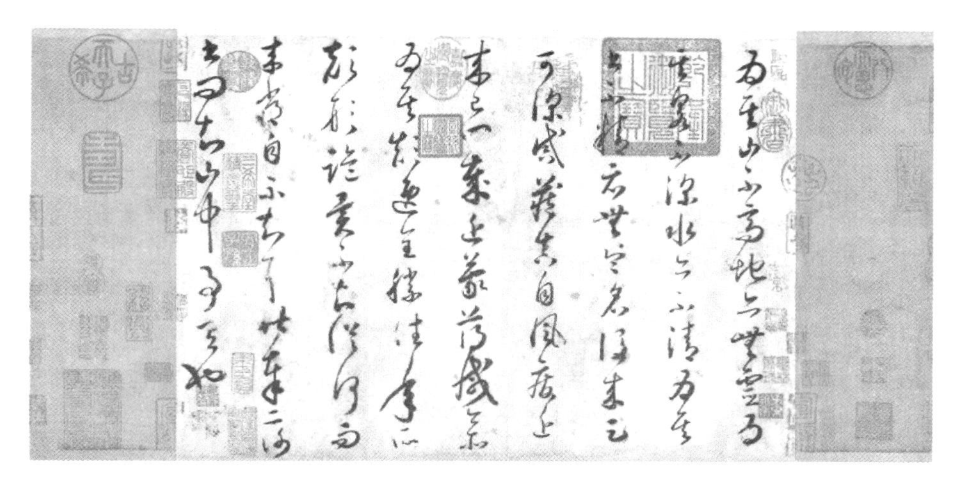

怀素《论书帖》

孙过庭《书谱卷》

无人能超越之。

唐代书法为后人立下了许多成功的规范与法度，至今仍奉为圭臬。但是，规范往往会变成束缚书法家创作激情、抒发个人灵性的枷锁。缺少了个性的张扬，也就失去了艺术的追求，特别像书法这种极为抽象的艺术，点画之间寄托着书家的性情，可意会不可言传的诸多奥妙。正缘于此，清末康有为提出了“卑唐”之论：

> 书有南、北朝，隶、楷、行、草，体变各极，奇伟婉丽，意态斯备，至矣！观斯止矣！至于有唐，虽设书学，士大夫讲之尤甚。然缵承陈、隋之余，缀其遗绪之一二，不复能变，专讲结构，几若算子。截鹤续凫，整齐过甚。欧、虞、褚、薛，笔法虽未尽亡，然浇淳散朴，古意已漓，而颜、柳迭奏，澌灭尽矣……唐人解讲结构，自贤于宋、明，然以古为师，以魏、晋绳之，则卑薄已甚。若从唐人入手，则终身浅薄，无复有窥见古人之日。[17]

8. 宋元之禅意的书法

五代之际，狂禅之风大炽，此亦影响到书坛。狂禅书法虽未在五代一显规模，然对宋代书法影响不小。

狂草中，有“词联”符号，就是把两个字（常见词组）写成一个符号。由于当时书写多是从上到下地竖行书写，词联符号的设计也类似。“顿首”“涅槃”等都有草书词联符号，狂草已成为一种抽象线墨艺术，是否让人认清写的什么已不重要了。

日语中的平假名是以汉字的草书笔划创作的。今草简化的基本方法是对楷书的部首采用简单的草书符号代用，代入繁体楷书中（尽管草书出现不比楷书晚），往往许多楷书部首可以用一个草书符号代用。为了方便，字的结构也有所变化。

宋代文化是中国中古文化历史的一个大交融时代。书画艺术俱臻盛境。宋书尚意，真正达到了抽象、意象境界，自由挥洒，如入无人之境。

孙过庭《书谱》描绘的创作意境在宋四家中真正地实现了：“观夫悬针垂露之异，奔雷坠石之奇，鸿飞兽骇之资，鸾舞蛇惊之态，绝岸颓峰之势，临危据槁之形；或重若崩云，或轻如蝉翼；导之则泉注，顿之则山安；纤纤乎似初月之出天涯，落落乎犹众星之列河汉；同自然之妙有，非力运之能成；信可谓智巧兼优，心手双畅，翰不虚动，下必有由：一画之间，变起伏于锋杪；一点之内，殊衄挫于毫芒。”

宋代书法传世最著名者有所谓“宋四家”，即苏轼、黄庭坚、米芾、蔡襄。其实宋代文人皆善书，从流传于世的范仲淹、富弼、欧阳修、陆游、朱熹等名人的尺牍来看，皆是杰出的书法家。

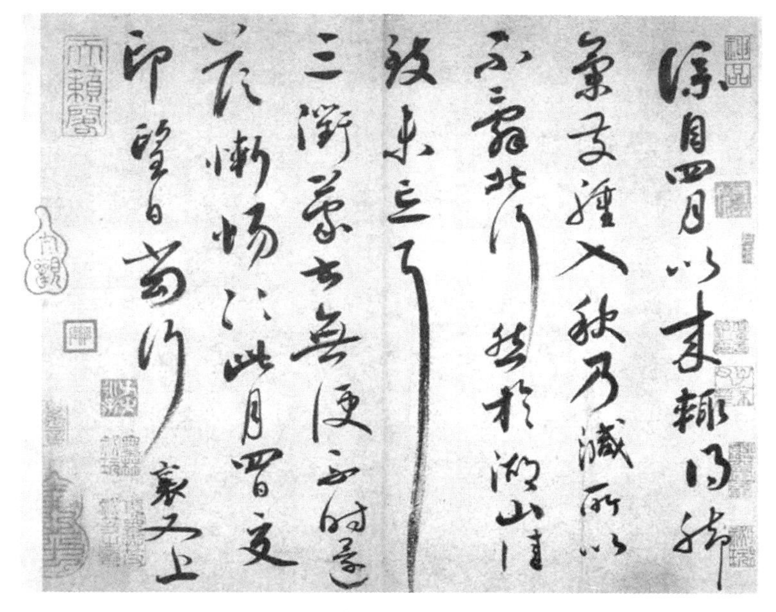

蔡襄书法

蔡襄（1012 年—1067 年），天圣八年（1030 年）进士。蔡襄的书法，结体瘦硬，誉之者称其书法“淳淡婉美”，是四家中的平庸者。但苏东坡对其评价则甚高：“独蔡君谟天资既高，积学深至，心手相应，变态无穷，遂为本朝第一。然行书最胜，小楷次之，草书又次之……又尝出意作飞白，自言有翔龙舞凤之势，识者不以为过。”

苏轼善书，而对蔡氏书法有如此高的评价，推想其原因有二：一是因为蔡比苏年长，其辈分比较高，苏有序齿之意，且蔡一直做朝官，他的口碑很重要，苏轼也不能免俗；二是蔡襄擅楷书，这一手为苏、黄、米所不及。

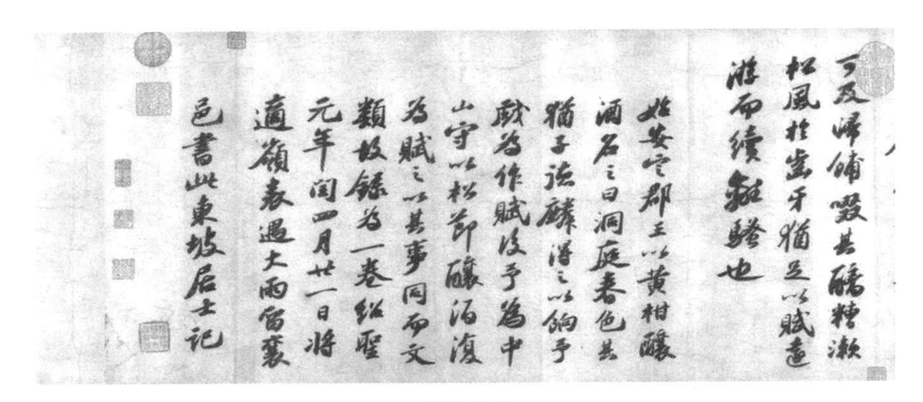

苏轼书法

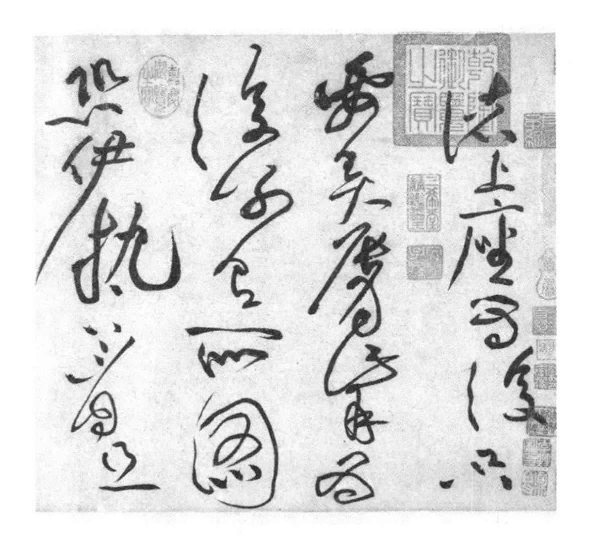

黄庭坚书法

苏轼与黄庭坚讨论书艺：苏说黄氏字是枯藤挂蛇，干枯瘦硬；黄回应说他的字像蛤蟆伏地，肥厚臃肿。两人对话虽出自玩笑戏谑，但也颇中肯綮。黄长枪大戟，失之锋芒毕露，有骨无肉；苏丰硕敦厚，失之骨骼脱尽，有肉少骨。

《寒食帖》为苏轼的代表杰作，黄庭坚没有再开玩笑，留下这样一条名传千古的题跋：“东坡此诗似李太白，犹恐太白有未到处。此书兼颜鲁公、杨少师、李西台笔意。试使东坡复为之，未必及此。它日东坡或见此书，应笑我于无佛处称尊也。”

苏东坡与高视古人的黄庭坚、追求变奇的米芾，都试图凸现一种标新立异的姿态，使学问之气郁发于笔墨之间，开文人书、文人画艺术新范式。苏轼自称“我书意造本无法”，其实苏体自兰亭王体揣摩而来，其流变之迹明显。

宋四家以米芾的成就为最高，米字潇洒飘逸，若有神助。

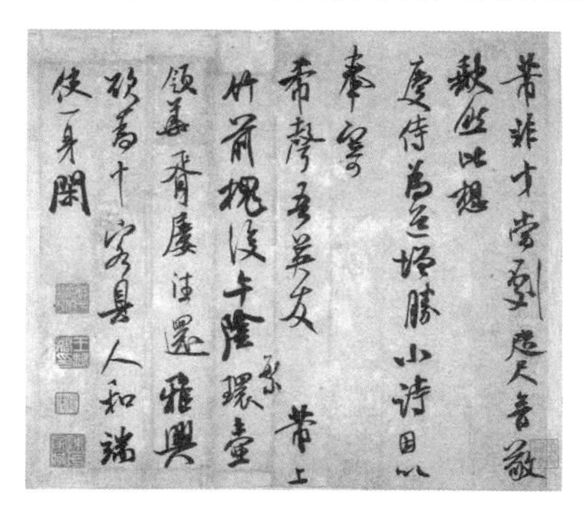

宋米芾致希声尺牍并诗

米芾法于二王，认为东晋二王以下皆是恶札下品，不足为训。米芾在徽宗时期任书画院专职待诏，得以亲见大量内府秘藏，造假乱真。他发明米点山水，极尽烟雨氤氲之态，对山水画有重大创新。其子米友仁，工书善画，师法其父。二米父子与二王父子的子承父业，同样传为千古美谈。

宋四家皆源自晋代二王传统也，故面貌相近。帖学至宋高度成熟，登峰造极，后人再难有所创新与超越。

四家以外，宋徽宗赵佶所创之“瘦金体”瘦骨棱峻，别出一格。[18]

瘦金体亦称“瘦金书”或“瘦筋体”，也有“鹤体”的雅称。其特点是瘦直挺拔，横画收笔带钩，竖画收笔带点，撇如匕首，捺如切刀，竖钩细长；有些联笔字像游丝行空，已近行书。其用笔源于褚（遂良）、薛（稷、曜），写得更瘦劲；结体笔势取黄庭坚大字楷书，舒展劲挺。

至于辽、金、元，惟以元人赵孟頫（字子昂）为名家。

赵氏乃元季书坛与画坛之巅峰代表人物。赵氏为赵宋皇族后裔，有世

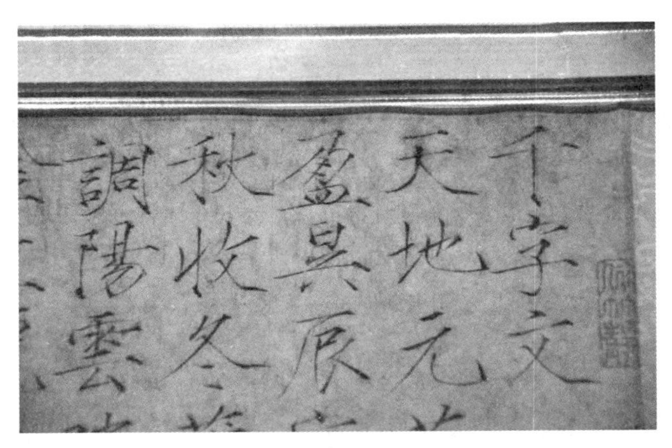

宋徽宗楷书《千字文》

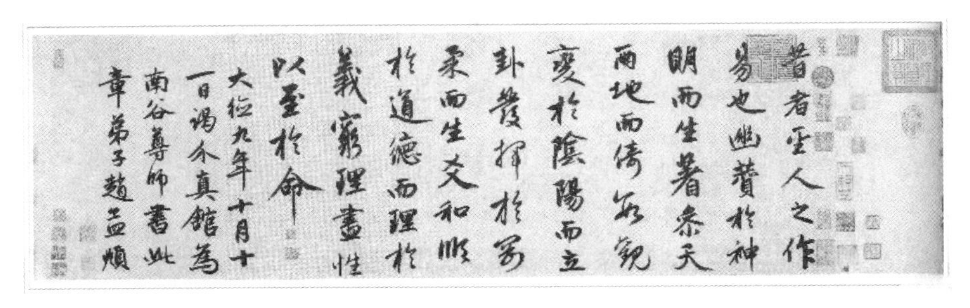

赵孟頫行书《周易系辞》

家风范，精于绘画、书法。《元史》记：“孟頫篆、籀、分、隶、真、行、草书，无不冠绝古今，遂以书名天下。”[19]他创立的赵体与欧体、颜体、柳体合称中国楷书之“四维”。行书则被誉为王羲之身后第二，但颇受后人讥讽。

元代书风盛于帖学，师唐宗晋，虽尚得其妙，但缺乏创新。赵孟頫称书画“贵有古意”“用笔千古不易”，实际是一位追求古典美的复古主义者。故明人董其昌论赵体书云“因熟而俗”，而康有为则曾说“勿学赵董流靡”之风。赵孟頫晚年自述诗有云：“齿豁童头六十三，一生事事总堪惭。唯余笔砚情犹在，留与人间作笑谈。”[20]

9. 明代之官学书法：台（馆）阁体

明代到清代书家恪守着帖学正统的观念。

明代内阁官僚主义成型，科举以八股取士，千篇一律，面貌单一而体势工整的官方书体——台（馆）阁体正楷书法于时盛行。

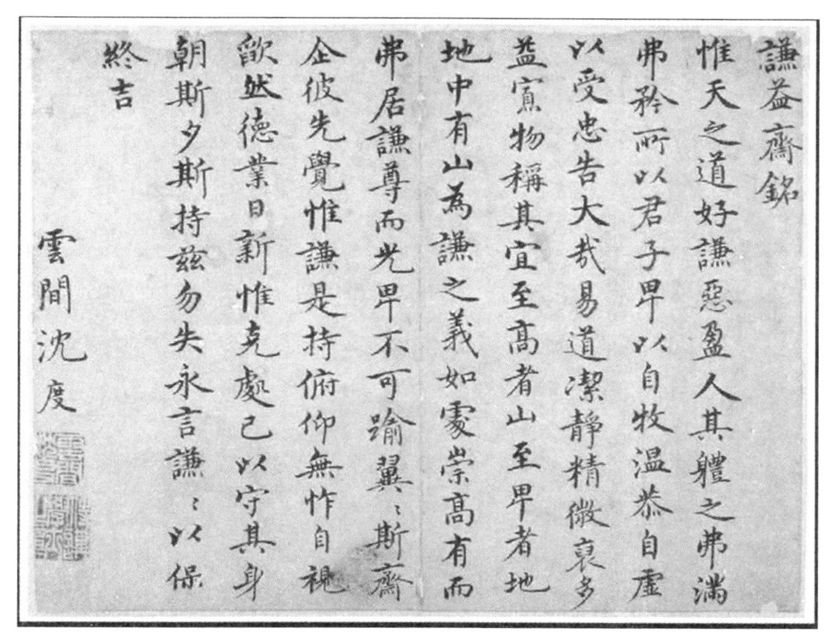

沈度楷书《谦益斋铭》

台阁体书法，洪武年间初创，是应制应试的宫廷书法，以明成祖时“二沈”兄弟（沈度、沈粲）最为代表。明成祖对沈度书法非常赏识，称之为“我朝王羲之”，并拔擢为翰林典史、直讲学士。沈度弟沈粲自翰林待诏迁中书舍人，又擢为侍读，官至大理寺少卿，书法与兄沈度齐名。沈度以楷书名世，而沈粲则在草书上发展。虽同为中书舍人，同为台阁书风，但书体却一正一草，相得益彰。“太宗（成祖）征善书者试而官之，最喜云间二沈学士，尤重度书。”二沈书法在明代受到广泛推重，正与皇帝推波助澜密切相关。

沈度的书法，杨士奇曾用“雍容矩度”来形容，看他的书法作品确实如此，行笔稳健熟练，点画流畅谨严，特别是小楷作品更是如此。其书法四平八稳取悦于皇家口味。

沈氏兄弟将工稳的小楷推向极致。“凡金版玉册，用之朝廷，藏秘府，颁属国，必命之书”，二沈书法被推举为科举楷则。二沈书法因多用于书皇家制诰，在翰林院中供职者以及内阁官僚、科举文人争相效仿。

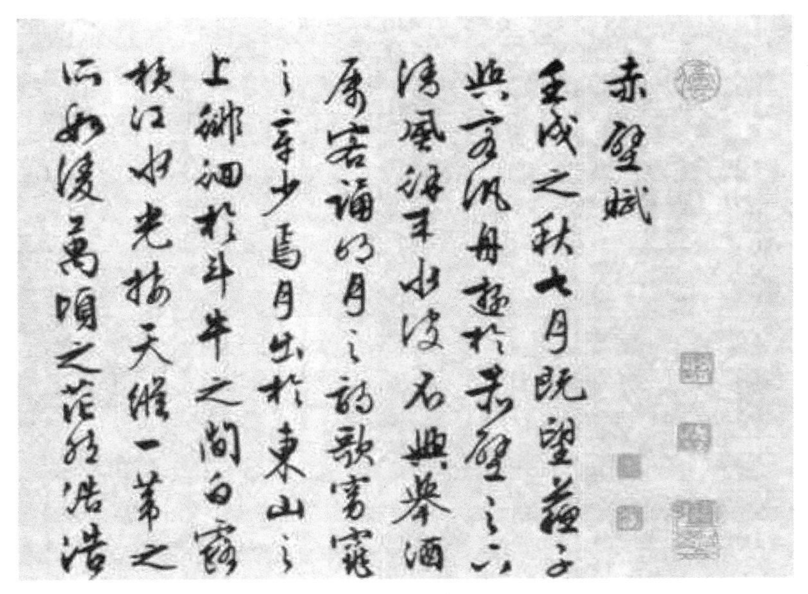

文徵明行书《赤壁赋》

明代中期书界则有祝允明（枝山）、文徵明、唐寅、王宠四子，其法书虽依傍赵孟頫，但开始求其异变，步入倡导个性化的新境域。

10. 晚明书坛之狂放风

晚明书坛兴起一股批判思潮，寻求个性解放，兴起崇尚自由表现之理念，异军突起出现三位“山人”——白阳山人、天池山人、八大山人。

其中陈淳，字道复，号白阳山人，早年师从文徵明，得元季倪云林及吴门写意法，笔致放逸，自成面目。后世以其与徐渭并称为“青藤白阳”。陈道复用笔谨严，点划凝厉，萧散闲逸；而徐渭则笔意狂放，墨迹淋漓，点划飞动，有癫狂之态。

徐渭是一代书画狂才。他的草书发泄了愤世嫉俗之气，后世或论曰：“明之草书，以天池生为始。”徐渭《赵文敏墨迹洛神赋》论书法曰：

古人论真行，与篆隶辨圆方者，微有不同。真行始于动，中以静，终以媚。媚者，盖锋稍溢出，其名曰姿态。锋太藏则媚隐，太正

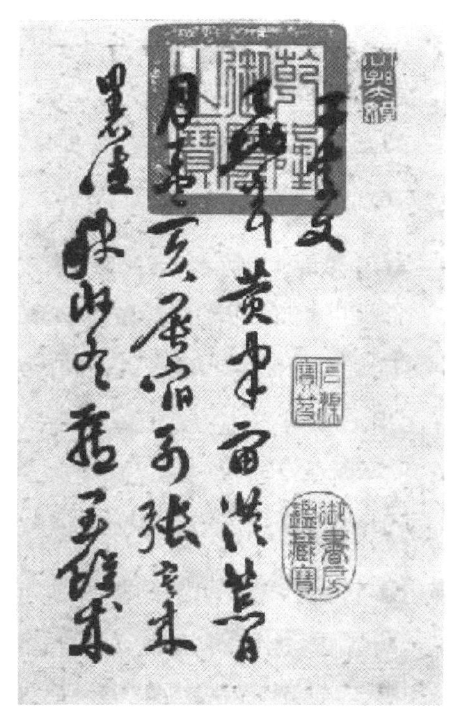
徐渭草书《千字文》

则媚藏而不悦，故大苏宽之以侧笔取妍之说。赵文敏师李北海，净匀也，媚则赵胜李，动则李胜赵。夫子建见甄氏而深悦之，媚胜也；后人未见甄氏，读子建赋无不深悦之者，赋之媚亦胜也。[21]

后世有书家论徐渭之书法：“明代中晚期书法一大变，针对晋唐传统而言，徐渭破坏了笔法，董其昌破坏了墨法，王铎破坏了章法。”这里所讲的徐渭对笔法的“破坏”，实际是一种对固有笔法模式的开拓与创变。

徐渭论笔法，曰：

余玩古人书旨，云有自蛇斗，若舞剑器，若担夫争道而得者，初不甚解，及观雷大简云听江声而笔法进，然后知向所云蛇斗等非点画字形，乃是运笔。知此则孤篷自振，惊沙坐飞，飞鸟出林，惊蛇入草，可一以贯之而无疑矣！[22]

以章法论，徐渭以骨力的劲韧姿态的狂野而“独高于人”，为前此书家所未有。徐渭在《书李北海帖》中借李邕自喻道：

李北海此帖，遇难布处，字字侵让，互用位置之法，独高于人。世谓集贤师之，亦得其皮耳。盖详于肉而略于骨，辟如折枝海棠，不连铁干，添妆则可，生意却亏。[23]

徐渭批判宋元以来主流书学之领军人物赵孟頫（曾任集贤直学士）未得古法，“详于肉而略于骨”，如“折枝海棠，不连铁干”所谓“生意却亏”。而“侵让”和“互用位置”的平面空间处理之法，实来源于绘画观念。

刘正成曰：“徐渭书法以‘侵’逼‘让’，而以‘实’生‘虚’。他字以骨力相颉颃，相互角力，相互‘侵让’，字与字皆连成一片，如铁干上的海棠，骨肉嶙峋而生机勃勃。文徵明有高头大轴不留字行空隙法作行楷，字与字虽相靠相连而神气停匀，却不像徐渭的狂草如此相‘侵’相‘让’，制造出‘你中有我，我中有你’的紧张感和刺激性，让观赏者强烈地感受到他的情感张力及其去肉取骨的‘生意’。”

徐渭反对明代书坛沉闷的馆阁八股风气，他最擅长气势磅礴的狂草，追求大尺幅、震荡的视觉效果，侧锋取势，横涂竖抹，满纸烟云，使书法传统的笔法秩序被瓦解。一般人很难看懂，但他对自己的书法极为自信，认为自己“书法第一，诗第二，文第三，画第四”。

明末的黄道周、傅山、王铎力矫颓败复古的书风，是新一代的墨林高手。

11. 清代反正统之复古主义

《洛神赋图》乾隆题字

清代书法主流仍为馆阁体帖学。清代的馆阁体与明季台阁体一脉相承，都是宫廷应制书法。明朝的馆阁体仍存些古典书风，而清代的馆阁体更讲究“乌”“光”“亮”“板”，更多僵化的庙堂气息。其最著名代表是题字满天下的乾隆体。帖学陈陈相因，不可避免地形成颓势，于是标榜新复古主义的碑学从文人中生发。

阮元乃复古主义之清代朴学代表人物。在书法上，他卑唐宋以下之帖字，标榜“汉学”（朴学，即朴古之学）的新复古主义，于是兴起通过汉碑秦篆研习古体的风气。

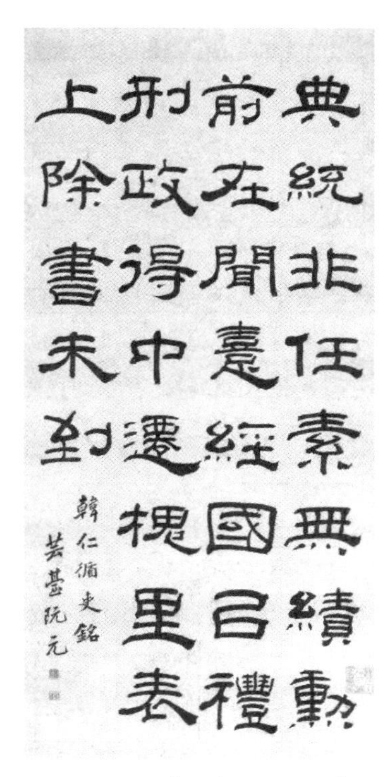

阮元隶书《闻喜长韩仁碑》

阮元作为清代中期著名学者，“身历乾嘉文物鼎盛之时，主持风会数十年”，被“海内学者奉为山斗”的权威地位与影响力使他具有导引时代风气的可能，他的《南北书派论》《北碑南帖论》将汉魏南北朝以来的书法分为南北两派，认为南派以帖为主而北派以碑为主，指出唐宋以来书法领域存在着重帖轻碑的弊端，因而力倡北碑，以复兴古法。这对清代书法的发展趋向产生了重大影响。

阮元书论中对碑帖源流的梳理，开启了清代中晚期碑学复古之风。他指出：

> 盖由隶字变为正书、行草，其转移皆在汉末、魏、晋之间；而正书、行草之分为南、北两派者，则东晋、宋、齐、梁、陈为南派，赵、燕、魏、齐、周、隋为北派也。
>
> 南派由钟繇、卫瓘及王羲之、献之、僧虔等，以至智永、虞世南；北派由钟繇、卫瓘、索靖及崔悦、卢谌、高遵、沈馥、姚文标、赵文深、丁道护等，以至欧阳询、褚遂良。南派不显于隋，至贞观始大显。然欧、褚诸贤，本出北派，洎唐永徽以后，直至开成，碑版、石经尚沿北派余风焉。南派乃江左风流，疏放妍妙，长于启牍，减笔至不可识。而篆隶遗法，东晋已多改变，无论宋、齐矣。北派则是中原古法，拘谨拙陋，长于碑榜。而蔡邕、韦诞、邯郸淳、卫觊、张芝、杜度篆隶、八分、草书遗法，至隋末唐初……犹有存者。两派判若江河，南北世族不相通习。至唐初，太宗独善王羲之书，虞世南最为亲近，始令王氏一家兼掩南北矣。然此时王派虽显，缣楮无多，世间所习犹为北派。赵宋《阁帖》盛行，不重中原碑版，于是北派愈微矣。[24]

阮元极力呼吁："所望颖敏之士，振拔流俗，究心北派，守欧、褚之旧规，寻魏、齐之坠业，庶几汉、魏古法不为俗书所掩，不亦祎哉？"

阮元在唐人《兰亭诗序》临摹本的题跋中也论及欧、褚源自北派。他的《王右军兰亭诗序帖二跋》云："世人震于右军之名，囿于《兰亭》之说，而不考其始末，是岂知晋、唐流派乎？《兰亭帖》之所以佳者，欧本则与《化度寺碑》笔法相近，褚本则与褚书《圣教序》笔法相近，皆以大业北法为骨，江左南法为皮，刚柔得宜，健妍合度，故为致佳。若原本全是右军之法，则不知更何景象矣？"

阮元弟子何绍基继承了阮元的南北书派理论，并从笔法、风格等角度对碑帖之别作了进一步的论述，推波助澜，遂成一时风尚。

何绍基有诗云："南北书派各流别，闻之先师阮仪征。小字研摩粗有悟，窃疑师论犹模棱。”[25]何绍基早期对欧、虞的认识很可能更多地受到宋元时期的影响，不仅将欧、虞并称，而且把欧、虞都划归为“规矩山阴”之流派，如其《跋麓山寺碑并碑阴旧拓本》云：“北海书发源北朝，复以其干将莫邪之气，决荡而出，与欧、虞规矩山阴者殊派，而奄有徐会稽、张司直之胜。”正是一例。这表明何绍基的碑学理论明显受到乃师阮元的影响。

阮元、包世臣后有康有为大力张扬，在清后期碑体乃成为书坛的主流。碑学遂成为与帖学相对峙的书法系统。

康有为继阮元之后力倡碑学，反对二王谱系之帖学：“今日欲尊帖学，则翻之已坏，不得不尊碑；欲尚唐碑，则磨之已坏，不得不尊南北朝碑。尊之者，非以其古也：笔画完好，精神流露，易于临摹，一也；可以考隶楷之变，二也；可以考后世之源流，三也；唐言结构，宋尚意态，六朝碑各体毕备，四也；笔法舒长刻入，雄奇角出，迎接不暇，实为唐宋之所无有，五也。有是五者，不亦宜于尊乎！”

康有为痛斥馆阁体，认为楷书柔媚，主要谬端是效仿赵（孟頫）、董（其昌），而无足观。其说排山倒海，振聋发聩，矫一代之颓靡。

12. 当代书法深陷危机

齐白石书法

书法之盛无过晚清、民国。民国时代传统书法百花争异，集历代诸家大成之名家蜂起。如康有为、吴昌硕、齐白石、黄宾虹、罗振玉、梁启超、徐悲鸿、吴湖帆、于右任、叶恭绰、李叔同、蔡元培、郭沫若、邓散木、沈尹默、潘天寿、马一浮、谢无量、胡小石、毛泽东、林散之、张大千、沙孟海、高二适、江兆申等人，皆各有专擅，自成一体。

但是，近数十年来之当代则是传统书法深陷危机之时代。传统书写工具毛笔在现代社会风光不再。古之墨法亦淹失于便于速用之墨汁，墨汁作书多胶结，乏无墨趣。而传统楷书已失去群众性，故下功夫习帖及习碑学者日渐稀少。电脑打字之流行，甚至硬笔书法亦渐衰落，何况毛笔宣纸之墨书乎？

不明源流，不师古法，遂使书法审美失去标准。故当代无法无天率性肆意之书家空前之多，伪书法空前之滥。滥者，横行无忌也！于是当代书法界呈现空前之悖谬与狂野。

稍有能者，则多为描摹模仿，以柔媚为尚之馆阁体复大行其道，余称之曰“新馆阁体”。故当代书坛柔媚甜俗当道，变古无法，乃为有史以来书风最败坏之时期也！书坛尽伪劣，观之不禁扼腕而叹矣！

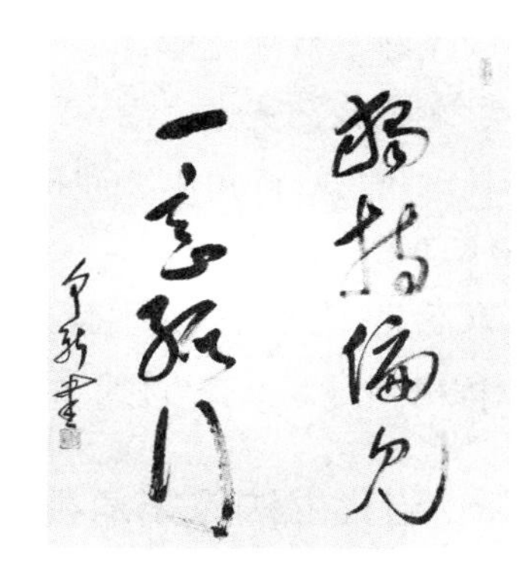

“独持偏见，一意孤行”——何新

注释

①本文原是作者1988年5月为中国文化书院比较文学讲习班授课稿，此次辑入进行了增补。

②〔清〕石涛：《苦瓜和尚画语录 · 兼字章》，山东画报出版社2007年版，第63页。

③《鲁迅全集》第九卷，人民文学出版社1991年版，第344页。

④甲骨文还有许多技术性的未解之谜，譬如如此坚硬的牛肩胛骨与龟甲是如何刻上那些细如蚕丝的文字的？甲骨经过酸性溶液浸泡过吗？刀刃为何如此锋利？有合金钢材料吗？有专职的刻工吗？当时究竟多少人能够识读甲骨文？甲骨文仅仅是作为卜

筮文字在社会上流传吗？商代有学校吗？如果有，课本的文字也是契刻在甲骨上吗？凡此种种，目前均无答案。

⑤郭沫若:《殷契粹编·自序》，科学出版社1965年版。

⑥〔汉〕许慎:《说文解字》，中华书局1963年版。

⑦〔清〕包世臣《艺舟双楫》，中国书店1985年版，第42页。

⑧关于章草的名称由来有诸种说法，各有其根据和道理，兹列之：一、史游作草书《急就章》(本名《急就篇》)，后来省略“急就”二字，但呼作“章”；二、因汉章帝喜好这种书体，并命杜度等奏事用之，故得名，唐韦续云“章草书，汉齐相杜伯度援藁所作，因章帝所好，名焉”；三、此种书体专用以上事章奏，因以得名；四、取“章程书”词意，指此书体草法规范化、法则化、程序化。唐张怀瓘《书断》：“王愔云：‘汉元帝时史游作《急就章》，解散隶体粗书之，汉俗简堕，渐以行之是也。此乃存字之梗概，损隶之规矩，纵任奔逸，赴速急就，因草创之义，谓之草书’。”

⑨崔尔平:《广艺舟双楫注》卷三，上海书画出版社1981年版，第134－136页。

⑩〔宋〕佚名:《宣和书谱》，上海书画出版社1984年版，第19页。

⑪〔唐〕张彦远《历代名画记》创书画同源论云：“陆探微亦作一笔画，连绵不断，故知书画用笔同法。陆探微精利润媚，新奇妙绝，名高宋代，时无等伦。”“张僧繇点曳斫拂，依卫夫人《笔阵图》，一点一画，别是一巧，钩戟利剑森森然，又知书画用笔同矣。”“吴道玄（子）古今独步，前不见顾、陆，后无来者，受笔法于张旭，此又知书画用笔同矣。”

⑫《旧唐书》列传一三九《儒学上》。

⑬《资治通鉴·唐纪三》。

⑭关于欧阳询书法的渊源问题，《旧唐书》欧阳询本传中说：“询初学王羲之书，后更渐变其体。”《新唐书》本传一仍旧说：“询初仿王羲之书，后险劲过之，因自名其体。尺牍所传，人以为法。”均认为欧阳询书法早期来源于王羲之。而张怀瓘《书断》则认为欧法来源于王献之：“真行之书，虽于大令亦别成一体。”唐人窦臮《述书赋》认为欧阳询书法出自北齐三公郎中刘珉（字仲宝）：“若乃出自三公，一家面首，欧阳在焉。”

⑮米字形（8个角都是45度）不同于所有的格、圈、形、线、点的是：它能够协调地处理聚散、正斜、方圆、宽窄、疏密、大小、自由与规范等的辩证统一。

⑯《祭侄文稿》现藏于“台北故宫博物院”。曾经宋宣和内府、张晏、鲜于枢、吴廷、徐乾学、王鸿绪、清内府等收藏。

⑰康有为:《广艺舟双楫》卷三，中国书店1985年影印本。

⑱宋徽宗赵佶楷书初学唐人薛稷，后兼学欧阳询，杂以篆意，笔画瘦硬，世称“瘦

金书”。此书体以形象论，本应为“瘦筋体”，以“金”易“筋”，是对御书的尊重。南宋周密《癸辛杂识·别集·汴梁杂事》：“徽宗书定鼎碑，瘦金书，旧皇城内民家因筑墙掘地取土，忽见碑石穹甚，其上双龙，龟趺昂首，甚精工，即瘦金碑也。”元人柳贯《题宋徽宗扇面诗》：“扇影已随鸾影去，轻纨留得瘦金书。”清梁章鉅《归田琐记·小李将军画卷》：“浦城人周仪轩字运同，家藏旧画，卷首有宣和书瘦金书‘唐　李昭道　海天旭日图’九字一条，下有御押。”瘦金书的运笔飘忽快捷，笔迹瘦劲，至瘦而不失其肉，转折处可明显见到藏锋、露锋等运转提顿的痕迹，是一种风格相当独特的字体。宋徽宗流传下来的瘦金体作品很多，比较有名的有楷书《千字文》《秾芳诗》等，楷书《千字文》是赵佶23岁写给大奸臣童贯的，此时的瘦金书体已初具规模。宋徽宗的瘦金书多为寸方小字，而《秾芳诗》为大字，用笔畅快淋漓，锋芒毕露，别有一种韵味。

⑲宋濂等：《元史》，中华书局1976年版，第4018页。

⑳《赵孟頫集》，浙江古籍出版社1986年版，第118页。

㉑《徐渭集》卷二十四，清光绪刻版。

㉒《徐渭集》卷十三，清光绪刻版。

㉓《徐渭集》卷十三，清光绪刻版。

㉔《阮元集》卷四，清光绪刻本。

㉕〔清〕何绍基《题周芝台协揆宋拓〈阁帖〉后，用去年题〈坐位帖〉韵》。见《何绍基诗文集》一，岳麓书社2008年版，第434页。

论中国古典绘画的抽象审美意识

导　言

众所周知，世界绘画可以分为两大基本系统，即以中国的水墨画为代表的东方绘画与以欧洲的油画为代表的西方绘画。

中国古典绘画的传统源远流长，可以一直追溯到5000年前仰韶文化。在几千年的流迁演变中，它依托于中国古典哲学和文化的深厚背景，形成了自己极其独特的美学理论、表现形式和艺术风格。

在本文中，我们试图讨论中国古典绘画独特的表现方式和审美意识（对于中国民间绘画的美学结构，暂不拟讨论）。[①]

1. 绘画始于抽象

绘画始于抽象。这个命题极其简单，这个事实极其重要，却至今一直未为理论界所重视。

与之相反，流行说法称绘画是所谓“形象思维”。其实这个命题在双重意义上都是错的。对于历史是错的，这一点即将在下文中给予论证。对于理论和逻辑它也是错的。因为这里首先有一个对于“思维”这个概念怎样下定义的问题。事实上，绝非一切意识和心理的现象都可以说成是“思维”。艺术的创造和欣赏所涉及的知觉、记忆、意象、想象以至梦象，无论属于有意识的抑或无意识、下意识、前意识的，在本质上它们都是心理学、精神分析学的对象，而不是关于思维科学即逻辑学的对象。根据现代符号逻辑的观点，思维在本质上是一种数学，即通过符号对于集合与关系的形式演算。这种逻辑的思维演算，不可能通过非符号化的心理表象的直接组合而实现。符号化也就是概念化，而概念思维只能是逻辑思维。因此所谓“形象的思维”，在本质上乃是一个内涵自相矛盾的虚概念。

回到我们所要讨论的问题上来。根据人类早期绘画史和儿童绘画心理史所积累的大量材料，可以论断：绘画发生的历史起点，恰恰是通过对客体的形象进行分析后所达到的形式抽象。由此就可以解释，为什么原始绘画和儿童绘画无不具有那种高度凝练的简缩性和抽象性。人类绘画表现在形象创造上所达到的具体性和丰富性，只有在绘画技巧高度的成熟期才能达到，它并非最初的起点，而是历史的结果。

我们知道，绘画表现具有两大前提：一是对线条以及面和形的掌握，二是对色彩的掌握。因此，当一个原始人或儿童用最稚拙的圆圈构图去象征地表示太阳的时候，这即意味着：

①他完成了一种发现，即懂得了本来统一的、连续的、总体化的视觉世界，其实是可以被解析为分离的个体。而这种把个体从总体中的解析，已经是一种抽象的表达能力。

②不仅如此，他还完成了一种更重要的发现，即懂得了对于任何在形态上具有复杂性的事物，都可以通过几种形式极简单的线条（直线、曲线），以及几种具有普遍性的色彩（红、绿、蓝等），去表达之。在作这种表达的时候，他事实上放弃了对象在形态上的许多难以被表达的具体特征，而只保留了某些最恒常、最基本的形式特征。

例如对于太阳：真实的太阳当然不是二维平面上的一个圆圈，而是一个燃烧的火球。但人类置这一点于不顾，毅然地就这样表达了它。也就是说，在这种表达中，他把太阳实在的形式简单地概括为一个圆。这种概括其实就是对于形的抽象。而这种抽象能力正是一切绘画的逻辑前提。

以上所论，对于中国古典绘画那种特有的表现风格的研究尤为重要！众所周知，中国古典绘画的传统，如果由仰韶新石器的陶器装饰图案、原始图腾绘画和殷墟甲骨象形字算起，到明清以至近代渐被看作中国画正宗的写意文人画为止，在绘画表现的演变上大体可以说经历了这样一个三段式，即：

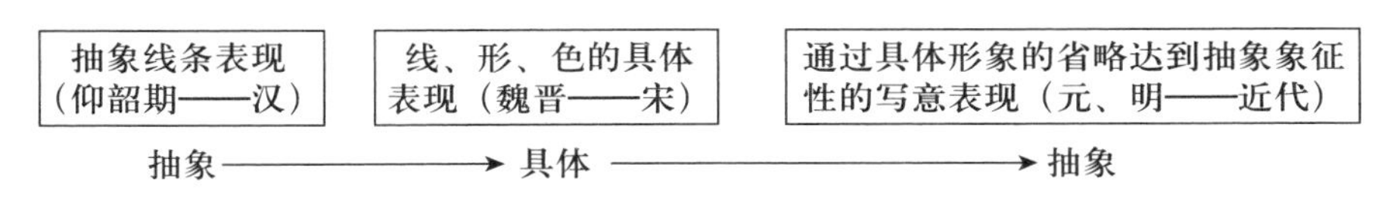

这也是一个“否定之否定”的三段式。

应当特别指出，中国的书法艺术也是一种特殊的绘画。从实质看，中国书法就是一种最抽象的写意绘画。真、草、行、隶、篆，五书不同。篆书最富形象，最近绘画。隶书、真书所具有的结构形式美，近似于建筑艺术。而行书、草书所具有的节奏动律感，则好似文字所谱成的，在流动中、又止于流动的音乐美。

在艺术分类上，建筑与音乐都属于象征艺术，是尼采所谓“酒神的艺术”，即主观的艺术、抽象的艺术。而书法也正是如此。书法作为一种极特殊的绘画表现，一切具体的形象特征在这种绘画中都被抽弃了，所余的只有线条和挥洒淋漓的墨块。然而在无形象中它又自有一派形象。“岂知情动形移，取会风骚之意；阳舒阴惨，本乎天地之心”[②]。“或烟收雾合，或电激星流”，“有类云霞聚散，触遇成形”。“龙虎威神，飞动增势”[③]。在审识者眼中，书法艺术所表现的乃是一种无所不涵的神韵、意境。所以古人言：

> 深识书者，唯观神彩，不见字形。若精意玄览，则物无遗照……欲知其妙，初观莫测，久视弥珍。[④]

对于中国古典绘画和书法艺术来说，其最根本的特征就是蕴涵在这种艺术表现之中的抽象审美意识。而中国美学的一项重大课题，就是必须对这种渗透在古典书画中的抽象美作出具有说服力的理论解释。

2. 人类绘画的普遍发展规律

黑格尔在《精神现象学》中曾经指出，人类精神发展的一般历程，以凝缩的形式再现于儿童精神的发展历程中（这似可称作精神胚胎学的重演规律）。如果承认这个假说成立，那么通过对于儿童绘画史的研究，就可以得到了解人类绘画一般发展规律的重要信息。

皮亚杰（Jean Piaget，20 世纪最杰出的儿童心理学家）曾发现，儿童的空间视觉和空间想象，并非一出生就具有的。初生婴儿没有关于空间深度的透视观念，也没有某些色彩守恒地附着于某类物体的观念。要经历一个相当的发展阶段后，儿童才能理解整体空间的统一性，获得空间诸方位及视角的协调，从而形成投影的空间想象力。皮亚杰指出：

> 这个过程，就是把从客体本身得出的，或者，还是最重要的——从应用于客体的活动结局得出的抽象结合起来，以建构新的联结。[⑤]

法国心理学家卢切特（C. H. Luquet）对儿童绘画的研究则表明，儿童的绘画表现一般要经历如下几个阶段：

①抽象象征表现阶段——用象征性的抽象线条表示被想象的对象。例如，以一个下部坠着一个“大字形的圆圈”表示“人”。这是一个在形式上积极探索的阶段。“儿童在这一新发现的领域中不断探索新的概念，描画的符号不断变化，常常用很多的形态符号来表现同一种事物。”

②主观写实表现阶段——在这个阶段，绘画表现具有强烈的主观写意倾向。这时的描绘也达到了更多的具体性，但它所描绘的对象，与其说是真实的视觉形象，不如说是想当然的形象。例如，当从侧面描绘人时，儿童往往把事实上从这一侧不应被看到的对侧眼睛也画出来，因为他认为理论上人是必须有两只眼睛的。在这个阶段，儿童还不能掌握空间的合理视觉透视关系，他所表现的空间常常是放置在一根表示地平的基线上的。

③视觉写实表现阶段——通过主观写实表现阶段的训练和经验积累以后，儿童才逐渐掌握怎样在二维平面上通过合理的空间透视关系，去描写趋近于视觉真实的表达方法。

儿童空间表达力可以说是分成三步的：

①置于一根基线上的空间；

②平面的二维空间；

③三维透视和投影的几何空间。要在这个阶段，儿童才能找到正确表达合于视觉真实的绘画方法。

综上所述可知，儿童绘画表现的基本演进方向，是由抽象逐渐过渡为具体（这与当今某些论者的观点正相反）。

马克思在论述抽象思维时曾指出：

> 具体之所以是具体，因为它是许多规定的综合，因而是多样性的统一。因此它在思维中表现为综合的过程，表现为结果，而不是表现为起点。虽然它是实际的起点，因而也是直观和表象的起点。在第一条道路上，完整的表象蒸发为抽象的规定；在第二条道路上，抽象的规定在思维行程中导致具体的再现。[⑥]

这也正是对人类绘画表现规律的深刻理论说明。如果把原始人类的绘画表现与儿童的绘画表现作一比较，就可以发现这里存在着绝非出自偶然的、非常相似的对应关系。也就是说，人类绘画的普遍发展规律也曾经历了：①抽象象征表现阶段，②主观写实表现阶段，③视觉写实表现阶段。

石涛在《苦瓜和尚画语录》中论述绘画起源时说：

> 太古无法，太朴不散，太朴一散而法立矣。法于何立？立于一画。一画者，众有之本，万象之根。见用于神，藏用于人……此一画收尽鸿濛之外。即亿万万笔墨，未有不始于此而终于此，唯听人之握取之耳。[⑦]

这里他所说的一画，实即以“一”为基本形态的抽象几何线条，它的确既是人类早期绘画艺术的逻辑起点，又是历史的起点。

3. 绘画和文字均起源于抽象刻画

考古学的发现和研究表明：

> 远在旧石器时代的山顶洞人，已经……在磨光的鹿角和兽骨上刻有疏疏密密的线痕。这些虽然是非常简单的线条，还不能算作纹饰，但已经具有一定的装饰意味。
>
> 新石器时代的几何纹样，主要是线的粗细、长短、曲折、横竖、交叉和圆点等相互有规则的排列，组成所谓方格纹、网纹、波纹、三角纹和圆圈纹等各种图案。
>
> 新石器时代装饰图案的内容，根据现有的材料，大体可归纳为几

何形、植物、动物和人物纹样四类。其中以几何纹样应用最为普遍，植物、动物纹样次之，人物纹样最少。[8]

新石器时代人类的抽象线条刻画和几何图形描绘，正如儿童绘画第一阶段的抽象象征表现，乃是远古人类探索自然界形象和形式奥秘的最初尝试。“太朴”自此散，而“画法”自此立。

在几何图形之中，通过点、线的重叠、回复、旋转和交错，原始人类刻画出了具有生动的音乐般的韵律和节奏美感的图案造型；而且这种图案极可能具有指事象征的特定内涵，正如原始人类所绘制的许多图腾绘画一样。顾炎武曾言“古人图画，皆指事为之”，[9]只是这种确定的象征性内涵在漫长的年代变迁中逐渐淹灭，而不为后人所知晓罢了。

有一种相反的观点认为，新石器时代的造型图案是由具体的形象演变为抽象图案的（例如关于“鱼”形的演变）。就个别的图例而论，当然不必否认这种演变的可能性。但就总体的普遍形式看，可以肯定事实绝非如此。事实上，在历史分期上愈是属于早期的陶器器皿，便极其明显地愈具有形制粗糙，纹饰和图案简单、概括和抽象的特点。这里尤为值得注意的是，中国书画界历来有“书画同源”的说法，而中国文字的象形系统也确实就是一种特殊的图画系统（反过来，早期的绘画系统也可以说是一种特殊的象形文字系统）。因此，借鉴于中国古代文字的发展历程，也可以看出古代绘画是怎样由抽象图案演进为具体图像的。郭沫若曾指出：

> 中国文字在结构上有两个系统，一个是刻画系统（六书中的指事），另一个是图形系统（六书中的象形）。刻画系统是结绳契木的演进，为数不多。这一系统应产生于图形系统之前。因为任何民族的幼年时期要走上象形的道路，即描画客观事物形象而要能像，还需要一段发展过程。[10]

这一深刻论断是绘画和文字均起源于抽象刻画的科学论证，并且具有非常充分的历史根据。

4. 中国绘画的独特艺术风格

众所周知，自古以来，中国绘画具有与西洋绘画迥然不同的表现艺术风格。

艺术的风格，实质是一种鲜明独特的恒常表现形式。一般来说，在艺术上一种成熟风格的形成总要具备基本的三点：

①独特性——具有一目了然的鲜明特色，与众不同。

②普遍性——即这种特色是贯穿于作品总体的，渗透于它的各个局部，直至细小的枝节。

③稳定性——即不是只存在于某一个别作品中，而是体现在所有的作品中。

问题是：具有特殊的中华民族风格的绘画表现，是否从中国画出现的一开始即已形成？中国绘画的独特表现风格主要反映于以下几点：

①造型的抽象性、简明、概括。

②强调形式感（色彩鲜明、形式对称、中位聚焦等）、审美之主观，强调“书画同源”，“写”画而非描绘，注重以线条为绘画基元。

中国画的特殊民族风格并非在绘画史的开端即已形成，它是画史的产物，并且是不断演进着的。

5. 中国古典绘画的演进发展史

从历史的观点看，中国古典绘画从作者类群看大体划分三大类型：①皇家院体——注重写实；②文人士大夫体——主观写意，表现主义；③民间俗体——注重装饰美感。

中国画的演进大体可划分为如下几个时期：

(1) 胚胎时期（仰韶文化——汉魏）：

早期的中国画未脱离世界各民族绘画的一般发展路线。如果把汉魏以前的绘画造型作品与早期欧洲、近东、中东以及秘鲁、印度的绘画进行比较，就不难发现：这些产生于不同地域的绘画造型，在风格上却具有一些非常基本的相似之点，甚至多于它们的相异之点。

从人类绘画的一般规律看，汉魏以前的中国的绘画（包括岩画）造型，可以归类于“抽象象征表现型”。

(2) 宗教政治是题材与主观绘画时期（魏晋南北朝）：

商周两汉绘画（砖、石画），则可以归类于“主观表现型”。这个时期绘画的主要作者群是宫廷及庙社世职的画工和画史。

在内容上，这一时期绘画多以神话和典史为题材，描写神鬼和英雄（伏羲、女娲、舜、禹）的人物画是早期绘画表现的中心内容。

在画法上，匀描填色是作画的主要方法。当时的画家尚未掌握视觉透视的表现原理，绘画空间或是置于直线，或是置于二维平面上。

汉末魏晋以后，外国艺术（主要是印度、西域，也有通过影响印度艺术而间接地影响于中国的希腊美术）逐渐传入中原，在绘画题材和技巧上给中国画风带来了深刻的变化。

中国绘画中毛笔勾线画始终是主流。在大量吸收外来表现技巧的基础上（例如张僧繇吸收传自西域的色彩晕染透视技巧，形成所谓“凹凸法”，即用光与色表现立体感），此时出现了初期的绘画美学理论。

南北朝是一个特别值得研究的时代。在民族冲突与文化汇融的历史进程中，西域异族文化深刻地影响和改变了汉民族的固有文化。这种外来文化影响在北魏统治下的北方更为明显。

南朝与北朝绘画在大略趋势上的比较

<table>
<tr><th></th><th>题材</th><th>种类</th><th>风格</th><th>画家</th><th>画论、画评</th><th>绘画目的</th></tr>
<tr><td rowspan="2">南朝</td><td>人物、山水、书法</td><td>卷轴画</td><td>潇洒、俊逸、蕴藉</td><td>士大夫</td><td rowspan="2">论画以山水为主，评画以神韵为纲</td><td rowspan="2">山水画以审美为目的；人物画以人伦政教为目的；佛画以宗教宣传为目的</td></tr>
<tr><td>佛教画</td><td>寺院壁画</td><td>受外来影响</td><td>工匠</td></tr>
<tr><td>北朝</td><td>佛教故事</td><td>寺院壁画</td><td>大量吸收西域技巧、形式，雄浑开阔</td><td>工匠为主</td><td>几乎无有</td><td>以阐扬佛教为目的</td></tr>
</table>

（3）佛教题材与贵族化时期（隋、唐）

隋代与唐初是对前代成果全面地吸收、综合、消化的时代。真正意义上具中国特殊风格之民族绘画体系，可以说是在这个时代才完备地形成的。

隋唐时期绘画的大量题材及主题，基本与佛教有关（敦煌壁画是典型代表）。

隋唐画家已掌握透视技法，绘画在隋唐时代超越两晋的“主观表现型”，而演进为“写实表现型”。例如，若以晋代顾恺之的《洛神赋图》与隋代画家展子虔的《游春图》进行比较，即可看出透视表现的明显进步。顾氏所画树形简拙，山体简陋，表现甚为主观，因而“人大于山，水不容泛”。而展氏所画则“丈山尺树，寸马分人。远人无目，远树无枝，远山无石，远水无波”，切合于透视视觉的画理。

隋唐绘画中产生了两股潮流：一是以宗教和政教为目的的佛道画、历史画，以人物为主题；二是以纯粹审美为目的的山水花鸟画兴起。

盛唐出现大量仕女画，富丽堂皇，内容已非关政教目的，而是以人物审美欣赏为目的（如周昉之《簪花仕女图》）。后来，宋院体审美为目的的山水花鸟画和人物画中的风俗画，就在此基础上形成。

唐代绘画因视觉原理、创作技巧进步而形成了不同的流派，如山水画中王维的水墨写意画风（文人士大夫画之代表）与李思训[11]的金碧山水画风（皇家院体画之代表）迥然不同。这种区别在人物画上同样明显。如吴道子[12]的人物画以线条勾描为主，而阎立本、尉迟乙僧（以及敦煌）的人物绘画以彩绘渲染色块为特色，两者有着鲜明的不同。从根本上看，两种画风的区别皆可在南北朝时代的中西文化的不同影响上找到渊源，后者更多地接受了西域画之技法。

（4）写实主义与主题世俗化时期（宋）

中国绘画逮于两宋乃形成浩浩大流，在形式与风格上都出现了完全不同于世界其他民族的表现。

山水花鸟题材的院体画成为主流，而取代了前代的政教和宗教题材画。这些画作的目的纯粹是为了满足皇室及贵族的审美欣赏。

宋代写实山水画以张择端之《清明上河图》为代表，反映了透视画法的成熟。这幅长卷局部采用焦点透视法，全卷则采用步移景换的散点透视法，达到传神之效。还值得注意的是，以五代（蜀地）名家黄筌的《百禽图》为代表之院体花鸟作品，在绘画设色或透视原理上都具有类似西洋写实性水彩艺术的表现，从而表明写实原理是具有超越民族文化之普适性的。

人物造型艺术则明显地出现追求世俗化的倾向，以至为佛教圣地制作的宗教性绘画雕塑也趋向世俗化和人文化（如大足石刻、晋祠罗汉雕塑）。

随着绘画理论和技巧的成熟，开始形成宋、元之间中国画的主观写意流派。如南宋梁楷作《李白行吟图》，运用简率、潇洒的笔墨，与其说“写”出了真实之李白，不如说是画家“写”出了自我——“我心目中之李白”。

宋元以后，中国绘画未出现像西方文艺复兴以后的写实主义，原因是受到中国书法理论之抽象美学的影响。且宋元以后绘画理论倡导主观主义。这就从观念和实践上引导了中国画之尚“写”（即以笔墨作直抒感情表现）的特征。

宋代绘画之主流为院体皇家绘画而非文人画。院体之最卓越画家代表人物应推宋徽宗赵佶。赵佶是个失败的政治家，却是个非凡的艺术大师。画史家童书业指出：

> 赵佶这位亡国皇帝对于宋代画院的建设和院体画的发展，以及对于古代艺术的整理与保存，有突出贡献。他称得上是一个“不爱江山爱丹青”的皇帝。赵佶雅爱文物，广泛收集，特别爱好金石书画，曾命文臣编辑《宣和书谱》和《宣和画谱》等。[13]

在中国画史上，宋徽宗是位杰出的画家，他的艺术成就以花鸟画为最高。赵氏画鸟，用生漆点睛，高出纸素，生动欲飞。现存作品如《腊梅山禽》和《杏花鹦鹉》，用笔精炼准确，所绘之腊梅、萱草和杏花，皆栩栩如生。

可注意的是，赵佶绘画有两种风格。他临仿张萱的《捣练图》和《虢国夫人游春图》，以及他自创的《瑞鹤图》《芙蓉锦鸡图》《听琴图》等作品，风格都属于典型的院本，精工富丽。另一方面，其所作《柳鸭芦雁图》《斗鹦鹉图》，则崇尚清淡的笔墨情趣，上承唐王维所创之水墨写意的淡雅禅悦之风。重要的是，赵佶不是画工，而是贵族、皇帝，也是诗人和文人。

（5）文人画兴起，抽象写意表现的流变

元明清时期，中国画之主体大变，主流绘画者不再是皇家画院之画工，而是士大夫（贵族）和文人。明人王世贞说：“文人画起自东坡，至松雪（赵孟頫）敞开大门。”

文人画在绘画美学上崇尚“传神写意不重形貌”的写意画风，转而成为绘画者的自觉追求。

写意画之兴起，远可追溯于唐代诗人王维，至宋代大文人如苏东坡、米芾皆于翰墨文章之余，喜以水墨素纸（院体作画则多用绢素）作山水树石，从而玩赏水墨渲染之无意识境界。

至元代，倪瓒以素纸水墨画山水、竹石、枯木，开元代南宗山水画新风。倪氏山水师法董源、荆浩、关仝、李成，画法疏简，格调追求率真、淡雅。

倪瓒山水作品构图平远，景物疏简，多作孤林远岸、浅水遥岑。用笔变中锋为侧锋，折带皴画山石，枯笔干墨，淡雅超脱，意境荒寒空寂，风格松散超逸，简中寓繁，小中见大，外落寞而内蕴悲凉之情。倪氏也喜画墨竹，瘦劲峭拔。

倪瓒论画主张抒发自我心灵之主观感情，所谓“写意”即抒写画家自我心中之意也。倪氏认为绘画应表现作者“胸中逸气”，不求形似。他曾说：“仆之所谓画者，不过逸笔草草，不求形似，聊以自娱耳。”

倪氏写意画在明代为吴门画派所宗。其中沈周运用“写意”方法作花鸟，相对宋元的院体写实主义，显得质朴无华却又耐人寻味。

（6）陈淳与徐渭的主体性创新

陈淳（字道复）将草书笔意融入写意花卉画中，开创了大写意花卉画的新貌。晚明徐渭承之，影响及于朱耷及扬州八怪。

宋代的花鸟画大致模写物象，勾勒精到，设色逼真。明代沈周创为小写意，重墨轻色，而陈淳则承唐宋王维、米芾及苏轼水墨写意之风，创为用笔疏简、纯水墨的大写意风格。在他晚年的《墨花册》的尾题中曾言“数年所作，皆游戏水墨，不复以设色为事”，以至“醉不知其草草”。

徐渭与陈淳并称为“青藤白阳”，是开明清时代大写意画新生面的一代宗师巨匠，影响及于八大山人、石涛、扬州八怪直到晚近之吴昌硕、齐白石、潘天寿、傅抱石、李苦禅，遂使大写意成为百年来中国画风之主脉。

徐渭的绘画新颖奇特，打破了花鸟画、山水画、人物画的题材界限。

其水墨大写意花鸟笔势狂逸，墨汁淋漓，是写意理念及技法已臻成熟的标志。徐渭在《书谢时臣渊明卷为葛公旦》中指出：“……画病，不病在墨轻与重，在生动与不生动耳。”扬州八怪中的郑燮（号板桥）自称“青藤门下一走狗”。齐白石说：“青藤、雪个、大涤子之画，能横涂纵抹，余心极服之，恨不生前三百年，为诸君磨墨理纸。诸君不纳，余于门之外饿而不去，亦快事也。”吴昌硕说：“青藤画中圣，书法逾鲁公。”

徐渭作画是在其晚年。在隆庆入狱（50岁）以前很少作画，隆庆三年徐渭在狱中解枷后始以水墨作写意花卉，在60岁前后方“学写竹”。台北“故宫博物院”收有徐渭一幅《雨竹图卷》，作于万历五年（1577年）冬春。跋曰：“余学竹于春，不逾月而至京。此抹扫乃京邸笔也，携来重观，可发一笑。”徐渭《写竹赠李长公歌》诗曰：“山人写竹略似形，只取叶底潇潇意。譬如影里看丛梢，那得分明成个字……”显然，他是在以淋漓水墨宣泄心中所积郁之块垒。人们品味徐渭的诗、画、书，能领会其中承载着画家埋藏心中的郁闷、痛苦和泪水，给人以强烈的心灵震撼。

徐渭认为书画之道相通。他在《旧偶画鱼作此》（题画诗）中道：“我昔画尺鳞，人问此何鱼？我亦不能答，张颠狂草书！”徐渭生性狂放，性格恣肆，才气纵横，在书画、诗文、戏曲等方面均获得巨大成就。

总的来看，徐渭的写意水墨气势纵横奔放，“敢于胡来”，不拘小节，笔简意赅。徐氏作画多用泼墨，很少着色，层次分明，虚实相生，自诩是一种“粗头乱服”的审美创造。

徐渭曾作一幅《梅花蕉叶图》，将梅花与芭蕉放在一起，并且在画上题写“芭蕉伴梅花，此是王维画”，显示出自己与王维的源流关系。王维画雪里芭蕉是为突出禅机，即使得雪的清寒与芭蕉的心空构成画面的宗教底蕴，而徐渭在这样的画面组合中更突出一种超越时空的主体解放性。

徐渭是一个革新者。他将自己的书法技巧和笔法融于画中，他的泼墨写意画简直就是一幅淋漓苍劲的书法。明人张岱言：

> 今见青藤诸画，离奇超脱，苍劲中姿媚跃出，与其书法奇绝略同。昔人谓摩诘之诗，诗中有画，摩诘之画，画中有诗；余谓青藤之书，书中有画，青藤之画，画中有书。[14]

（7）二僧与八怪

徐渭以后，文人画中出现两位大师——八大山人与石涛，再以后则有扬州八怪。

八大山人，名朱耷，江西南昌人，为明宁献王朱权九世孙，因国毁家亡，心情悲愤，落发为僧，法名传綮，字刃庵。又用过雪个、个山、个山驴、驴屋、人屋、道朗等号，后又入青云谱为道。晚年取“八大山人”号并一直用到去世。其于画作上署名时常把“八大”和“山人”竖着连写。前二字又似“哭”字又似“笑”字，而“山人”二字则类似“之”字，“哭之”“笑之”即“哭笑不得”之意。

八大山人画山水，多取荒寒萧疏之景、剩山残水，其题画诗云“墨点无多泪点多，山河仍为旧山河”“想见时人解图画，一峰还写宋山河”。八大山人以此表达对旧王朝的眷恋。

八大山人花鸟承袭陈淳、徐渭写意的传统，发展为阔笔大写意画法，其特点是通过象征寓意的手法，对所画的花鸟、鱼虫神态作拟人化的夸张，常将鸟、鱼的眼睛画成“白眼向人”，以此抒写愤闷之情。其山水画初师董其昌，后又上窥黄公望、倪瓒，笔墨质朴雄健，意境荒凉寂寥。书法擅行、草，宗法王羲之、王献之、颜真卿、董其昌等，以秃笔作书，风格流畅秀健，笔墨简朴豪放、苍劲率意、淋漓酣畅，构图疏简、奇险。

石涛，亦为明王室后裔，姓朱，名若极。明亡后剃度为僧，更名元济、原济、道济，号苦瓜和尚，又号大涤子、清湘老人、瞎尊者等。其绘画师法徐渭而别立新奇之意，与八大山人并立为一时之狂僧。石涛在绘画理论上创立主观表现主义，对后世影响极大。

石涛作画构图新奇，无论是黄山云烟、江南水墨，或平远、深远、高远之景，都力求布局新奇，意境翻新。他尤其善用“截取法”以特写之景传达深邃之境。石涛画好求气势，笔情恣肆，淋漓洒脱，不拘小处瑕疵，作品具有一种豪放郁勃的气势，以奔放之势见胜。石涛对清代以至现当代的中国绘画发展产生了极为深远的影响。著《苦瓜和尚画语录》，主张“借古以开今”，“我用我法”和“搜尽奇峰打草稿”等，[15]在中国美学理论史上具有十分重要的地位。

石涛说：“画有南北宗，书有二王法。张融有言：不恨臣无二王法，恨二王无臣法。今问南北宗：我宗邪？宗我邪？”“我自用我法!”“古人未立法之先，不知古人法何法？古人既立法之后，便不容今人出古法？千百年来，遂令今人不能一出头地也。师古人之迹而不师古人之心，宜其不能一出头地也。冤哉!”

扬州八家俗称“八怪”，即罗聘、李方膺、李鱓、金农、黄慎、郑燮、高翔和汪士慎。从康熙末年崛起，到嘉庆四年“八怪”中最年轻的罗聘去世，历时前后近百年。

扬州八怪生前即声名远播。李鱓、李方膺和同属扬州画派中的高凤翰、李葂，先后分别为康熙、雍正、乾隆三代皇帝召见，或试画，或授职。乾隆八年，皇帝见到郑燮所作《樱笋图》，即钤了“乾隆御览之宝”朱文椭圆玺。乾隆十三年，皇帝东巡时，封郑燮为“书画史”。罗聘尝三游都下，“一时王公卿尹，西园下士，东阁延宾，王符在门，倒屣恐晚，孟公惊座，觌面可知”。

扬州八怪大胆创新之风，对后世文人画影响亦甚大。近现代名画家如赵之谦、吴昌硕、任伯年、任渭长、王梦白、王雪涛、唐云、王一亭、陈师曾、齐白石、徐悲鸿、黄宾虹、潘天寿等，都受到扬州八怪表现主义的作品影响。

扬州八怪中最著名者为郑燮。

郑燮（1693 年—1765 年），字克柔，号理庵，又号板桥，江苏兴化人，祖籍苏州。郑燮雍正十年中举人，乾隆元年中进士，后官山东范县、潍县县令，有政声，“以岁饥为民请赈，忤大吏，遂乞病归”。晚年居扬州以书画营生。

郑燮擅画花卉木石，尤长兰竹。其画兰以焦墨挥毫，藉草书中之中竖，长撇运之，多不乱，少不疏，秀劲绝伦。其书法自创新体，隶、楷参半，自称“六分半书”。

郑燮为人疏放不羁，恣情山水，与骚人、野衲作醉乡游，时写丛兰瘦石于酒廊、僧壁，随手题句，观者叹绝。著有《板桥全集》，手书刻之。其诗、书、画，世称“三绝”。

郑燮一生画竹最多，次则兰、石。所最佩服者为石涛，曾说：“石涛之画，如野战，似无纪律，而纪律自在其中。余时作大幅，极力仿之，横涂竖抹，要尚在法中，未能一笔逾于法外。甚矣，石公之不可及也。”又云：“石涛画法，千变万化，苍古离奇，又能细秀妥帖，比之八大山人有过之无不及。”

综上所论，从世界美术史看，一般地说，一切民族的早期绘画造型无不具有抽象概括、象征、写意的艺术特点。在这一阶段以后，绘画沿着两个方向前进：①侧重于表现主体的审美感受和因之引起的审美感情，②侧重于再现物象的具体质感。第一种方向是中国绘画的流向，而第二种方向则是西洋绘画的流向。

旧论中西绘画之差别者，主要着眼于中西画具、材料之不同（毛笔，矿物及植物颜料，碳墨与水）。其实，与其说中国画的特殊性在于画具，毋宁说是中西哲学文化背景之导致审美方式之不同。中国人所追求的艺术表现，唯可通过中国画的特殊画具方能实现。

中国画的艺术特点之一是重视线描。但如果认为中国画风区别于西洋画风完全在于是否用线，也并不切合实际。宋以后，泼墨、没骨法兴起，已不是单纯注重线条了。我以为，关键不在是否用线。中国画中的线，并非为描绘对象的形式服务，线条乃“心之迹”，而具有独立于物象之外的审美价值。

同样是用线，对比一下陈老莲和安格尔的作品，以及中国水墨人物画与西洋炭笔素描画之区别，就会意识到这一点：后者的线始终为再现对象的结构、质感服务，前者的线则是作者审美感受的抽象表现。所谓“曹衣出水”“吴带当风”，以及石涛、朱耷的山水花鸟画中的笔墨，均失去了描绘物象客观具体的作用，乃为抒发画家个人性情及审美观念的象征。

唐宋以后山水画形成动点、多点、散点的透视法。文艺复兴时期意大利画家乔托则将焦点透视法科学化、理论化。因焦点透视有助于再现视觉真实，而散点透视更宜于体现审美之主观情境。

中国古典画家不甚重视色与光的关系。对于物体之视觉真实及通过阴影投射去表达的技术，既不重视，亦不追求（故中国古画论鄙视视觉真实，苏轼曾谓“论画以形似，见与儿童邻”）。

在一部分中国画中（如院体金碧山水或青绿山水，部分工笔画），特注重色彩之装饰美。在部分写意画里（如没骨花卉、泼彩等）则注重表现美。

色彩在西方绘画中是为对象结构关系服务的，即便在极重色彩变化的印象派笔下，也不过是把物象结构在一定光源影响下的色彩关系夸张到了极境。西洋作画于印象派之后方打破了光色的写实性观点，在有些画家（如分离派）中成为装饰美；在有些画家（如凡·高、表现派）中成为表现美。在毕加索的立体主义中则注重创世之美。

不少人论说中国画的特殊性在“传神”，而如果就写对象之“神”而论，西方绘画明显优于中国画。《蒙娜丽莎》等西方绘画人物名作的传神远比中国人物画更具真切。

其实中国画之所谓“神”，非对象、物象之神，而是主观性，即画家之“自我”，自我之精神。中国写意画派是主观画派，而西方之写实与浪漫画派都是客观画派。西方绘画中那些传神的写实作品是“形神兼备”“以形写神”，中国画的特殊点则在“以神写形”。

清盛大士《溪山卧游录》：

> 米之颠、倪之迂、黄之痴，此画家真性情也。凡人多熟一分世故，即多生一分机智；多一分机智，即少却一分高雅。故颠而迂且痴者，其性情于画最近。利名心急者，其画必不工，虽工必不能雅。

在西方绘画中，形是神的基础，神是在注重形的视觉真实、具体的基础上达到的；中国画则以自我之“神”为主导，我之“神”，既指主体之内心精神，调动笔墨、线条的动律节奏，超越形态的具体细节，而直接为“主体”之“神似”服务。

> 中国书画有自己独特的美学理论体系，如东晋顾恺之的《论画》《魏晋胜流画赞》，陈探微的《宣和画谱》，南北朝宗炳的《画山水序》，王微的《论画》，唐朝王维的《山水诀》《山水论》，五代荆浩的《笔法记》《画说》，宋朝米芾的《画史》，郭熙的《山水训》《画诀》《画论》，郭若虚的《图画见闻记》，欧阳修的《论鉴画》，黄庭坚的《论画》，元朝倪瓒的《清閟阁遗稿》，明朝董其昌的《画旨》

《画评》，清朝笪重光的《画筌》，王概的《芥子园画传》，王昱的《东庄论画》，唐岱的《绘事发微》，王学浩的《山南论画》，钱杜的《松壶画忆》，秦祖永的《画学心印》，石涛的《苦瓜和尚画语录》以及《历代名画记》等。

（原载《美术》1983年第1期，有所订补）

注释

①应栗宪庭君约稿，为《美术》杂志而作。

②〔唐〕孙过庭：《书谱》。

③④〔唐〕张彦远：《法书要录》卷四。

⑤［瑞士］皮亚杰：《发生认识论原理》，商务印书馆1981年版，第26页。

⑥《马克思恩格斯全集》第46卷，人民出版社1979年版，第38页。

⑦〔清〕石涛：《苦瓜和尚画语录》，山东画报出版社2007年版，第3页。

⑧均引自吴山编：《中国新石器时代陶器装饰艺术》，文物出版社1982年版，第9页。

⑨〔清〕顾炎武：《日知录》卷二十一。

⑩郭沫若：《古代文字之辩证的发展》，《考古》1972年第1期。

⑪李思训，字健儿，唐朝的宗室，“世族豪贵，举时莫京”，曾做过左武卫大将军彰城公，是金碧山水画风的始创者。

⑫吴道玄，字道子，唐代洛阳人。他的画私淑张僧繇，而其天赋的画才真是千古而不一遇。无论画什么东西，都是信手而造，绝不假器具以为依靠。他最工壁画。

⑬童书业：《童书业美术论集》，上海古籍出版社1989年版，第347页。

⑭〔明〕张岱：《陶庵梦忆》，上海古籍出版社1982年版。

⑮〔清〕石涛：《苦瓜和尚画语录》，山东画报出版社2007年版，第33页。

论文人画

——《何新画集》自序

1. 文人画不必由写实入手

传统中国画的修习与西洋绘画大不同。

西洋画必须先从素描入手，由明暗、色彩、造型而寻求模拟真实之效果；尽管有100年来现代派艺术的种种变相，但模仿与写实则始终仍是西方造型艺术的正宗与主流。

宋元以后，中国文人画兴起，以写意抒情为旨，故不必由写实入手。古人谓书画同源，从技法角度看，中国画是首先学习掌握笔墨。谢赫六法将“气韵生动”及“骨法用笔”置于“应物象形”之前。“气韵生动”是讲墨法。一个“骨”字则古今聚讼纷纭，从词源角度分析，“骨者，勾也，刚也”（戴震有此说）。因知骨法用笔含义有二，一是讲勾线，一是讲线形之劲韧。中国画把注重笔墨看得重于模仿对象。应物象形是其表，而最终旨归，则在越过形象，达到抒写逸气、解脱性灵的虚拟而超越的超真实境界。

2. 中国画以神品为高

绘画与造型艺术是人类思维高度抽象化的产物。我们观察原始岩画艺术、洞穴艺术，不能不惊讶其表达的简括和洗练——简到不能再简的寥寥几根线，几个色斑，就能那样准确而丰富地表达出动物、人类以及狩猎、战争、舞蹈和节日的欢庆活动。

清人周棠《画品》云："形不可尽，取之以神。"所谓"神"，即神似，被看作中国艺术的至高境界。这一境界，超越真实与现实，是一种抽象境界。石涛云："法于何立，立于一画。一画者，众有之本，万象之根；见用于神，藏用于人，而世人不知，所以一画之法，乃自我立。立一画之法者，盖以无法生有法，以有法贯众法也。"[①]这里之所谓"一画之法"，讲的就是中国写意画的抽象主义原理。

3. 以主体自由把握宇宙人生

美，在汉语语源中的本义，与舞蹈之"舞"字为同源语（"舞""美"古语相通，其联绵词即"妩媚"），而其字形则写照着一个盛装而舞的人。美是舞蹈，也就是一种表现，一种节律运动。因此，对中国艺术来说，美从来不被理解为一种静态的实存，而是被理解为一种有律动的主体表现。这种美学观，是相当具有现代性的。

中国绘画传统具有两大特点：在一极是追求形式表现上的装饰性，在另一极则是借笔墨抒写性灵的抽象象征性。中国画的这种装饰性具有视觉上的曲折、律动和跌荡的效果，可以看作以线条与色彩为音符的音乐（商周青铜器纹饰是最典型的古典绘画音乐）。

中国大写意文人画与西方古典写实艺术的主要差别，也正是东方审美意境与西方审美意境的差别——前者以模仿客体为特征，而后者乃是一种主体陈述和抒情的艺术，中国的哲学和艺术家们试图以主体意识中之自由感去把握在他们看来日益成为问题的宇宙和人生。

4. 写意之本质是表现主义

中国绘画在上古具有一种宗教和政治功能性的起源，是礼教的工具。它的作用，一是助成教化，一是"铸鼎象物，百物而为之备，使民知神奸"。这种功能主义的艺术，是一种被动的艺术、社会的艺术、集体伦理的艺术。

唐宋以后，中国画中出现大写意文人画。这是绘画功能的重大转变。

绘画由伦理教化工具转到文人抒写胸中块垒的个性自由表现。此一流派在明清之际出现徐渭、“四僧”、“八怪”为代表的巨匠，成为中国绘画传统中最具有主观表现性格的一大画派。

中国的文人画与山水诗一样，起源于中古时期（两晋南北朝隋唐）的隐士这一特殊阶层。知识分子（士人）不得志于庙堂，乃忘形于山水林泉之间。开创文人画派的王维是隐士，此前此后的著名山水画大家张璪、荆浩（号洪谷子）、关仝亦皆隐士。

元明人论画，有行家与立家之分。行家即在行之家，行家里手。所谓立家，又称隶家、力家、利家、戾家。“立”在上古音及方言中与“外”同语，立家即外家，所谓外行也。职业者称行家，客串者称立（外）家。所谓立家画，主要是指文人画。[②]据启功先生考证，元人所谓行家，是从三个角度讲：①是职业画家；②是画院画家；③是指绘画精工者。而立家，又称“逸家”（明人詹景凤《山水家法·跋》），是指非职业画家，是指文人抒写逸趣，是闲人的自由绘画游戏。

此“行”“立”之分，实际也就是后来聚讼纷纭的画史上南北二派划分的先河。北宗以院体工笔职业画家为主，而南宗则以隐士和有闲士大夫画家为主。由院体行家向文人逸家的演变，体现绘画功能的转变——绘画由礼教工具转向自由艺术。

明人屠隆《画笺》：

> 评者谓士大夫画，世独尚之，盖士气画者，乃士林中能作隶家。画者全法气韵生动，以得天趣为高。观其曰写，而不曰画者，盖欲脱尽画工院气故耳。

元人钱选论画：

> 愈工愈远……要得无求于世，不以赞毁挠怀。

由古典的院体艺术向文人画的这一转变，又是绘画由神圣殿堂向世俗文化的转变，是中国古典绘画在作者、功能、技法、画风、画格与审美意境上的划时代转变。写意之本质是表现主义和象征主义。必须理解这一转变的全部哲学、社会和文化涵义，才能理解什么是文人画，什么是大写意，什么是水墨画，进而理解宋元以后中国画的审美情趣和意境。

5. 我心为万象立法

文人大写意画派之始创有两大基础：一是继承晋二王之行草、唐张旭怀素狂草发展出来的水墨抽象艺术，以画道戏墨（泼墨、破墨，以墨为色）作为基本技法；一是在哲学上师法老庄之道和禅宗。正如禅宗以顿悟破渐悟一样，文人艺术家以水墨破勾描（工笔）。八大山人的作品可以看作中国禅宗艺术家在抽象水墨画上达到的至高艺术表现。

清人王学浩《山南论画》：

> 王耕烟云："有人问如何是士大夫画？曰：只一写字尽之。"此语最为中肯。字要写，不要描，画亦如之，一入描画，便为俗品矣。

写者契也，写的本义是契刻，是刻画。写者泻也，写又是宣泄。毛笔、宣纸发明后，借助于水墨的渲染效果发展出魏晋的书道，于是"写"演变为"泻"，即泼墨。泼墨画法的出现，把非可由人力设计和控制的墨在纸上渲染的自由性作为一个主要成分注入了绘画艺术。这种自由性和随意性所达到的象征意味，乃是中国大写意水墨画的一种主要审美意境。

老庄否定感觉和理性，否定既定的现实，所追求的是要得到精神上的自由解放，认知生存的真实意义。印度佛教视人生为苦谛，否定生命，从生命中求解脱。与印度佛学有一根本差别，禅宗作为中国化的佛学，并不主张否定生命，并不单纯把生命看作苦谛，所谓"酒色财气，无碍菩提路"，表现了一种乐生随缘而任自然的精神。

在这一点上，庄、禅之学有相通之点。更重要的是，庄、禅虽不厌弃色相，却又要求不执迷于感觉的世界，而以游戏和幽默的态度观照之。庄子对人生的许多纠葛，要求"坐忘"。庄、禅对人生与万物都主张不要执持一境而观其化，化即是变化。庄子认为宇宙的大生命就是不断地变化。庄、禅不否定宇宙万物的存在，但也不肯定其存在。他们寻求将宇宙万物加以拟人化、有情化。由庄学向上一关便是禅机。但禅境虚空，是不能画的。我们知道，禅宗主张否定一切语言文字（破文字障），自然也否定了绘画的可能。然而我们可以注意到，明清之际在审美意境和表现技法上根本革新了中国写意（水墨画）的几位大师——石涛、渐江、八大山人以至晚近虚谷——都是禅师。这又是为什么呢?

在佛教中，人类问题被一分为三加以考虑：其一为欲界，其次是欲望较为淡薄的世界（即色界），最后是欲色都越发淡薄并最终消失的无色界（即觉界）。禅宗所注目的正是从欲界、色界解脱出来而悟入无色界的境地。对禅宗艺术家来说，水墨绘画被认为是由色界过渡向无色界，寻求精神解脱和解放的一种形式。禅画往往是谜，正如禅偈是谜语。日本著名禅师一休和尚说："欲问心是何物事，墨画描出松风声。" "墨画描出松风声"，正是把心作为无色界的本尊存在，以戏墨的自由表现我心，而以我心为万象立法。

张彦远所谓"外师造化，中得心源"，"心源"二字是禅宗说法，也是以我心为万象立法的主体自由意识。明清之际王阳明一派将禅宗方法引入儒学，其心学影响了晚明和清季文人画（如董其昌）。

总之，通观中国自唐宋明清以来的文人画，所追求的最高境界都是一种主体表述的境界，是以主体意识把握和重塑对象的自由精神。

6. 逸品高于匠品

文人画起源于隐士，隐士又称"逸民""野逸"。所以唐宋以来论画者以"逸品"为画中最高品。

苏辙云："画格有四，曰能、妙、神、逸。盖能不及妙，妙不及神，神不及逸。"[③] 唐人论画则云："逸格不拘常法。" 张彦远《历代名画记》云："失于自然而后神，失于神而后妙，失于妙而后精。精之为病也，而成谨细。"[④]（后来贬画之所谓"匠气"，就是指精之为病而成谨细。）

黄休复《益州名画论》："画之逸格，最难其俦。拙规矩于方圆，鄙精研于彩绘。笔简形具，得之自然，盖可楷模，出于意表。"[⑤]

清人恽格《画跋》："香山曰：须知千树万树，无一笔是树。千山万山，无一笔是山。千笔万笔，无一笔是笔。有处恰是无，无处恰是有，所以为逸。"

但"逸"这个词毕竟是十分抽象的。究竟什么是"逸"呢？我以为：逸者，野也，出离也。逸就是超逸，就是解脱、奔放、狂浪、出离、超越。超越什么呢？首先是超越真实、现实和写实。倪瓒说：“仆之所谓画者，不过逸笔草草，不求形似，聊以自娱耳。”⑥其次是超越俗格、俗相之所谓美。为此，文人画家又提出了意趣、趣味作为审美标准。明清文人画家认为：“画梅谓之写梅，画竹谓之写竹，画兰谓之写兰，何哉？盖画之至情，画者当以意写之，不在形似耳。”“先观天真，次观笔意，相对忘笔墨之迹，方为得趣。”“墨戏之作，盖士大夫词翰之余，适一时之兴趣。”

所谓意趣，现代人称之为“情趣”或“趣味”。画中之逸品，正是趣味无穷之作。什么是趣味、情趣、意趣？从语源角度考虑，趣与逸在汉语语义上又是相近相通的，“趣”有游戏之意。味，语源来自暗昧，即隐藏，但亦可作为动词，而有寻味、咀嚼的意义。超越不拘谓之有趣，深味难穷、耐人思量谓之有味。

在当代绘画中，如果我们说，徐悲鸿、李可染的作品是神品，那么黄宾虹的山水、齐白石的花鸟、陈子庄的山水花鸟，则是天机与趣味相结合的逸品。

7. 最忌“匠、俗、媚、野”四字

20 世纪晚期以下中国古典文人画走向没落，其原因首先在于其意义世界的丧失。20 世纪是中国政治革命的世纪，走向工业化的世纪，也是科学、技术、民主及西方世俗（商品）思潮冲击粉碎中国传统价值的世纪。这个世纪的中国艺术，正如这个世纪的中国思想和宏观文化一样，不能不进入这种变革的潮流。对中国艺术家来说，20 世纪是一个求变的时代，从事绘画新形式探索的时代。同时，特别是在晚近 20 年中，中国也进入了一个价值和哲学观念分崩离析而迷茫困惑的时代。

通观 20 世纪的中国画林，我们可以注意到，画家所追求的首先是技术与表现形式的革命。但是，20 世纪的中国画家与古典的中国写意大师们有一根本区别。我们注意到，王维、苏轼、四僧、八怪是有自己的哲学和审美价值体系的。而现在中国画家中的多数在艺术的哲学根基上却是人云亦云的。所谓“古人唱歌兼唱情，今人唱歌惟唱声”，许多画家通常只是为技巧而技巧，为形式而形式。为中国古典画家最鄙弃的“匠”气、“俗”气、“媚”气和“野（戾）”气，乃是 20 世纪中国画多数作品所呈现的劣格。特别在当代，由于艺术商品化的趋势，媚俗之作竟成为大流。

从技法上观察，我们可以将20世纪中国画划分为五大流派，并附其首创者或代表者：

①新拟古主义（李苦禅、潘天寿、黄秋园）；

②新写实主义（徐悲鸿、傅抱石）；

③新印象主义（黄宾虹、陈子庄、齐白石）⑦；

④新野兽主义（石鲁晚年、黄宾虹晚年）；

⑤新形式主义（李可染、吴冠中、张大千）。

我们的时代是一个变迁中的时代，我们期待21世纪将是东方文明、华夏文明复兴的世纪。哲学的更新、美学的更新、艺术的更新，在20世纪种种风潮的激荡和建设性工作的奠基下，都具有全面拓展的可能。期待新时代的画家为中国画艺术的复兴而努力！

（原刊《何新画集》，亚洲画廊1992）

注释

①〔清〕石涛：《苦瓜和尚画语录》，山东画报出版社2007年版，第3页。

②〔元〕陶宗仪：《南村辍耕录》："赵子昂问钱舜举曰：'如何是士大夫画？'舜举答曰：'隶家画也。'子昂曰：'然。'"

③〔宋〕苏辙：《栾城后集》卷二十一，中华书局1990年版，第567页。

④〔唐〕张彦远：《历代名画记》，人民美术出版社1964年版，第26页。

⑤〔宋〕黄休复：《益州名画录》，人民美术出版社1964年版，第1页。

⑥朱仲岳：《倪瓒作品编年》，上海人民美术出版社1991年版，第9页。

⑦"写意画"与"印象派"在语义上是相似的，这一点很耐人寻味。

凝固的音乐

——读《中国古代建筑史》

1. 人类文明史即建筑史

建筑艺术是人类文明的一个有机组成部分。人类生存离不开建筑，在某种意义上可以说，人类之文明史就是一部建筑史。一个民族、一个时代的文化形态，常常集中地通过一种代表性的伟大建筑物而得到象征性的体现。罗丹曾经说法兰西精神就体现在巴黎圣母院的建筑形式中。而在同样的意义上，金字塔、万里长城、摩天楼，不也可以看作古代尼罗河文明、古代中华文明和近代工商业文明的象征吗?

由刘敦桢先生主编的《中国古代建筑史》，是一部六十余万言的皇皇大作。这部书系统地反映了中华民族古代建筑艺术的光辉成就和发展道路，不仅对于建筑工作者具有专业性的价值，而且对于关心文化史和美学的一般读者也具有很高的欣赏价值。

2. 中西文化差异在建筑艺术上的体现

从比较文化学的角度看，东方的中国文明与西方的欧洲文明在文化形态上的差异是极其显著的。如果可以借用心理分析学的概念的话，那么是否可以说——我们东方文明更多地具有“内倾”的性格，而西方欧洲的文明则更多地具有“外倾”的性格呢?

你看在哲学上，从远古的道家到中古的禅学和理学，中国人所偏重的似乎总是主体直悟或内省的玄秘思辨；而西方从泰勒斯、亚里士多德到近代的培根、笛卡尔、牛顿以至黑格尔，所偏重的是客体的逻辑分析或外化的经验观察、实验与归纳。

在美术造型上，古代中国艺术风格的特点是对人的形象赋予超凡性质后的神格化，如千手千眼的观音塑像所表现的那样。而希腊艺术的特点却是把神的形象赋予人的世俗美而人格化，如女神维纳斯的塑像所表现的那样。这种文化精神的差别也通过东方、西方建筑的风格不同而鲜明地显示出来。

3. 建筑风格的三大特征

建筑美学家陈志华论述建筑风格指出：

> 一个成熟的风格，总要具备三点：①独特性，就是它有一目了然的鲜明特色，与众不同。②一贯性，就是它的特色贯穿它的整体和局部，直至细枝末节，很少芜杂的格格不入的成分。③稳定性，就是它的特色不只是表现在几个建筑物上，而是表现在一个时期的一批建筑物上的，尽管它们的类型和型制不同。[①]

就这三方面看，中国建筑与西洋建筑都具有迥然不同的风格特征。

4. 中西建筑文化之差别

从建筑的材料工艺看，中国的建筑以土木结构为主体，“创造了与这种结构相适应的各种平面和外观，从原始社会末期起，一脉相承，形成了一种独特的风格”。[②]而西方建筑，从起源于埃及和巴比伦而传播到希腊罗马的花岗岩、大理石体建筑，到近现代的钢筋混凝土和合金金属建筑，同样一脉相承，形成了另一种独特的风格。

中国式古典建筑“高台榭、美宫室”，通过复杂的柱、梁、檩等结构工艺，实现“五步一楼，十步一阁，廊腰缦回，檐牙高啄”（杜牧《阿房宫赋》）的景象，从而形成一种具有深度空间的庭院或庭园式建筑形式。西洋式古典建筑则以体势雄豪宏壮争胜，通过巨大的岩石堆垒与雕刻，以单体建筑自身的巨大穹顶、高廊伟柱，形成一种立体布局的壮伟厦堡式结构。

建筑美不仅体现着文化的风格，而且也体现着文化的感情。如果说，中国的古典建筑常具有沉静幽思的情调，那么欧洲的古典建筑则常具有雄壮奔放的情调。

在中国，建筑的原则是空间序列的内在深化；而在西洋，建筑的原则是空间序列在体势上的高向伸展和扩张。深度的空间是内倾的，而立体的空间则是放射的，这种差别不也正反映了中西文化风格的差别吗？

5. 中西建筑风格之比较

《中国古代建筑史》介绍中国建筑的审美原理说：

> 正门以内，沿着纵轴线，一个接着一个纵向布置着若干庭院，组成有层次、有深度的空间。由于每个庭院的形状、大小和围绕着庭院的门、殿、廊庑及其组合形状各不相同，再加地平标高逐步提高，建筑物的形体逐步加大，使人们的观感由不断变化中走向高潮……因此可以说，中国古代大组群建筑的形象，恰如一幅中国的手卷画，只有自外而内，从逐渐展开的空间变化中，方能了解它的全貌与高潮所在。[③]

而西洋风格的建筑则不同。直到19世纪上半叶，西洋建筑一直继承着希腊巨厦伟柱的独体建筑传统。从雅典卫城到罗马万神庙，从圣彼得大教堂到巴黎凯旋门，一座座厚重雄伟的建筑实体，通过高耸云天的穹顶和立柱，精雕细刻的花纹、壁龛、人像，形成一种独特的雕塑美。1773年，歌德参观斯特拉斯大教堂说：

> 它像一株崇高的浓荫广覆的上帝之树腾空而起，它有成千个枝干、百万条细梢，它的树叶多如海中之沙砾……看！这座巨大的屋厦屹立在尘世却正神游太空！

这是西洋古典建筑风格的绝好写照。

6. 中国古代建筑的结构逻辑

对于建筑艺术的发展可以从两个方面来考察：①结构逻辑与形式表现，②材料工艺。后者是纯技术性的，对于我们这些建筑业的外行而言兴趣不大。至于建筑的结构逻辑有两方面的内容：一是力学的内容，这是工程师的研究专题；一是结构逻辑通过建筑形制的形式表现，而这是一个饶有兴味的建筑美学内容。

从结构逻辑的观点看，《中国古代建筑史》告诉我们：

> 以木构架结构为主的中国建筑体系，在平面布局方面有一种简明的组织规律。就是以“间”为单位构成单座建筑，再以单座建筑组成庭院，进而以庭院为单元，组成各种形式的组群……大都采用均衡对称的方式，沿着纵轴线与横轴线进行设计……构成ⅡΠ形或H形的三合院；或在主要建筑的对面，再建一座次要的建筑，构成正方形或长方形的庭院，称为四合院。④

就每座单体房屋的结构逻辑看，中国式建筑以木结构为骨干，通过按照一定的节奏规律（如“三、五、七、九檩”“二、四、六、八椽”）而设置的棱柱、月梁、雀替、斗拱、抬梁，“利用木构架的组合和各构件的形状及材料本身的质感等进行艺术加工，达到建筑的功能、结构和审美的统一”⑤。

值得注意的是著者对于中国古典建筑中最触目、最动人，也往往是最不能令人理解的反宇式曲线屋顶的解释。作者指出，这种反宇式曲线屋顶设计的形成具有一个演进的过程。在远古时期，为了防止雨水冲刷房屋外层的版筑墙，因而屋顶不得不采用大的覆盖式出檐。然而出檐过大势必妨碍室内的自然采光，同时沿顶下泄的高流速雨水也容易冲毁檐下的台基，因而在汉代建筑中逐渐出现了檐部角度微微上翘的顶式设计。最终形成了后代宫室那种翅翼翻举、势若腾云的反宇式优美屋顶造型。

本书还告诉我们，中国古代园林的建设有悠久的历史：

> 中国古代园林从汉朝在池中建岛以后，到魏晋南北朝又沿着池岸

布置假山花木及各种建筑。自此以后，以水池为中心处理园景成为一贯的传统方法。山石方面，从南北朝起开始欣赏奇石，而假山也从这时开始陆续创造雄奇、峭拔、幽深和迂回不尽的意境……在花木方面，为了与山池房屋相配合，花木的品种及配置方法要求多样化，以达到步移景异的要求，也是中国古代园林的一个特点。[6]

中国古代园林设计的美学思想，在唐宋以后更与山水诗画艺术的美学思想相结合、相影响，形成了又一条独特的艺术发展路线。在这一方面，《中国古代建筑史》的叙述给人感觉有所不足。

7. 建筑观念与时代观念之关系

建筑美的观念既不是纯功利性的，又不是纯美而与尘世观念相绝缘的。一方面，建筑艺术是象征艺术，是抽象艺术，它的美主要是由比例、差别统一、韵律与节奏、实与虚的空间对比所产生的形式美；正是在这一点上，建筑艺术与书法和音乐具有相似的审美特性。另一方面，一定时代的建筑风格又常常是当时一种时代精神的象征表现。伟大的历史时代必定产生伟大的建筑作品。从宫殿的造型曲线看，汉魏的风格古拙厚朴，隋唐的风格豪放遒劲，两宋的风格舒展纤巧，而明清的风格则严谨方正。其间尽管有地方、民族的差异，但受影响于当时的时代文化思潮，其脉络皆迹迹可寻。

《中国古代建筑史》在探索古代建筑艺术形式美的演变时并没有忽略联系考察当时的社会文化思潮。例如在论述四合院式建筑的社会观念基础时则指出：

这种布局方式适合中国古代社会的宗法和礼教制度，便于安排家庭成员的住所，使尊卑、长幼、男女、主仆之间有明显的区别。[7]

在论述北京故宫的设计思想时作者精辟地指出：

明清故宫的设计思想也是体现帝王权力的。它的总体规划和建筑形制用于体现封建宗法礼制和象征帝王权威的精神感染作用，要比实际使用功能更为重要。为了显示整齐严肃的气概，全部主要建筑严格对称地布置在中轴线上……由于前三殿是宫城的主体，所以在这组宫殿的四角建有崇楼。同时太和殿是当时最高等级的建筑，采用重檐庑殿的屋顶，三层白石台基、十一间面阔等，甚至屋顶的走兽和斗拱出跳的数目也最多……月台上的日晷、铜龟、铜鹤等也只有在这里才可以陈设。除太和殿之外，其他建筑的屋顶制度与开间等都依次递减……但是，整个故宫建筑是为体现帝王的政治权力服务的，因而无可避免地产生严正而刻板的缺点，甚至内廷居住部分和御花园也是如此。以至清代皇帝常年住于圆明园、避暑山庄等苑囿中。⑨

德国古典唯心主义哲学家谢林曾把建筑称作“凝固的音乐”。而雨果在《巴黎圣母院》中则指出，一座巨大的纪念性建筑“不仅是我们国家历史的一页，并且也是科学艺术史的一页”。

读毕《中国古代建筑史》，通过书中所引证的大量文献资料和实物记录，我们确实感到了解了我们国家历史——科学史、艺术史、文化史的重要一页。而像这样一部既有学术价值又有艺术审美和收藏价值的好书，竟没有配置若干帧印制精美的彩色图片，这一点则未免令人感到有所遗憾。

（原刊《读书》1982年第11期）

注释

①刘志华：《外国建筑史》，中国建筑工业出版社1979年版，第29页。

②刘敦桢主编：《中国古代建筑史》，中国建筑工业出版社1980年版，第3－4页。

③刘敦桢主编：《中国古代建筑史》，中国建筑工业出版社1980年版，第14－17页。

④刘敦桢主编：《中国古代建筑史》，中国建筑工业出版社1980年版，第8－9页。

⑤刘敦桢主编：《中国古代建筑史》，中国建筑工业出版社1980年版，第14页。

⑥刘敦桢主编：《中国古代建筑史》，中国建筑工业出版社1980年版，第19页。

⑦刘敦桢主编：《中国古代建筑史》，中国建筑工业出版社1980年版，第9页。

⑧刘敦桢主编：《中国古代建筑史》，中国建筑工业出版社1980年版，第287页。

⑨刘敦桢主编：《中国古代建筑史》，中国建筑工业出版社1980年版，第294页。

论19世纪—20世纪西方艺术中的“现代主义”[①]

在本文中，笔者试图从若干新的角度，重新审视和解释19世纪—20世纪以来西方文化中出现的“现代派”和新近的“超现代派”（或译作“后现代派”）先锋艺术问题。

之所以有必要探讨这个问题，是由于当代中国文艺中审美观念正在发生的变革，一种新的美学精神正在崛起。许多人已从不同的角度提出了当代中国文学新潮与西方现代派艺术的关系问题。在造型艺术、文学艺术、戏剧、电影、舞蹈以及其他表演艺术中，都出现了一批模仿或借鉴现代主义某些流派的试验性作品，其中有的是成功的，有的则不那么成功。

如何估价这些作品的审美价值和文化意义，如何看待这种探索性的试验，显然已成为当代美学、艺术和文化学的研究者所不能不重视的一项现实理论课题。

1. 现代派之定义

人们常常容易采取一种表面性地理解名词的方式，由顾名思义到望文生义。中国文字所具有的表意性功能（每个汉字都是一个具有某种意义信息的符号），更容易加强这种理解和解释的片面性。例如，对于“现代派艺术”这个词语就很容易产生如下的误解：

现代派艺术＝现代的新潮艺术＝（西方）正在流行的艺术

这种理解根本不对。“现代主义”一词，作为一个学派术语，起源于19世纪末巴黎的一个宗教革新运动。这个词当时被用来称呼巴黎天主教学院的一个新教派——因为他们主张以现代的科学、哲学和历史知识重新阐释《圣经》教义，因此新闻界对这个运动使用了“现代主义”一词。[2]

20世纪20年代，有人开始用这个词指称西方当代文学艺术中出现的各种突破传统审美经验的试验性新潮。但对这种新潮当时更流行的名称，保守的批评方面称之为“颓废派”，而激进的拥护者则称之为“先锋派”（Avant – Garde）。

为了避免对“现代派”一词常易产生的误解，这里还应当指出一点：自20世纪70年代以来，“现代派”已经过时而不再是西方艺术中先锋性的新潮流了，所谓“超现代派”正在取旧的现代派的地位而代之。例如美国当代著名艺术评论家哈罗德·罗森堡认为，当代的西方艺术已经和现代主义有本质的不同。当代艺术是“超现代主义”（Post – Modernism），而不再是“现代主义”。这种超现代主义在美学原则上也并不是现代主义的继承，而是其否定。

当代艺术已超越现代主义所重视的形式表现，甚至超越了纯美学的范畴，而与伦理学、心理学、政治学、社会学、人类学和文化学的未来学融为一体。罗森堡认为，当今的世界日新月异，创造和破坏都层出不穷。在政治、经济、道德、艺术以及广义文化的各种领域中，每日每时都在提出新的尖锐问题。20世纪初叶以来的现代主义艺术实践已不能表达当代的文化新潮，因此现代主义走向自身的否定乃是必然的。“这次也轮到现代主义的形式，无可避免地变成传统、古典的东西了。”[3]

不管怎么说，也不管人们喜欢还是不喜欢，我们必须承认，“先锋艺术”是现代西方艺术中出现的一代奇观。它以挑战者的姿态于19世纪后期登上历史舞台。100多年来，先锋艺术的开创者们走过了一条激动人心但也充满痛苦的道路。他们以一种革命性的奋励激扬越过人类保守的惯性价值体系，描绘了他们对世界的独特见解和新审美观念。一个世纪以来，它不断地引起一次又一次的争论。作为一个声势浩大的艺术新潮，它从根本上破坏了西方由希腊罗马的古典艺术所奠基的艺术传统和审美经验，深刻地震撼和冲击了西方整个精神文化的传统价值体系，也相当深刻地影响

了20世纪以来全人类的审美经验。一位美国评论家指出:

> 现代主义的一个突出特点就是先锋这种特殊现象。由一小批自觉的艺术家和作家,按埃·庞德的说法,从事“革新”的工作。他们违反大家已公认的约定和礼仪,从事于创造花样翻新的艺术形式和风格,采用迄今一直受到忽视和常常遭到禁止的题材。先锋派艺术家经常自认为是从既定秩序中异化出来的,他们坚称他们有反对这种既定秩序的独立自主权。他们的目的是使墨守成规的读者感到震惊,向资本主义文化的价值和信仰挑战。[④]

2. 现代艺术的叛逆性

关于先锋艺术出现的时间,在学术上是一个不大容易确定的问题。19世纪60年代—90年代先后出现了象征派诗歌、陀斯妥耶夫斯基的心理分析型小说,绘画中的后印象主义等新艺术流派,这些常被西方评论家看作体现现代主义艺术原则的先声,而其主流和高潮的兴起则是在20世纪初叶。

这里首先应当讨论的一个问题是:现代派艺术与传统艺术的本质区别究竟在哪里?这实际上也就是解释所谓现代主义—先锋艺术的内涵的问题。

这个问题过去在理论上一直未得到明确解决。根据学术界的一般看法,现代派艺术的主要标志似乎在于构成作品的那些特殊(怪诞)形式和手法。例如:

> 什么叫现代派?广义地说,现代派就是现代流派的艺术……狭义的概念是把那些背离写实传统,专门研究艺术形式,甚至根本不注意内容的流派称为现代派。[⑤]

但是这种看法并不确切。

我认为,区别先锋派(即现代派)艺术与传统艺术的主要标志,从根本上说并不在于它们的形式特征或某些特殊创作技巧,而是这种艺术的文化、哲学精神和价值取向——也就是说,是在艺术语句的深层结构而不是在其表层的形式结构中。

早已有人指出，中国商周时代的青铜艺术、古埃及艺术、非洲部落及美洲印地安人的艺术，在艺术表现和美学特征上与现代先锋主义某些流派的作品不无相似之处。而且后者在创作中实际上也常常有意识地吸收、借鉴以至于模仿前者（塞尚、毕加索以及德国表现主义等）。但前者无论在审美原则或艺术类型上都根本不属于现代派艺术，这还绝不仅仅是由于二者的时代不同，而是由于它们的艺术语义和文化深层结构具有根本性的不同。

一些研究者指出，先锋艺术的特征是有意地与传统决裂，追求标新立异。但这也并不是现代主义的标志。因为自古以来，一切伟大艺术家无一不是以这样或那样的方式叛离和打破既成传统，从而开创和建树新传统的。没有这种叛离和标新立异的精神，在艺术上就不可能成其为伟大。

问题在于，现代先锋艺术所叛离的并不是传统艺术中的某一流派或某一种传统，先锋艺术的趋向是几乎整体地否定传统艺术的全部审美价值和经验。因此在诗歌中他们发展出了所谓“反诗歌”，在小说中发展出了所谓“反小说”，还有包括荒诞派艺术在内的所谓“反文学”，造型艺术中的所谓“本体艺术”“超艺术”“活动艺术”，直到整体性的“反艺术”（Anti－art）和“反文化”（Counter－culture）。

因此现代艺术与传统艺术的本质性区别，就不仅仅是形式特征上的区别，而是全部哲学、美学、价值取向的区别，是整体文化精神的根本区别。这一点，是我们在研究现代先锋艺术问题时所必须注意的。

3. 近代人文主义的乐观精神

研究西方文化问题的人一般认为，西方近代文化精神具有四个主要的特征：①人文主义（人道主义）；②理性主义（科学主义、逻辑主义、实验主义）；③进化主义（乐观的历史主义）；④自然主义（泛神论的宗教观）。

如果以这4点仅仅作为14世纪到19世纪中期西方文化的特征，应该说是不无道理的。但是，如果认为这4点也仍然是19世纪中期以后特别是20世纪以来现代西方文化精神的特征，那就大错特错了。

以 19 世纪中期（请注意，这是一个模糊语词）为界限，在此之后的西方现代文化（请注意，这是一个模糊语词；实际上现代西方文化的内容是很复杂的，本文姑且在流行的意义上使用它）可以说恰恰走到了其近代文化精神的反面。

我们知道，近代人文主义兴起于 14 世纪—15 世纪的文艺复兴运动。而 17 世纪—18 世纪在西方思想史上又是著名的理性主义时代。在这两个相承的时代中，人类精神脱离了被圣经教条主义所监护的禁锢地位，新兴的实验自然科学诞生。

在回归古代希腊罗马文化的口号下，艺术和文化也走向了复兴。以研究文艺复兴文化而知名的瑞士学者布克哈特曾指出，文艺复兴有两大发现：一是外部世界（自然和地理）的发现，一是主体世界（人）的发现。

“文艺复兴于发现外部世界之外，由于它首先认识和揭示了丰满的完整的人性而取得了一项尤为伟大的成就。”⑥

在这个时期以后，理性被尊为科学和哲学中的最高权威。人们坚定地相信人类理性的能力，对自然事物具有浓厚的兴趣，强烈地渴求文明和进步，确信可以通过教育和文化的进步而使全人类获得幸福。

近代哲学充分体现了这种乐观的文化精神。“它追求知识时以人类理性为最高权威，在这个意义上它是唯理主义的。它试图解释精神和物质现象时拒绝预设超自然的东西，因而是自然主义的。”⑦

这种时代精神，在文学中作为一种热情赞颂人类的乐观主义，而充满于但丁、达·芬奇、莎士比亚和拉伯雷等早期人文主义者的著作中，在哲学中则作为一种对理性力量的坚信而体现在培根和笛卡尔的著作中。

正是弗兰西斯·培根提出了这样的论断：“人类的知识和人类的力量是合二而一的。”这个论断后来被简化为一个著名的口号——“知识就是力量”。培根以极大的自信和乐观精神预言人类文化正面临着一个“伟大的复兴”——“具有辉煌成就的新时代即将到来，伟大的事物即将诞生，大地和社会的面貌行将改变”。

对于未来美好世界的这种乐观信念和展望，推动文艺复兴以后的许多思想家和文学家写作了无数充满热情而乐观的预言和诗篇，甚至设计了多种乌托邦式的理想国（如康帕内拉的《太阳城》、培根的《新大西岛》）。

4. 理性与启蒙

由人性本善的观念推衍而出的天赋人权思想，通过卢梭、狄德罗等启蒙学者的著作广泛传播。这种人文主义和理性主义在德国古典哲学中发展到了顶峰。在莱布尼茨、康德、黑格尔的著作中都充满了一种乐观和崇尚理智的精神。

康德曾预言一个理性的、永久和平时代可能到来。谢林说："历史的概念包含着无限进步的概念。"[⑧]黑格尔把世界历史看作"普遍精神趋向自由和进步的无限运动"[⑨]。这些都体现了乐观主义和理性主义的精神。

实际上，在黑格尔的著作中，我们看到的也正是一种理性的进化论（"精神现象学"）。理想的也就是现实的，世界上的一切都可以用理性去解释和证明。

在这个意义上，黑格尔哲学不仅是德国古典哲学的总结，也是文艺复兴以来西方理性主义哲学的一个完成形态和总结。

综上所论，自然的本体主义，对人类和人性的赞美，对真（理性）、善（人性）、美（艺术）的崇拜，以及坚信世界和历史进程可以把握的理性主义和乐观主义，构成了文艺复兴和启蒙时代欧洲文化精神的一支主旋律。

那种写实的，希腊风格的，以宗教、伦理为题材的艺术作品，也正是在这样的文化背景和哲学精神的孕育中产生的。

自19世纪中叶以后，西方文化精神突然开始发生急剧的变化。文化的乐观主义转变为悲观主义，泛神论的自然主义转变为"无神论"（尼采说："神圣死了。"），赞美人性的性善论人道主义，转变为贬抑人性的性恶论生存主义（旧译"存在主义"）[⑩]，历史的进化论转变为反进化论，理性主义转变为非理性主义。

这里应特别指出的是，人道主义是理论界和文艺界近年来的一个大热门。但是许多研究西方人道主义的人都未指出（似乎没有意识到）：西方现代哲学中的人道主义（即生存主义、存在主义），与文艺复兴以后的人道主义，无论在文化主题上还是在对人性的看法上都是截然相反的。前者是性善论，并且相信人性通过教育和文化可以改善；后者却是性恶论，认为人性为文化所败坏（“异化”）并且不可救药（“荒谬”）。前者赞美生命（如莎士比亚），后者则赞美死亡（如海德格尔）。

两种人道主义的区别，映现了现代文化精神与近代文化精神的深刻差别。下表即是以尼采作为现代哲学的代表与近代人文主义所做的一个对比。

近代人文主义者论人	尼采论人(引自《权力意志》)
△人的高贵超过了天使的高贵。（但丁《神曲》）	△人生毫无价值，令人作呕，直到被死亡的漩涡所吞没。大多数人所谓生活，不过是一场求生存的持续斗争，一场注定要失败的斗争!
△人是多么了不起的一件作品!理性是多么高贵!力量是多么无穷!仪表和举止是多么优雅!多么出色!论行动，多么像天使!论知识，多么像天神!宇宙的精华，万物的灵长!（莎士比亚《哈姆雷特》）	△人性自私而下贱。 △人生丑恶无比。
△人生的目的，是幸福，欢乐，满足。(爱拉斯谟《疯狂颂》)	△人生就是痛苦，这种悲苦不可解脱。
△智慧是幸福之源。(薄伽丘《十日谈》)	△知识越多，悲苦越甚。
△人应当追求真理与不朽。（但丁《神曲》）	△有各式各样的真理，所以根本没有真理。

5. 浪漫主义之兴起

由上述对比我们可以理解，西方现代派艺术与近代艺术在文化精神和价值取向上为什么会具有那样深刻的对立和区别。

值得注意的是，近代型的艺术，在现代主义者的眼中常被看作“传统的”（即过时的）艺术体系——也就是所谓“古典主义”。

在这里“古典主义”一词具有双重含义：一方面它是指作为欧洲艺术传统基石的古代希腊罗马艺术；而另一方面，由于文艺复兴时代的人文主义艺术就是以模仿、复兴希腊罗马艺术和文化为目标的，因此这种近代艺术在原则上也仍然是从属于“古典主义艺术”的审美体系中的（所以近代艺术有时也被称作“新古典主义艺术”）。

而所谓现代派艺术（即 Modern Art），亦即最时新的艺术，也正是在这种标新的意义上而与传统艺术（包括近代）相对立的。

应当指出的是，“古典主义”并不是一个美学中的贬义词。

美国当代著名艺术史家朗格就认为：

> 当一个民族把最深刻的内在本质在文学和艺术中完美地表现出来时，我们就称之为该民族的古典时期。古典主义意味着经验，意味着深深扎根于民族文化土壤之中的精神成熟和人的成熟，意味着技巧和形式的熟练，意味着对世界人生具有明确的意念。古典主义是一个民族的艺术价值的最后的概括。[11]

在研究现代主义艺术的来源时，我们特别应注意到在现代先锋艺术以前出现的一个反古典主义艺术运动——19世纪初叶席卷欧洲的浪漫派运动。在某种意义上，浪漫派运动可以看作现代先锋艺术的前驱。

浪漫主义是兴起于18世纪末叶，在文学、哲学以至社会政治文化的广泛领域中，向传统向古典主义挑战的文化运动。像现代主义一样，很难说这个运动首先在哪个国家出现、由谁发起，也很难确定其具体的出现时间。但是从近代文化史看，文艺复兴时期出现的新古典主义文化，在17世纪、18世纪已经僵化和衰落。浪漫主义文化最初是作为对这种新古典主义的挑战而兴起的。

就艺术表现原则看，古典主义艺术植根于古代希腊美学的“艺术起源于模仿”的理论（柏拉图、亚里士多德），因此写实主义是它的创作和审美原则。

“要不断地临摹自然，学会认真观察自然物的能力”[12]——法国19世纪新古典主义学院派的代表和领袖人物安格尔的这句话，正是对这种“模仿写实”原则的概括。

这一原则也充分体现在文艺复兴时代艺术的创作实践和审美观念中。

在绘画和造型艺术上，文艺复兴时代的画家发明了透视法，其目的是为了写实。在文学中，古典主义提倡描绘叙事性和历史性的作品，也是为了写实（表现生活和人生的理想）。

这种写实性的古典主义作品，接近于尼采在《悲剧的诞生》中所说的日神型艺术。尼采指出：日神阿波罗是光明之神和形体的设计者，具有日神精神的人是静穆的哲学家。他深思熟虑，保守而讲究理性，最看重节制有度、和谐，用哲学的冷静来摆脱情感的纷扰。他的格言是：认识你自己。这正是希腊和文艺复兴时代古典主义艺术的形象。

还应当指出，歌德是较早使用“写实主义”这个词的人之一。在他的著作中，常以写实主义与理想主义相对立，以古典主义与浪漫主义相对立。在歌德看来，写实主义作为一种表现方法，是古典主义的基本原则之一。但是浪漫主义艺术通常拒绝接受古典主义这种写实的美学原则（特别是在理论上）。按照国外学术界的一般见解，浪漫主义代表了这样一种文学态度和人生态度：重主体而轻客体，重想象、情绪、感情而轻理智、理性；诉诸心念的直觉而不诉诸理智的冷峻思考，强调神秘而不强调知识，热爱自然而反抗文化。

古典主义艺术中的写实（模仿）和理性原则因此被打破了。在一定的意义上，浪漫艺术接近于尼采所说的“酒神型”艺术。酒神精神是原始的野性，它为春天所唤醒，是一种酩酊的迷狂状态。在酒神节中，人们纵情欢乐，狂歌狂舞，物与我界限完全打破。

与单纯明净的古典主义相比较，浪漫主义似乎具有更为复杂的色彩和趋向，对此本文不能详作分析。大体说来，浪漫主义包括着左、右两翼。正是由于这种内部精神的不同趋向，使浪漫主义运动在19世纪中期发生了明显的分化。

浪漫主义较早出现于德国的哲学和文学中，掀起了所谓“狂飙突进运动”。

英国在早期浪漫派“湖畔诗人”日益右倾的时候，爆发了拜伦、雪莱为旗手的诗歌革新运动。在法国则产生了司汤达、雨果、巴尔扎克等人的小说。雨果也是浪漫派戏剧的创始人和重要的浪漫派诗人。

19世纪法国的浪漫主义文学沿着两个方向演进：在一个方向上是吸收了写实主义的美学原则，并在以后发展成为文学上的自然主义流派（司汤达、福楼拜、左拉、巴尔扎克等人的文学流派被称作一种新写实主义——批判现（写）实主义）。在另一个方向上（主要是在诗歌领域），缪塞、波德莱尔、马拉梅（以及美国的爱伦·坡）等人把浪漫主义发展为象征主义——这正是现代派文学的早期类型。

浪漫主义也影响了绘画和造型艺术（格罗斯、席里柯、德拉克罗瓦）。在绘画领域中，强调艺术主观性的浪漫主义演变为印象主义。而后印象主义（以马蒂斯、塞尚为代表）则发出了现代主义造型艺术的先声。[13]

6. 现代派之悲观主义

现代主义不同于浪漫主义。无论就内容或形式而言，现代主义艺术的美学原则，在某种意义上却都可以看作是（就其反写实主义的一面而论）浪漫主义美学原则的发展和延伸。

德国19世纪初浪漫主义文学家路德维希·蒂克所倡导的艺术原理与现代主义的艺术原理相近得令人惊异。他曾说：

> 我的外感官驾御着物质世界，我的内感官驾御着精神世界，一切都屈从于我的意志，有生无生的世界都取决于我的精神所控制的铁链，我整个的生活不过是一场梦幻，它的各种形象都由我造成，我就是自然的立法者。

他崇尚音乐，认为“音乐是真正的诗，纯粹的诗”，是“最浪漫的艺术，艺术中的艺术”。他认为一切艺术都应当取法于音乐（请注意：对音乐抽象性的崇拜，正是现代主义的基本美学原则之一）。

从现代派美学的观点看，音乐的存在是纯形式的，与对象的联系最弱。它由一系列独立的音响符号与自由游戏的方式构成，其意义完全在自身，而与对象无关。因此音乐常被看作一种纯艺术、自由的艺术。

尼采就说过：

> 音乐不像其他艺术，它不是现象的复制，而是意志本身的直接写照。所以音乐对宇宙间一切自然物而言是超自然的，对一切现象而言乃是物自体。[14]

我们知道，在写实主义艺术看来，艺术必须表现（理想的或现实的）生活，必须对人生负有责任，并且有助于改善生活。音乐似乎是最早超脱于这种写实原则之外的艺术。所以现代主义的艺术家——无论画家、文学家——都崇拜音乐，并且主张效仿之。而在这一点上，浪漫派的艺术理论可谓开其先河。

浪漫主义运动中的诗人诺瓦利斯在论述文学写作方法时说：

> 可以设想故事没有任何连贯，但却像梦一样具有联想。诗可以和谐悦耳，充满美丽的词句，但没有任何意义和关联，充其量是一些个别可解的诗节，有如五彩缤纷的碎片。这种真正的诗只能大体上有一种寓意和间接效果，像音乐那样。

这种文学主张与现代派美学已十分接近。此外，蒂克早在现代派艺术出现以前很久就已提出了艺术应当表现性欲和潜意识的主张：

> 性欲当然是我们生活中最大的秘密……只有放浪形骸之外，只有参破迷惘，我们才可能得救……我知道，诗、艺术、祈祷都不过是被掩饰了的性欲……肉感和性欲是音乐、绘画和一切艺术的灵魂，人的一切欲望都围绕这个磁极旋动……甚至宗教的虔诚，我认为也不过是性欲本能的五颜六色的折光而已。[15]

这不正是弗洛伊德派艺术起源理论的先声吗？

这里还应当一提的是被浪漫主义所崇拜的法国启蒙思想家卢梭，他最早提出了一种悲观主义的反文化观点。

这种反文化的悲观主义在现代派艺术中，以至在近年来中国的所谓“寻根文学”中，都在不同程度上被看作理论的基础之一。卢梭在回答“科学与艺术是否有助于风俗的改善、人性的进步”这个问题时，提出了一个著名的否定答案。他认为科学和文化只能败坏素朴纯真的人性。他号召人类重归于大自然。

卢梭的这一思想在浪漫主义文学中影响甚大，如席勒在《审美书简》中也认为文明本身对现代人造成创伤，人在社会中与自身疏远化。这实际上已是在分析人的“异化”，虽然席勒并没有使用这个词。

浪漫主义作家崇拜古老神话中那些反对社会和权威的叛逆性格，如希腊神话和《圣经》中的普罗米修斯、撒旦、该隐，传说中的唐·璜、浮士德。在浪漫主义者夏多布里昂、拉马丁、维尼和司汤达等人的作品中，也都可以找到对与社会相疏离的反文化人物的描写。

这种文化悲观论正是 20 世纪现代主义艺术的主要命题之一。所以 20

世纪现代派艺术中兴起过所谓“新浪漫派”。如德语作家黑塞、霍夫曼施塔尔、托马斯·曼等，他们的思想和艺术都曾受到早期浪漫主义的深刻影响。

7. 现代西方哲学主题之转变

现代主义艺术出现的一个重要原因，是哲学的转变。西方现代哲学与近代哲学在主题上具有极深刻的不同。这种不同可以归结为四点：①由理性主义转变为反理性主义；②由宇宙本体论转变为人类学本体论；③由历史乐观主义（进化论）转变为未来悲观主义；④由进化一元论转变为文化多元论。

有人曾说，近代西方科学作出了三大发现，宣告了对人类的三大挑战：①哥白尼提出太阳中心说，宣告了人类宇宙中心观念的破产；②达尔文的进化论把人从生物学的意义上还原于动物界；③弗洛伊德的泛性欲论则把人类从心灵在潜意识的性欲本能层次上还原于动物界。

从近代自然科学的角度看，人类被剥夺了过去的宇宙中心地位；那么从现代哲学的角度看，情况却正好相反。

研究哲学史的人知道，西方哲学从古希腊时代开始，直到德国古典哲学为止，其内容主要包括三大部类：①本体论（宇宙论）；②认识论；③伦理学。

在传统西方哲学中没有人类学的地位。关于人的问题，虽然在伦理学中给予探讨，探讨的目的却是解决“善”的意义，而不是人生的意义。从19世纪初开始，更具体地说，就是从叔本华和费尔巴哈开始，西方哲学的主题发生了根本性的变换。

叔本华和费尔巴哈都拒绝探讨西方传统哲学中最受重视的本体论问题和认识论问题。他们把人类生存的意义作为哲学的中心问题和最高问题提了出来。他们提出：全部哲学问题可以归结为人的问题。

费尔巴哈甚至非常明确地提出，应当建立人类学的本体论哲学，即“人本主义”。他将这种关于人的哲学看作代表未来的哲学。这里应当指出费尔巴哈与叔本华在哲学上具有一个根本的不同点：费尔巴哈乃是唯物主义者，而叔本华却是从“意志和表象”的唯心主义基础上构筑他的“人类哲学”的。

本文不能全面讨论 19 世纪中期以后的西方哲学思潮的发展，只能指出：对于现代西方艺术影响较大的却不是费尔巴哈，而是叔本华。

在叔本华的主要著作《作为意志和表象的世界》中，人类意志和表象被看作哲学的本体、宇宙的实体——这是与费尔巴哈哲学不同的又一种人类学本体论。叔本华的这部著作（1819 年）远早于费尔巴哈的《未来哲学原理》（1841 年）。很有意思的是，哲学史的作者把叔本华看作现代哲学家，却把费尔巴哈看作德国古典哲学家。

在我们比较费尔巴哈哲学与叔本华哲学的异同时绝不能忽略这两种体系的又一个重要不同之点：叔本华是现代哲学史上第一个系统地论述了文化悲观主义的哲学家，而费尔巴哈在这一点上具有更多的人文主义精神——他是一个推崇人类之爱的历史乐观主义者（晚期的费尔巴哈由积极的人道主义者转变为社会主义者，这不是偶然的）。

8. 重新估量一切价值

尼采继承了叔本华的人类学本体论和文化悲观主义，并使之贯彻到底。尼采提出了两个著名的论断：①“神圣（上帝）死了”——以此宣告对泛神论和一切宗教观的否定。②“重新估定一切价值”——这一口号的实质是要求对文艺复兴以来由理性主义所支配的欧洲历史文化重新予以评价。

在这里，尼采提出了现代派西方艺术的又一个哲学支点——价值和文化的虚无主义。尼采明确地宣布：以往哲学的全部范畴——主体、实体、意识、认识、真理、善等等，统统或是虚构或是谬误。

在理性主义者看来，为了解决人生的问题，就必须解决认识世界的问题，即必须根据对世界的认识来确定人类的生存意义。但尼采否定这一看法，他认为问题应该倒过来，不解决人的存在意义就不能解决认识世界的问题。因此他认为哲学中的首要问题是关于人的问题。

由于对文艺复兴以来哲学中理性主义的公开宣战，尼采哲学也具有一种划时代的意义。他是现代非理性哲学的始祖，而非理性主义正是现代西方文化与近代西方文化相区别的一项主要标志。

对理性的贬抑和对非理性的推崇，也是现代先锋艺术的主要特征之一。有一位美国评论家曾说：

> 关于现代文学艺术的特点，即使人们未必同意洛斯·狄金森所说的现代艺术是一所大精神病院，至少也不会有人把神智清醒作为现代文艺的特征……H. 劳伦斯就是这样，他说：我的宗教是信仰血和肉比理性更聪明。

这种说法也许有些极端，但的确反映了现代艺术的非理性和反理性特征。

9. 尼采哲学的绝望性

这里还值得一提的是尼采对康德理性哲学的批判。在哲学上，尼采与康德的对立，正好显示了西方文艺中现代主义精神与古典人文主义的对立。古典人文主义歌颂理想，信奉真、善、美；而尼采则认为人生荒谬，没有意义，没有价值，除了主体的自我设定（意志、情欲和表象）外，宇宙空无一物。

尼采嘲笑康德和卢梭，称之为“患有道德狂热病的梦想家”。他认为“恶”就是“善”[16]，“真理就是错误”[17]。

> 根本没有什么精神、什么理性、什么思维、什么意识、什么灵魂、什么意志、什么真理——这一切都是无用的虚构。[18]
>
> 人最后在事物中找到的东西，其实只不过是他所塞入的东西。寻找，就叫科学；塞入，就叫艺术、宗教、爱情、骄傲。这两方面本身都是游戏。但应当鼓足勇气干下去：一种人寻找，另一种人——我们——塞入。[19]
>
> 这由视、触、听所感知的世界，是完全虚幻的。看透历史进程，美也就完蛋了，目的性也是一种幻觉。总之，概括得越浮浅，越粗疏，世界就显得越有价值，越确定，越实在，越有意义。看得越深，我们的评价就越丧失根据——无聊极了！人才是价值的创造者。认识到这一点，我们也就认识到所谓尊重真理只是一种幻觉的产物——应当受重视的是造型力、抽象力、虚构力。一切都是假的，什么都可以

做！至于美本身，我不知是指什么。[20]

如果说，叔本华和费尔巴哈开创了西方哲学中对人的主题性研究，叔本华从这种研究中导出了文化悲观主义的结论，那么尼采就又为这种悲观主义补充了价值虚无主义和非理性主义的因素。

10. 存在主义的悲观性

在他们之后，狄尔泰、柏格森等人发展出所谓“生命哲学”，弗洛伊德、荣格等人建立了性欲心理学和变态心理学。所有这些都导致了西方现代文化对人类生存意义问题的新见解。这些见解构成了现代先锋艺术的哲学基础。

正因为叔本华和尼采思想的上述意义，我们可以看到，现代西方哲学和艺术的一些主要流派都把叔本华和尼采哲学看作思想的主要来源地。

而实际上，叔本华和尼采也当之无愧地可以称作克尔凯郭尔—雅斯贝斯—海德格尔所创立的生存主义（存在主义）哲学的始祖。生存主义是 20 世纪西方哲学和艺术中影响最大的流派，其基本命题如人生的荒谬感、死亡的逼近意识、价值的虚无论、文化的悲观主义以及非理性主义等早已包括在叔本华—尼采哲学的命题体系中了。

海德格尔曾经这样描述生存主义：

> 只有死才能排除任何偶然和暂时的抉择，只有自由地死才能赋予生存以至上目标。生活的意义就在于我意识到了死亡。死亡是伟大的、唯一的、真正的永在。人生是永恒的烦恼（diesorge，或译作焦虑）。

曾获得诺贝尔文学奖的加缪也说过：“严肃的哲学问题只有一个，那就是自杀。”在这种人生否定论中，我们可以看到叔本华、尼采悲观哲学的影子。

11. 异化与变形

与尼采哲学相比，如果说海德格尔的生存主义增加了什么新范畴，那就是他从德国古典哲学中引入了“异化”的概念，用以描述人生的荒谬性。对“异化”的描写，也是20世纪西方现代派艺术的最大主题之一。

“异化”一词，从词源学看，来自拉丁语alienatio（abalienatio），有三种意义：①法学：转让、让渡（translatio－venditio）；②社会学：与他人分离、离异（disiunctio－aversatio）；③心理学：精神错乱、变态（dementia－insania）。

费希特在《知识学》中使用过“entäussern”，这个词在黑格尔著作中成为“entäusserung”，具有外在化和变化的意义。

异化在现代西方语言中往往作为异态、变态、异常变形的同义语。

黑格尔使异化成为一个哲学概念。费尔巴哈、马克思都借用了黑格尔的这个概念，用以说明人的生存状况与其本质（人性）的背离。

研究异化概念的三次演变，我们大体可以这样说：黑格尔描写了精神的自我异化——自我蜕形；费尔巴哈描写了人的宗教异化；马克思描写了人的经济异化、政治异化。叔本华、尼采都没有使用过异化这个词，但他们描述了人类生存的病态发展和所谓“忧患意识”——即精神的异体。

弗洛伊德则描写了人类的性心理异化（变态心理学）。而雅斯贝斯、海德格尔、加缪、萨特以及法兰克福学派的弗洛姆、马尔库塞等人在其著作中，描述了现代西方文明在文化、社会、心理方面的全面异化。对于这种全面异化，我们可以引用弗洛姆的如下论断来说明：

> 异化意味着一个经验的模式。在这之中，人感到自己是分裂化的。他从自身中离异出来，他不能体验自身是自身的核心，他不是自己行动的主导者——倒是他的行动和后果成为他的支配者，人要服从它。分裂化的人找不到自我，恰如他也找不到他人一样。

异化问题是现代先锋艺术中最重大的一项主题。例如在造型艺术中，如果不理解哲学上的异化主题，我们就不能解释达达主义、未来主义、立体主义、超写实主义艺术中那种扭曲、肢解、断裂的奇异造形风格。

在文学领域中，20世纪60年代兴起的“新小说”派常被称作异化文学的典型。在戏剧艺术中，贝克特等人的荒诞派可以看作关于异化主题的代表。卡夫卡、加缪用简练的古典式散文将人类的孤独、人生处境的荒谬、官僚制度的可怕和人类生存的无意义写得淋漓尽致（《变形记》《城堡》《局外人》）。除此之外，乔伊斯、艾略特、托马斯·曼、劳伦斯、黑塞等，无不以写异化主题表现人物性格而闻名。

美国评论家诺尔曼曾指出：“过去八十年的美国文学可以认为是一种描写异化的文学。”另一位评论家肯尼斯敦也说：“我们最好的作家是一些本身就受到异化而又专门描写异体人物的人。”德国评论家盖赛说：19 世纪和 20 世纪德国小说的主题都是“异化”——“表述不接受世界或世界不接受他们”。法国评论家多蒙纳说：“异化把全部现代文学吞没了。”

由此我们又可以看到，现代先锋艺术是在何等大的程度上接受着西方现代哲学观念的影响！

12. 现代派的危机意识

现代主义在精神和价值取向上的虚无主义，又是与对西方文化整体的悲观主义密切相关的。

这种悲观主义首先系统地出现在叔本华、尼采的著作中，在 19 世纪末 20 世纪初就已经弥漫到了社会学、史学、自然科学和文学艺术的各个领域。其结果是，在 19 世纪后半叶盛极一时的、充满乐观精神的孔德实证主义和斯宾塞的社会进化论，很快就在这种悲观主义的打击下烟消云散了。

20 世纪初，德国著名历史家施宾格勒在他的名著《西方的没落》中，根据他所建立的文化形态学观点，对西方文化的没落作了预言。他指出：

> 西方的没落，乍看起来，好像跟相应的古典文化的没落一样，是一种在时间方面和空间方面都有限度的现象。但是现在我们认为它是一个哲学问题，从它的全部重大意义来理解，它本身就包含了有关存在意义的每一种重大问题。[21]

而在雅斯贝斯的著作中，他对于西方文化的这种危机意识作了更清晰的描绘：

> 这种危机的意识乃是一百多年间渐渐形成的，今天它已普遍地变成了几乎所有人的意识……从理论上说，这种危机意识只是在克尔凯

郭尔和尼采身上才达到了顶点。从此以后……不仅欧洲到了日落西山之时，而且地球上的一切文化均已处在暮霭沉沉之中。人类的末日，任何一个民族和任何一个个人均不能逃脱的一次重新铸造——不论是毁灭也罢，新生也罢——都已经被人们预感到了。有关末日的行将来临已在人们心头占了压倒优势。

20世纪初的著名西方社会学家如托尼斯（1855—1936）、齐麦尔（1858—1918）、韦伯（1864—1920）等人的著作中，也都指出现代社会中的人互相离异、疏远、异化和非个性化，从而得出人类的文化前途悲观的结论。例如韦伯说："当代的一切价值、一切关系、一切文化都已经被纳入一种全面的官僚制度。"松巴尔特（1863—1941）认为，社会的官僚化正在埋葬现代社会，民主制度终将在"诸神的末日"中灭亡。

我们现在生活于其中的状态仿佛是死刑缓期执行中。正处在一个行将喷发的活火山口，我们能肯定预言的，只有人类的毁灭和末日。

这种危机意识和悲观主义反映在20世纪的文学艺术中，即形成了所谓"颓废派"的艺术。20世纪初法国诗人魏尔伦说："Je suis le monde romain de la decadence."（"我生在一个颓废的罗马世界。"——这可能就是颓废主义一词的语源。）

更加重了这种文化悲观意识的，还有19世纪末出现的科学危机（物理学危机、数学危机、逻辑学危机），似乎印证了非理性主义者关于理性不能认识世界的预言。所以雅斯贝斯认为：

当今西方的共同意识，只能用三个否定来加以标识，就是：历史传统的崩溃、主体认识的缺乏、对不可知未来的惶恐。

海德格尔说：

无家可归已成为当今世界的命运。

他认为，人类面临着危险，许多可怕的事正在迫近，西方文化和整个人类文化正面临着政治、经济、思想伦理价值的全面危机，人类文化特别是欧洲文明正濒临崩溃毁灭：

> 全球的精神没落是如此迅速地发展，以致所有民族都正处于灭亡的危机中。

以上所引的言论，都出自 19 世纪末以来西方最著名最重要的一些历史学家、经济学家、哲学家和文学家的笔下。由这些言论中我们可以看到一种对于西方文明前途的极为深刻、极为广泛而全面的总体危机意识和文化悲观主义。

这种危机意识和悲观主义，构成了 20 世纪现代先锋艺术的又一重大主题。实际上，也只有从本文所分析的近代西方文化与现代西方文化的重大差异中，从现代西方哲学和文化精神中出现的这种危机意识和悲观主义中，我们才能找到现代艺术那种怪诞的造型、奇异的肢解和变形风格的解释，找到产生现代派文学那些描写荒谬性、非理性、焦虑、异化、变态性心理等主题的根源，以及所谓“垮掉的一代”、荒诞派、黑色幽默派等艺术流派出现的原因。

对西方现代艺术所具有的那些奇异美学特征的进一步分析，由于篇幅所限，已是这篇论文所不能讨论的了。

13. 《侏儒》提出的伦理问题

在即将结束本文所作的这种颇为艰涩的理论探讨的时候，且让我们读一段文学作品吧。瑞典现代派作家巴·拉格维斯的名著《侏儒》是一部嘲讽人类、颇为严肃而具有深刻哲理的著作，在流派上它属于先锋艺术中的表现主义。

小说主要采用象征的方法写成，充满浓重的悲观主义气息。作者的基本观点是：恶是人生的本质，善只是与恶作不断斗争的一种不稳定的结果。人类在这种斗争中无告无助，其艰巨性难以想象。在书中有这样一个场景，作为侏儒的主人公以嘲讽的态度旁听了古典人文主义者勃那多的谈话：

> 他们宣称，观赏大自然令人惊异的多姿多彩是何等的乐事，有多少事物有待于探测呵！学会了认识这一切事物，认识这一切隐秘的力

量，认识怎样去利用它们，人类就会变得富有，变得强大。各种元素将在人类的意志面前俯首听命。火将恭顺地为人类服役，它的烈性会受到约束。大地将成百倍地结出果实，因为人类已经发现了繁衍增殖的规律。江河将成为被人类用铁链锁住的驯服奴隶。海洋则将载着舟船行遍这作为一个奇妙的星球悬浮在空间的广阔世界。甚至空气也要被征服，因为人类有一天将学会仿效飞鸟，像它们那样飘浮起来，跟它们和星辰一起，向着人类思想所无法规范的目标飞翔。

啊！生活真是不可思议！人类的存在呵，伟大得无可测量！

以上这种看法，是侏儒所窃听到的文艺复兴时期一位人文主义者的一段谈话。它充分体现了古典人文主义的乐观精神。对于这种观点，作为旁听者的侏儒却另有他自己的看法：

关于生活的伟大性，他们究竟知道了些什么？他们又怎么知道生活是伟大的呢？这不过是一个词句，一句他们爱说的词藻而已。人们同样可以肯定地说：生活是渺小的、无价值的、完全无意义的。人不过像一只弹指可以使之化为齑粉的昆虫。甚至也许还可以加上一句：这只昆虫并不反对为一只手指所粉碎。对这样的结局它照样会心满意足。为什么它不该如此呢？为什么它要那么想活呢？为什么它要为生存或者为其他任何事情而大费心力呢？……他们认为自己能读通打开在他们面前的大自然这本书。他们甚至相信自己读起这本书来有先见之明，能读通什么字也没写的空页。漫不经心、自命不凡的疯子！恬不知耻、自满自足得连个边儿也没有了！

在经过了一番仔细和颇为冷静的观察和思考后，这位侏儒的结论是：

无论什么事情，所有发生并且盘踞在人类心头的事情，都有其本身的意义。但是生活本身却不具有什么意义。否则也就不成其为生活了。

这就是我的信念。[22]

这位有思想的侏儒的信念，恰恰体现了西方现代主义艺术家和生存主义哲学家的一般信念。因此侏儒与勃那多的对立实际上是体现了现代文化精神与古典人文主义精神的深刻对立。这部小说的这一场景，从文学上为本文所作的分析提供了一个艺术形象方面的佐证。

14. 现代艺术走向何方

我希望读者不要误解我。我不知道以上的论述，特别是我所描述的人文主义文化精神与现代文化精神的对立，是否会使人产生一种印象——仿佛我的论述中隐含着某种简单化的价值判断——似乎我认为，现代文化精神是错误的丛林，而近代文化精神才是清澈的碧空。不，我并没有作出这种评判。

这个问题毕竟是非常复杂的。我们必须看到，现代资本主义文明是当其在物质欲望和技术手段上超其所望地实现了早期人文主义的全部梦想的基础上，方意识到了自身的空虚和异化，从而陷入悲观、失望和迷惘之中的。

在现代文明中我们可以看到：“金钱本来是人类所造的一种交换工具，但现今却变成受到普遍崇拜具有驱策人类之力的神灵。社会把人类组合成具有超级能力的有机体，使人类有能力征服自然界。但同时在各种社会组织中却都分化出了等级、阶级、特权集团和官僚制度等异化力量，使人类自身被自身所奴役。现代的科技和工业，首先被用于发明制造消灭人类的武器和核弹；最高明的医学和生物学，在治疗人的同时也在研究置人于死地的细菌武器，如此等等。在现代文明进展的每一个阶段，我们都可以看到一种进步伴随着一种荒谬，而几乎没有一种善不同时伴随着一种恶。”

但是另一方面，从文化多元的观点看，如上文所描述的西方文明是否就是当今世界上有生存权利的唯一文明形态？它究竟是否具有全人类性的普遍意义？现代化是否必须意味着在文化模式上的西方化？西方文明的衰落是否也就意味着人类文明的普遍衰落？

这些问题，涉及了中国历史文化与西方文明关系的一系列根本问题，也涉及了从中国文化现代化前途的角度，应当怎样理解和评价西方现代文化精神的问题。

在考虑这一问题的时候，我们还必须注意到对于艺术现象的审美评价与伦理评价、文化功能评价有时又是很不统一，甚至相冲突。优美的东西并非如某些美学家所断定的那样，不可能不真和不善（美的价值，或又独立于道德与学术之外）。现代主义流行于两次世界大战的前夜，艺术家往往是悲苦时代的先知和预言家。

在中国古代历史上，魏晋时代士大夫和知识分子中所流行的那种否定礼法、超然象外、崇尚清谈、飘逸洒脱的文化精神，从后世无利害关系者的角度看来，何尝不显示出一种优雅高逸的风度？但是，不正是这种风气消蚀了当日之贵族士大夫们对国家民族的责任感和道义感，鼓励和倡导了风靡一时的骄奢淫逸风气，从而最终酿成一败涂地不可收拾的数百年乱离动荡局面吗？

（原载《文艺研究》1986年第1期）

注释

①本文原名为《先锋艺术与近代西方文化精神的转移》。

②王齐建：《现代主义与异化》，《外国文学研究》1984年第4期。

③［美］艾布拉姆斯：《现代主义》，美国《文学名词词典》，内蒙古人民出版社1981年版，第111页。

④［美］艾布拉姆斯：《现代主义》，美国《文学术语词典》，内蒙古人民出版社1981年版，第241页。

⑤邵大箴编著：《现代派美术浅议》，河北美术出版社1982年版，第2页。

⑥［瑞士］雅各布·布克哈特：《意大利文艺复兴时代的文化》，商务印书馆1988年版，第302页。

⑦［美］梯利：《西方哲学史》下册，商务印书馆1979年版，第13页。

⑧［德］谢林：《先验唯心论体系》，商务印书馆1976年版。

⑨［德］黑格尔：《历史哲学·绪论》，上海书店出版社1999年版。

⑩旧译“存在主义”，语源来自Existentialismus。许多人均已指出旧译不确，因为“存在主义”一词易使人产生误解——把人本体的存在主义误解为宇宙本体的存在主义。刘放桐指出可译为“生存主义”（《现代西方哲学》，人民出版社1981年版）。刘及辰认为应译为“实存主义”（《存在主义乎？抑实存主义乎?》刊于《读书》1983年12期）。何按，以译作“生存主义”为确，更合于这种哲学的实际意义。

⑪参见［美］保罗·亨利·朗格：《十九世纪西方音乐文化史》，人民音乐出版社1982年版。

⑫［法］安格尔：《安格尔论艺术》，辽宁美术出版社1980年版，第52页。

⑬吴甲丰先生曾指出，“后印象主义”当译作“印象主义之后”。因为这个流派虽相承于印象派，但已有所叛离。国外现代派艺术的研究者多认为现代派造型艺术来自“后印象派”。

⑭［德］尼采：《悲剧的诞生》，三联书店1986年版，第67页。

⑮［丹麦］勃兰兑斯：《十九世纪文学主流·德国的浪漫派》，人民文学出版社1981年版，第32页。

⑯［德］尼采：《善恶之彼岸》，漓江出版社2007年版。

⑰［德］尼采：《权力意志》第268条，商务印书馆1991年版。

⑱［德］尼采：《权力意志》第275条，商务印书馆1991年版。

⑲［德］尼采：《权力意志》第281条，商务印书馆1991年版。

⑳［德］尼采：《权力意志》第294条，商务印书馆1991年版。

㉑［德］施宾格勒：《西方的没落·导言》上册，商务印书馆1963年版，第14页。

㉒［瑞典］拉格维斯：《侏儒》，上海译文出版社1982年版，第26–29页。

婵娟、混沌、鳄鱼及开天辟地的神话

——文化语源学研究札记

如果我们要寻找把语词及其对象联系起来的纽带，我们就必须追溯语词的起源。我们必须从衍生词追溯到词根。必须去发现词根，发现每个词真正的和最初的形式。根据这个原理，词源学不仅是语言学的中心，而且也是语言哲学的基石。

——卡西尔《人论》[①]

婵娟、混沌、鳄鱼，这三个似乎风马牛不相及的名词摆在一起，未免令人莫名其妙。但是且慢，让我们研究一下。

1

苏轼词《水调歌头·明月几时有》云："但愿人长久，千里共婵娟。""婵娟"二字，古今未有确解。《辞海》释"婵娟"谓之为"美好"，并引孟郊诗《婵娟篇》"花婵娟，泛春泉。竹婵娟，笼晓烟"，又引《桃花扇》"一带妆楼临水盖，家家粉影照婵娟"，以之作为"婵娟"释义"美好"的佐证。

实际上这一释义是错误的，是望文生义。案婵娟本义，当释作团圆。婵娟一词，从语源看，是婵媛[②]、蝉蜷、团卷、团圆的叠韵转语，"长而柔曲之貌也"（《广雅疏证》）。宋周邦彦词："今宵幸有，人似月婵娟。"句中"月婵娟"三字，正是"月团圆"之义。所谓"千里共婵娟"，所谓

"家家粉影照婵娟"，都是以中秋圆月象征人间的合家团圆。

"千里共婵娟"，即千里共此团圆之明月，是以明月寄寓团圆之义。故月神嫦娥亦名婵娟。[3]至于孟郊诗中的"花婵娟"，乃是形容花团锦簇，同样是团圆之义。而所谓"竹婵娟，笼晓烟"，则是指竹子盘根错结，与晓烟浓雾聚作一团，同样也是团圆之义。

由上述可知，"婵娟"本语中根本没有美好之意。但奇怪的是：此词在古代的确常用作美女的名称。为什么会如此？这乃是一个极为有趣的文化语源学问题。这类问题在清代语言学中曾由王引之等大师作过开拓性的研究，但在现代接近失传。

从事这种研究，不仅是做一种训诂学研究，也不仅是做一种释义学研究，尤其是通过考察语源及语义的演变以正确地理解认识古代文化的问题。试考"婵娟"一词的由来及演变，作为例证。

2

馄饨，又名"环团"。油饼，北京俗语称"果子"。这两种面食的得名，都是由于它们的形状是面团团。球形、团团、疙瘩状的东西，凡在树上结者，均称"果果"。用面制的，亦称作"果子"，这显然也是由于其形状。

有一种小虫，细腰而圆腹，形似果果，故名"果蠃"，亦名"蒲卢"（《尔雅 · 释虫》）。而蒲卢又是"蜗螺"的别名（《尔雅 · 释鱼》）。蜗螺其实也是果果的转音。

蜗螺形圆，像小果果，所以名叫蒲卢。葡萄是汉代从西域传来的一种圆粒水果，其语源也是来自汉语中的"蒲卢"之古音。[4]

3

"果果"这个词，在古语言中语音流变极为复杂（今日语言中的"疙瘩""坷垃""嘀嘟"亦均是其转语。）

"果"在古语中有两种读音，一读作 hú（这是瓜的古音），一读作 luó（"裸"字仍保存着"果"的这一古音）。汉语中的一系列词如"瓜络"

“挂落”以至“果实累累”的“累累”（古音读“luo luo”），均由“果果”二字得音。

圆球状的东西名叫“果果”（古音可读 hu luo），音转即是葫芦（一种挂着的果果），又作“栝楼”“菰蒌”（均葫芦转语），以及“囫囵”（圆的东西）、轱辘（轮子）、骷髅、辘轳、琉璃（古音读 luó—luó，本义为圆粒的珍珠）。

在动物中，狐狸有大而蓬松的尾部，其形体仿佛葫芦，所以引申之，凡大尾兽古语均可称“狐狸”（故鳄鱼亦称狐狸），或“委（尾）佗（大、拖）”。实际上，狐狸（亦写作狐黎）、委佗，亦都是“葫芦”的转语。（王国维《观堂集林》：“如《释草》：‘果蠃之实，栝楼。’《释虫》：‘果蠃，蒲芦。’案果蠃、果蠃者，圆而下垂之义……凡在树之果与在地之蓏，其实无不圆而垂者……皆以果蓏名之。栝楼亦果蠃之转语。蜂之细腰者，其腹亦下垂如果蓏，故皆谓之果蠃矣。”）⑤

4

luo 音与 tuo 音叠韵而通。所以形圆而能旋转之物，又可以叫“陀螺”，这是“团圆”语的又一转音。

陀螺又记作“田螺”。田、陀双声，音转而通。田螺之所以得名，是因其形圆，并且背壳有旋转的纹理，却不是由于它生在田中。田螺，陀螺，完全出自同一语根。长而卷曲之物，汉语中称作“螺施”（施古音读 tuó）。“螺施”是“陀螺”的倒语，语又转作“螺旋”（旋、团相通，旋、施古音通）。

5

“陀”是“团”字的转音。“螺”是“果”字的转音。以这两个字为核心，滋生出了一个巨大的语族如施、旋、拖（陀）、团、圆、圈、环（还）、卷、娟、弯、娲（即“弯弯儿”连音）、娥、婉、转等。这些语词，读音均相切近，语义亦近同，都有团团、弯弯、圆圆的意思，可以断定，在上古语言中必都出自同一语根。

由此可以提出汉语语源学中的一个定律：凡是原始语义相近同、古读音亦相近同的字词，尽管其书面文字的字形不同，但可以断定它们必出自同一语根，在原始口语中必定具有共同的语言来源。

6

周谷城先生曾论证过，“团”字繁体作“專”，本字作“玄”，古文作“𠃬”，像一个吊着的葫芦（说详《周谷城史学论文选集》）。周先生还指出，“团”字的基本意义，为“种子”，为“果实”，为“一个圆，一个饼，一个球”，又为“柔长卷曲之物”。其说貌似牵强，但从语源学的角度看，非常深刻。

在汉语中，凡读音近 luo tuo［螺、陀（施）］之字，多有上述的语意。这里举几个例子：

兽背脊上有球状肉隆起，称“驼驼”，又称“骆驼”，此即“陀螺”的转语。案骆驼，古书中又记作“驼骆”。“驼骆”与“陀螺”“田螺”，其为物极不相同，但在语言上完全出于同一语根。更妙的是，骆驼别名“封牛”，而田螺别名“蜗牛”。封牛、蜗牛也有语音上的共源关系。

鸟的脊背弯曲隆起像骆驼，曰驼鸟。

兵器刃部扭曲卷绕者称“铊”，又称蛇矛。

丝制品缠绕成团卷者称“纶”。

江水分支后又合流，形成圆环者称“沱”。江水环绕的沙洲形似一个圆疙瘩，亦称“沱”。

秤下悬坠的重物似一个疙瘩球，称“铊”，即秤铊。

船尾能摆动划圆之物，称“柁”，即今字“舵”。

衣襟下摆飘曳拖地曰“袉”，“拖”就是“袉”的今字。

鱼的身体圆如球形，曰鮀鱼（亦记作鼍，即鳄鱼）。凡身体细长可弯曲如环的动物，均可称“tuo”，如“鼍”（鳄鱼）或“蛇”（古音读 tuo，“它”也）。鳄鱼古亦称作“鮀鱼”，见陆佃《埤雅》，又称鼍龙、亚（古音读“恶”）驼。鳄鱼形体长曲如弓环，故有此称。

更有意思的是，鳄鱼在古语言中还与鳖同名。蜥蜴、鳄鱼、鳖在古语中均名“玄鼋”。鳖今名团鱼，亦即圆鱼，因其背是圆形。团鱼、鮀鱼、鼍鱼，均出自一个共同的语言来源。

人背隆起如弓，称“佗背”“佗子”“罗锅”“罗佗”。罗锅、罗佗，乃是骆驼的同源语。

佗，是“团”字的转音。佗作动词，即“驮”。背负重物曰“驮”，这显然是因为负重物者背部隆起一个圆疙瘩状如骆驼。

“佗”，与负荷之“荷”叠韵相通。荷本字作“何”（“何”在甲骨文中正是人背上负物的象形字）。所以鼍龙，古语又称“何龙”（又作河龙，河龙亦即河伯）。

山崖转弯处，称“盘陀”，“盘陀”即“团陀”的音转。“盘陀”语转即“盘旋”。

7

旌旗下垂，树枝下垂，迎风飘扬摆动曰“旖旎”，音转又作旖旎（读é nǐ，é né）。旖旎音转，一为摇曳，一为婀娜。

女子走路，腰肢长曲而扭摆，称婀娜。舞蹈古称“傩”或“娜”。婀娜，又记作阿那或婀妮、娜娜、袅娜等等。摇曳，音转又作妖冶、窈窕、苗条，词性也变了。但这些语词的语源都是来自团团、团圆、团陀。

团圆的另一种转语是团孪，再转可作团笼。团、陀、孪、龙，4 种读音在古语中具有共同语根。这使我们明白，其实鼍龙也就是团龙。而“鼍（鳄）”在古语音中实际就是读作“龙”。

8

这里特别应当指出，“团团”一词在汉语中既有“圆圆”之意，又有“长而下垂之意”（张衡《思玄赋》：“志团团以应悬兮，诚心固其如结。”注“团团，下垂貌”）。在这一意义上，团团的另一系语变，就是弯弯、娟娟（亦即卷卷）、缠卷、婉转、婉娩、委婉、委迤、婉约、蜿蜒。

由此我们可以注意到，“婵娟”这个词，既有“缠卷”“团圆”的意义，也有长而柔曲、下垂的意义。张衡《南都赋》“垂条婵媛”，描写柳条婀娜下垂之态。婵媛与婵娟，是叠韵联绵词。

婵娟音转又作“婵连”（洪兴祖《楚辞补注》“婵连，犹牵连也”[⑥]）“蝉联”“缠绵”。今语常用的“联合”“联络”，以至“恋爱”“爱恋（怜）”，其语根亦均来自“蝉联”的倒置词——“联蝉”。

如上所述，我们现在可以知道，“婵娟”一词的语根来自“团团”“团圆”，与“陀陀”“婀娜”乃是同源语词。其意义进一步引申：长而柔软、枝蔓牵连之物，也称作“婵娟”“婵连”。

作为一种语言意象，这些词在汉语中就获得了特殊的意义，往往成为两性关系的双关隐语。所以“千里共婵娟”，不仅有千里共团圆的意义，还有相隔千里而共婵连的语义。

又，女性身材修长柔曲被看作一种美态，这也就是古代美女名“婵娟”的由来。更有趣的是，“婵娟”音转“婵媛”，又作“姮娥”，这其实又是中国月亮女神“嫦娥”一词的由来（月亮是团圆之物，故其女神名“姮娥”）。嫦娥本名姮娥，至汉代为避汉帝刘恒讳，方改作尚娥、常娥、嫦娥。

9

浑圆之物，如瓠、壶，亦统称“葫芦”。朱骏声谓“瓠”即“壶卢”之合音。浑、混二词音义相通，不烦详说。“浑”与“滚”音义亦通，《集韵·混韵》：“滚，大水流貌。或作混、浑。”《古今韵会举要》：“混，或作滚。”《文选·七发》“沌沌浑浑”注：“沌沌浑浑，波相随之貌也。”《荀子·富国》“财货浑浑如泉源”注：“浑浑，水流貌。”浑浑亦即滚滚。

“浑”古音与“运”通，而“运”通于“云”。“沄”字从云。《说文解字·水部》：“沄，转流也，读若混。”“转流”即“翻转回转之流”[⑦]，亦即滚滚，漩流。又，云字古文正像螺旋。前人以此字为云之象形，我却以为更像水之旋涡（“旋涡”亦是“螺旋”转语）。

云者，音通于圆、轮、孪、卷。《楚辞·九思》：“流水兮沄沄。”注：“沄沄，沸流。”沄即滚也。“浑”即“滚”，即“沄”，故俗语谓“浑圆”为“滚圆”，广东人呼“馄饨”为“云吞”，亦即“圆团”之转音。

浑圆之物善滚。滚之动作，北京人称为“轱辘”“骨碌”，南方人则单呼为“磙”。实则滚、磙亦即轱辘之切语。浑圆则无缺，故又有完全、浑然之义。陈师道《山口》诗："渔屋浑环水，晴湖半落东。"言"浑"犹如言"全"。[⑧]

10

"浑"衍为双音连语，即囫囵、浑沦、鹘沦。《俗书刊误》："物完曰囫囵（完读作圆），与浑沦同义。"李关《蜀语》："浑全曰囫囵。"字亦作混沦，今俗语为胡沦，语变又作浑敦、混沌、鹘突、骨董、浑脱。

又叶子奇《草木子 · 杂俎》："北人杀小牛，自脊背上开一小孔，遂旋取去内头骨肉，外皮皆完，揉软，用以盛酪酒湩，谓之浑脱。"亦即浑然一体之义。[⑨]

《列子 · 天瑞》："浑沦者，言万物相浑沦而未相离也。"《山海经 · 西山经》说天山有神，"状如黄囊……浑敦无面目"。《庄子 · 应帝王》记南海北海二帝帮助中央帝混沌开窍故事。浑敦、混沌皆谓浑然无孔窍之义。

《通雅 · 饮食》："馄饨，本浑沌之转，近时又名鹘突。"又作"骨董"，范成大《素羹》诗："氈芋凝酥敌少城，土藷割玉胜南京。合和二物归黎糁，新法依家骨董羹。"

今俗称菜、面合一之羹类食物为"糊糊""糊涂"。

浑然无窍，引申之义为"不慧"（不开窍），又谓之"昏""浑"，即"糊涂"。又引申为不明事理。《左传》文公十八年："昔帝鸿氏有不才子，掩义隐贼，好行凶德，丑类恶物，顽嚚不友，是与比周，天下之民谓之浑敦。"[⑩]

《史记 · 五帝本纪》作"浑沌"，《正义》谓即"驩兜"。又引《神异经》谓昆仑西有一种怪兽，"人有德行而往抵触之，有凶德而往依凭之，天使其然，名浑沌"，则诸名皆取不明事理之义。

今山东语称人不明事理为"葫芦"，一般则称之为"浑蛋"，义亦相同。

综上述，浑、混、沄、滚、葫芦、轱辘、骨碌、囫囵、浑沦、鹘沦、浑沌、浑敦、鹘突、骨董、浑脱、驩兜等，虽字形迭变，而音义始终不远。

11

修长柔曲之物称“婵娟”，音转亦即“婉转”“婉约”“蜿蜒”“委佗”（亦即“逶迤”，音 wéi yǐ，又音 wó tuó）。

婵娟是美女的别名。婉约是美女的体态。殊不知，“蜿蜒”“蔓延”，却是蜥蜴和鳄鱼的别名。“逶迤”谐音“威夷”，《尔雅 · 释兽》：“威夷，长脊而泥。”威夷，亦记作肥遗、肥蛇，它就是传说中著名的吞象巨蛇——巴蛇，实际上是湾鳄。

在较广的意义上，凡身体细长、大尾、扭曲的动物，都叫“蜿蜒”，或叫“逶迤”（威夷），其谐音亦即“曲折”。物体摆动，汉语中称作“摇曳”。而身体形态摇荡摆动的动物，就叫“蚰蜒”——正如在心理上的摇荡叫“犹疑”或“犹豫”。

无疑，蚰蜒、犹疑（豫）都是“摇曳”的转语。犹豫音转又作“悠悠”“摇摇”“忧愁”“踟蹰”“踌躇”以及“蹉跎”。

蜿蜒，又记作“曼延”，是蜥蜴、守宫的别名，但在记载中又是一种“大兽似离，长百寻”的“长脊兽”。我们知道，扬子鳄别名“螭龙”，亦即“离”。至于长百寻的鳄鱼，只能是湾鳄。

中国古代形容美女常见一种奇怪的比喻，称之为“如蝎如虿”。例如《诗经》中对于美女的描写：“美女如虿”“项如蝤蛴”。虿，是蝎子、鳄鱼的古名。蝤蛴，亦即蚰蜒的转语，是蝎子，也是蜥蜴。

更为有趣的是，中国古代的创始女神多与鳄鱼、蝎子有关，如其中最著名的 4 位，一是女娲，一是女娥，一是嫦娥，一是西王母。娲、娥实际是“蜴”“鳄”二声的变音。而作为司月女神的嫦娥，其名称无疑与《尧典》中的“常仪”（“仪”古音读“俄”）同源。

上古传说中有一种四脚蛇状的神秘怪兽名叫“尚羊”“常羊”“相羊”。这种“羊”，据说是生活在深土之下（所以别名“土羊”），常常在挖井寻水时可以猎获。其实，土羊就是鳄鱼。

鳄鱼穴居，其所居洞穴中必有水潭，可以作为井源。《史记》中记民谚，有“狠如羊”。一般羊并不凶狠，凶狠的羊只能是这种“土羊”——即鳄鱼。其实，嫦娥、常仪、相羊、尚羊、常羊，都是蜥蛘（蜥蜴）的谐音。这一点，我们可以从汉代的日月神像中得到证实，那日月神都是具有蜥蜴下半身的怪物。

我在《诸神的起源》中曾经指出，女娲、嫦娥、西王母三者是同一原始创造女神的分化、变形。在《山海经》中，西王母正是一位鳄鱼女神——她长着弯勾的尾巴（“狗尾”）、颈部有硬鬃（“蓬发”）、有锐利的牙齿（“虎齿”）、善于吼叫（“善啸”）、居住洞穴中（“穴处”）等——《山海经》中关于西王母神所刻画的这些特征，与鳄鱼的形态可以说是无一不合。

如果说《山海经》中的西王母女神是一个丑陋的鳄鱼神，那么在汉代神话中她却具有极美的形象：“视之可年卅许，修短得中，天姿掩蔼，容颜绝世。”在中国原始宗教中，鳄鱼——蜥蜴，不仅是日月之神，也是图腾神和始祖神，同时又是农社之社神和高禖生殖之神。鳄鱼——蜥蜴这种丑陋的动物之所以会获得美丽女神的形象，我想是与这一点有关的。

12

汉语中圆的东西亦称作“蛋蛋”。不难看出，“蛋蛋”也是“陀陀”“团团”的转语。团团转音即“环团”。“环团”又转音“浑沌”“混沦”“浑敦”（浑蛋），再转音作“糊涂”。所谓“糊涂”，就是模模糊糊。从语义看，“糊涂”是“环团”语义的引申；而从语音看，“糊涂”无疑是“混沌”的转音。“糊涂”的又一语源，前人以为出自“鹘突”“鹘轮”“轱辘”（清郑志鸿《常语寻源》）。

前面已经指出，浑沦、轱辘、鹘轮、鹘突具有同一语源，即团团、团圆。有趣的是，“糊涂”“浑沦”在古代宗教中也是神灵之名。《印雪轩随笔》：“万全县往北十里许，有名糊涂庙者，不知所始……其貌须猬卷，而（面）状狞恶……相传七月朔为神诞辰，土人演剧酬神……土人云：神司雹于此土，稍慢之，则淫雨为灾。”案雹子也是团圆浑沦的，传说为湖涂神之所司。

有说者以为糊涂神是晋大夫狐突，似是而非。其实，糊涂神即是天地的创始之神（浑沦氏），又是日月之神（浑圆氏，亦作浑元氏、轩辕氏）。

太阳名“日”，日古音“时”（《说文解字》）。“时”古音“旦”（犹如“石”有“担”的读音)。所以旦旦亦即日(一年之初称“元旦”，亦即祭太阳神之日)。

在中国宇宙创始和文明起源神话中，很早就流传着一个说法，称宇宙是从“蛋蛋”即自“浑沦”或“混沌”中创生。这个故事比较富于哲学意味的形态，出现在《庄子》中，其说略云：有南北二神名倏、忽，与中央神浑沌交厚。浑沌无七窍五官，倏、忽乃合力凿之，七日成功而混沌死。[11]其中倏、忽，象征夏冬二季的时间之神(所以分居于南北)。我以为混沌神实际是空间的象征。时空相结合，于是宇宙创生，而“混沌”死。此外，宇宙创生的时间为七日，又与《圣经 · 创世记》中所记上帝的七日创造神话恰相契合，这也未必是出于偶然。

此外，昆仑亦是“混沌”转语，昆仑山是中国古代名山，但从其语源考之，可有三义：①混沌，庞大形也。②轩辕，天也。③浑敦，太阳山也。

古地理中有多处昆仑山，其名相同，其所指则未必相同。泰山无疑是原始昆仑山之一，其得名可能来自其与太阳的关系。

13

中国文明的创始人，传说中最重要者为以下几位：①伏羲——女娲(蜥蜴鳄鱼神)；②黄帝轩辕氏(即浑沦氏，太阳神。伏羲、黄帝都号“大熊氏”，熊古音读“易”，显然是大蜴、大龙的转语)；③鲧(大禹之父，华夏之祖)；④盘古(三国以后出现的一位新神)。

这几位神灵都与鳄鱼神、太阳神以及先天地生的浑沌神有或多或少的关系。

在纬书《遁甲开山图》记述有这样一个宇宙起源神话：“有巨灵胡者，遍得元神之道，故与元气一时生混沌。”[12]

案“巨灵”又作“炬灵”“曜灵”，意谓照耀之神，即太阳神。太阳神名叫“胡”，“胡”乃是“糊涂”“浑敦”的简称(《印雪轩随笔》记糊涂庙题额曰“胡神”)。根据这个神话，太阳神是从宇宙混沌中产生的。

在中国古代语言中，常称天为“玄元”或“浑天”。玄元、浑天是“团团”“浑敦”的转音。而古代人心目中的宇宙模型正是一种“团团”或“蛋蛋”式的天体：

浑天如鸡子，地如鸡中黄，孤居于天内，天大地小。天表里有水，天地各乘气而立，载水而浮……天转如车毂之运。[13]

前儒旧说，天地之体，状如鸟卵。天包地外，犹壳之裹黄也。周旋无端，其形浑浑然，故曰浑天也。[14]

可注意的是，在印度神话中也有相似的传说：

本无日月星辰虚空及地，唯有大水。时大安荼（Anda）生，如鸡子周匝金色，时熟破为二段。一段在上作天，一段在下作地。彼二中间主梵天，名一切众生祖公，作一切有命无命物。[15]

在这里我们可以注意到：①“Anda（金蛋）”，其音义均与“浑敦”（太阳）音义相像。②古印度婆罗门神话的宇宙创生模式，与古代中国的宇宙创生模式非常相近。由此，我们可以进一步研究一下中国神话中盘古开天故事：“天地混沌如鸡子，盘古生其中……一日九变。”

我曾经论证过，东汉三国以后流行于中国的盘古开辟宇宙的故事，实际乃是古印度梵天（Brahma）创造宇宙故事的中国翻版（关于盘古与梵天的关系，详看《诸神的起源》）。

现在可以进一步指出的两点是：

①中国先秦以及秦汉时代广为流行的宇宙起源自混沌的神话，与印度上古的宇宙起源神话，很可能出于一源。

②所谓“盘古”，这个三国以后突然出现的名字，可能是古印度梵天神话与中国夏鲧神话的结合，即“梵天+鲧=盘古”。

鲧字，其本义是蛋卵（《尔雅义疏》）。在中国民间传说中，有一种说法认为鲧治水未成，被上帝殛于羽山。又有夸父逐日，死后身体化为山林。这类神话与汉代以后流传入中国的梵天创世神话相混合，便产生了广为流传的盘古在蛋中化生世界，形体变化创生万物的神话。

14

更有趣的是，中国的另一位始祖神黄帝，号“轩辕”。这个名号“轩辕”，是太阳神（浑沌）的转语，亦即“玄鼋”。至于玄鼋，今人多以为是鳖，殊不知其古义也是蜥蜴。(《国语·郑语》:“褒人之神化为二龙，以同于王庭……漦流于庭……化为玄鼋。”韦昭注:“鼋，或为蚖。蚖，蜇蜴，象龙。”）黄帝、轩辕（玄鼋）与蜥蜴的关系，解释了汉语中的太阳神为什么是蜥蜴。[16]

玄鼋转音又作玄冥、玄武，都是神话中著名的水神及战神。之所以如此，显然又是古语言中“蜥蜴”与“鳄鱼”的共名关系。古代人的观念，太阳始生于东海（扶桑之渊)，海神与日神因之而合一。

如上所述，中国神话中的始祖神是太阳神，是蜥蜴（鳄鱼）神。这两种意象在中国艺术中有一个奇妙的结合，这就是关于龙与太阳的象征，演化出了“二龙戏火珠”的著名图案。在这里，二龙是阴阳神的象征，而火珠正是太阳、浑沌。

结语

今日治神话及从事古文化研究者常爱作思辨式的研究——从若干哲学假定出发，作丰富以至无限的想象、推演和发挥，却往往忽略：①语言研究对神话及古代文化研究的重大意义。②历史文献及考古材料对于一种理论的实证性意义。

在本文中，我通过一组古代语言材料的分析，试图探索并解决古文化研究中若干由来已久的疑难问题。我的结论虽然也是探索性的，但印证于大量文献、史料及考古材料，可以得到概率相当高的证实性。在某种意义上，这种研究方法也许可以提供一种新的示范。

由本文的讨论，我想可以初步地揭示出汉语词类发展的一个规律：由一个原始语言基核出发（这个语言基核中具有结合为一的语音、语义要素），由于语言的发展和传播，导致了语义的不断延伸、类推、比附，遂使语词的外延不断地得到扩展。

在这一扩展的过程中，由于方言的读异，以及语音随时代而差异，可以逐步孳乳出一系列在语义、语音上既与原始词具有连续性（表现在语义上)、读音又有差异的新词，而词性亦相应地发生若干变化。

这些意义相同、读音有关联而又不同的词，围绕着它们的原始词根可以组成一个有亲缘关系的词族。在汉语中，这种亲缘词族的关系，典型地存在于所谓“双声叠韵”的联绵词中。

关于双声叠韵的字词，前人早已发现它的口语性，指出其语义不可从其表层文字的义素中求释。[17]

如果我们能寻绎出一个双声叠韵的词所依归的语族，从而找出其原始词根，那么其意义的形成和演变关系就仍然是清楚的。从字表看，很多双声字不相联系、不能比类。但是从音义关系推究，这些似乎不相联系、不能比类的意义又是依着语源而流变的。如本文所考释的“婵娟”“犹豫”一类联绵词与“团圆”这个原始词根的关系，就是这一规律的证明。我以为，语词的这一演化，可以反映语言史。我们更可以通过研究语义的历史、发展、变化透视社会思想、观念、价值和文化的演化。

神话研究的目的是理解远古文化。但若不作古代语言的研究，就不可能作深刻的神话研究。不追溯和寻绎语言、语词和语义的变化，就不可能真正读懂古代典籍。在语言歧义的迷宫中，就或将无所适从，或将随心所欲，前者失之“盲”，后者失之“妄”，而这两种情况在今日的学术研究中都是大量存在的。

举个例子：大量证据表明，在上古语言中“蛇”实际是包括蜥蜴、鳄鱼和蛇类多种爬行动物在内的共名，其在具体文献中的指义要通过特定的语境才能辨析。例如《帝王世纪》中记“伏羲、女娲人首蛇身”，这个“蛇”，参证于汉代画像砖，我们可以知道，其实应当读作“tuo”。在历史时代较晚期的伏羲女娲画像中，我们却看到一律变成蛇身——这是中古时人误解上古语言，并把这种误解弄到艺术中的一个典型例证。实际上，神话流传的过程往往又是人们对神话作重新释义的过程，而每一次释义常常意味着：①发生某种误解（传说的变形）→多表现在语言层面。②提出某种新释（创见）→多表现在义理层面。③累积的语言（观念及概念）误解中，推动了新的故事创造。

因此，研究者必须面对两项重大的基本工作：①寻找和分析（宛如剥茧抽丝）原文和本意。②发现并解释那些误解和新造的成分。

在这里，正是文字语言的分析，为研究者提供了对神话作多义化解释的多种可能性。首先，研究者应当尽可能完备地列举（避免独断和武断）这些可能性；然后在作充分的比较、归纳和语境分析的基础上，寻找和探索出原意。

我想，本文或许可以提供一个证据，表明语音及语义分析的方法，对于古代神话以及历史、文化的研究具有何等重要的意义！

（原载《陕西师大学报》1988 年第 3 期⑱）

注释

①［德］卡西尔：《人论》，上海译文出版社 1985 年版，第 185 页。

②“婵媛”一词，始见《离骚》，与“鮌直”相对言，亦释作“团圆”。

③说详郭沫若：《甲骨文字研究》，科学出版社 1982 年版，第 25 页。

④最近已有人考证，葡萄原产地是我国，野生葡萄遍布东北、山东、西北。

⑤王国维：《观堂集林》第一册，中华书局 1961 年版，第 222 页。

⑥〔宋〕洪兴祖：《楚辞补注》，中华书局 1983 年版，第 18 页。

⑦〔东汉〕许慎：《说文解字》第十一。

⑧浑、环语转，圆也。环、圆古音义相通。《韩非子 · 五蠹》：“自环者谓无私。”异文“环”作“营”。营者，圆也。《诗经》“子之还兮”，三家作“子之营兮”。营、垣、圆一音之转。环、回同源语。

⑨〔明〕叶子奇：《草木子》，中华书局 1959 版，第 85 页。

⑩杨伯峻：《春秋左传注》第二册，中华书局 1981 年版，第 638—639 页。

⑪〔清〕王先谦：《庄子集解 · 应帝王》。

⑫《太平御览》卷一，中华书局 1965 年版。

⑬《晋书 · 天文志》引《浑天仪注》，中华书局 1974 年版。

⑭《宋书 · 天文志》引王蕃，中华书局 1985 年版。

⑮见《提婆菩萨释楞枷经 · 外道小乘涅槃论》。

⑯《国语 · 郑语》，商务印书馆 1958 年版，第 187 页。

⑰〔清〕程瑶田《果蠃转语记》：“双声叠韵之字不可为典要，而唯变其所适也。”“以字形求之，盖有物焉而不仿。以意逆之，则变动而不居，抑或恒居其所也，见似而名，随声义在。”

⑱本文原是作者 1988 年 5 月为中国文化书院比较文学讲习班授课稿。

《长恨歌》故事与辽宁红山女神

1

白居易《长恨歌》中有关于唐明皇与杨贵妃爱情故事的著名诗句：

> 七月七日长生殿，夜半无人私语时。
> 在天愿作比翼鸟，在地愿为连理枝。

这两联诗千百年来脍炙人口。著名唐史专家陈寅恪却从典章礼制的角度对这两联诗提出质疑。他说：此诗所咏乃骊山华清宫长生殿。据《唐会要》此殿别名集灵台，是祀天神之斋宫。“神道清严，不可阑入儿女猥亵。”“据此，则李三郎（唐明皇）与杨贵妃于祀神沐浴之斋宫，夜半曲叙儿女私情。揆之事理，岂不可笑？”[①]也就是说，他认为在长生殿这样一个庄严的神殿中做儿女私情活动是绝不可能之事。

为什么白居易会犯这个错误呢？陈寅恪说，这是因为唐代长安还有另一座长生殿。此殿在长安而不在骊山，乃是帝王寝宫。白乐天当时尚年轻，“不谙国家典故，习于世俗，未及详察，遂致失言”[②]。这一断案，看起来有道理，以现代人而指出唐人咏唐代史事之错误，真是石破天惊，一举而发千古之覆！但殊不知，这一断案本身却原来是错的。在这里蕴涵着中国古代文化史上一个重大的秘密。

2

陈寅恪错在哪里，要从长生殿的由来说起。原来，长生殿不是普通的宫殿，它在中国古代文化中具有一种特殊的功能。为了说清这一点，我们不能不先谈谈汉武帝时所建的一处宫殿——益寿馆。

据《史记》记载，汉武帝有一座行宫名叫甘泉宫。甘泉宫中有一座神殿，名叫益寿馆，简称“寿宫”，又称“斋房”。馆前有一座台，名“通天台”。这座宫中供奉着一位女神名叫“神君”。据《史记》云，甘泉宫中的确多女巫——晋巫、荆（楚）巫、梁巫、胡巫。女巫为汉武帝请下凡间的这位神君究竟是什么人呢？此事未记著于正史，却广泛流传在小说家们的笔下，原来那位神君就是著名的西王母：

> 甘泉王母降。[3]
>
> 武帝接西王母，设珊瑚床，又为七宝床于桂宫。紫锦帷帐。[4]

桂宫本是月宫之名，但在这里它成了长安城中一座皇宫之名。据《汉书》，桂宫名叫“飞廉桂馆”。飞廉就是飞鸾，是中国神话中有名的通天使者，别名青鸟，其真相，有人说是燕子，也有人说是喜鹊。这两种鸟都是报春鸟，即春之使者，又是爱情的象征——在古代诗文中经常可以读到。

> （西王母）真美人也，视之可年卅许，修短得中……容颜绝世。
>
> 下车登床，武帝跪迎，命武帝共坐。王母赐仙桃。命随从女使歌舞。武帝请授长生之术，王母遣侍女告以秘术。至明旦，王母别去。[5]

请注意，汉武帝与西母秘坐“对食”，在这里是两性关系的隐语。[6]

把汉武帝会西王母故事与《史记》中汉武帝会神君的史实，以及民间流传的扶乩降神术比照一下，不难看出这三者的内核实际是相同的：鸾（青鸟）是使者，女巫是迎神人，下降者是一位女神。

女神传授给汉武帝的长生术是什么呢？参照《史记》和《汉书》中的记述，我们可以断定，这种秘术其实就是房中术——中国古代流行的男女秘戏之术。行这种秘术时往往还配有神秘的音乐，即《汉书》中所说的

"房中乐"。房中乐别名又叫"寿人之乐"——由此更可看出它与益寿馆的关系。[⑦]据记载，这种房中乐也是古代一种名叫《清庙》的神宫专用乐曲。

回过头来再看白居易的《长恨歌》和陈鸿的《长恨歌传》中所记述的唐明皇杨贵妃事迹。不难看出，这个故事的原型可以说是汉武帝会西王母故事的翻版：

①时间相同——都是七月七日[⑧]，"秋七月，牵牛织女相见之夕"。试问牛郎织女会于何处？答曰鹊桥。鹊桥是由喜鹊搭成的，而喜鹊却正是青鸟（鸾）的一种变型。

②地点也相同——唐明皇杨贵妃幽会于骊山长生殿。唐代长生殿其实就是汉代益寿馆的变名。最有趣的是，如果唐代长生殿有两处，一在骊山，一在长安，那么汉代益寿馆也恰有两处，一在甘泉（我猜甘泉就是骊山温泉），一在长安，亦即桂馆。[⑨]

③建筑布局相同——唐骊山长生殿前有集灵台，汉益寿馆前也有一座通天台。

由此看来，七月七日，唐明皇与杨贵妃于骊山长生殿前谈情说爱（无论仅作为诗人的一种艺术想象还是真实的史实），都是于典有征的。诗人白居易并没有错，倒是历史学家陈寅恪过于较真儿了。

3

陈寅恪之所以作出上述的断案，并不是偶然的。宋明以后道学家用他们的价值观来看待男女爱情（特别是两性关系），把它视为一种伦理禁忌，一种可耻、不洁和渎神的人类行为。这是陈寅恪作出上述误断的原因。

殊不知，在中国上古以至秦汉，甚至直到隋唐时代，中国人的两性观念中，虽然存在着一些与神秘宗教观念有关的性禁忌风俗和族内婚的伦理禁忌，同时却流行着一种颇为开放的两性文化——特别对未婚男女来说更是如此。

这种开放的两性文化，一方面体现在每年三月三踏春和九月九登高。这实际是两次盛大的男女野外节日（社日）。在这期间，"奔者不禁"。案，此"奔"训作"朋"，"朋者不禁"即未婚男女可以自由聚会而发生"性"关系。

这种开放的两性文化，另一方面又体现在古代女神宫殿的通神幽会中。这种幽会具有多方面的宗教文化涵义：既是祈祷多子、丰收、风调雨顺的巫术，又是奇特的宫庭神妓制度。那些侍奉女神的巫——古书中称作"神女""尸女"或"女要"，就是这种不仅能降神、代神传谕，而且可以作为神禖行阴阳采补之术而赐人福寿的神妓。

唐代长生殿，不仅在名称上保留着古代"寿宫"的含义，在功能上，作为高禖女神宫也具有祈多子和长寿的含义。而这种"寿宫"在先秦各国以方言不同而分别称作閟宫、密畤、清庙或春台。在晚近的宋元以后则演变为各地的娘娘庙。只是由于两性伦理和价值观的迁移，唐代以后的这种神宫已经愈来愈少有公开的神妓了。[10]

历史和典籍表明，中国古代的这种女神宫只设有女性神主（寿君、瑶姬、西王母、碧霞元君或太阴神）。这位女神往往又是某一部族的女性始祖。例如《诗经・鲁颂》中《閟宫》一篇，就是祭祀和赞美周人女祖姜嫄的颂诗。这种神宫的建制往往采用"前殿后寝"的方式，因此既是神庙，同时又是寝堂、卧室（《吕氏春秋》高诱注）。正因为此堂中可以行男女交合之事，所以上古又名"合宫"。

《楚辞》中著名的巫山高唐（台）神女（名瑶姬，居朝云馆）应也是这种神妓。无论楚庄王游云梦遇神女故事、汉武帝会西王母故事、曹植洛水遇宓妃故事，以及唐明皇杨贵妃长生殿故事，还有李商隐多首《无题》诗篇，所蕴涵的其实都是这一相同的文化原型。

这种女神宫的由来之古老是惊人的。1983年—1985年，辽宁牛河梁红山文化遗址发现了一座5000年前的大型女神庙。据发掘报告记载，庙址有一夯土大平台（长175米，宽159米）——这似乎是类同于通天台、神灵台或春台的台坛。平台南侧18米，有大型建筑残址，废墟中出土多个裸体着色的女神泥塑像，其形制与真人大小相仿。

如果我们说，红山文化的这一女神庙应是由先秦高唐（台）女神庙、閟宫、春台及春房，到秦汉的寿宫、益寿馆和唐代长生殿，以至宋元以下民间娘娘庙的宗教文化原型，那么庙中的诸女神作为爱神、春神就是中国的维纳斯——这一结论，恐怕未必很孟浪吧？

（原载《中国文化报》1987年5月19日）

注释

①陈寅恪：《元白诗笺证稿》，上海古籍出版社 1978 年版，第 41 页。

②陈寅恪：《元白诗笺证稿》，上海古籍出版社 1978 年版，第 42 页。

③《北堂书钞》引《幽明录》。

④《类林》杂注引《西京杂记》。

⑤《汉武内传》《博物志》大略。

⑥参看闻一多《神话与诗》。

⑦见《汉书》。

⑧见《长恨歌传》。

⑨我在《诸神的起源》中曾论证，西王母就是中国的月神，即牵合男女爱情的高禖神——月姥（月下老人）。所以桂馆以月宫为名，恐怕不是偶然的。

⑩《汉书・地理志》：“始桓公兄襄公淫乱，姑姊妹不嫁。于是令国中民家长女不得嫁，名曰巫儿，为家主祠，嫁者不利其家，民至今以为俗。”并参见《春秋公羊传》哀公六年何休注：“齐俗，妇人首祭事。”《战国策・齐策》：“臣邻人之女，设为不嫁。行年三十而有七子。不嫁则不嫁，然嫁过毕矣。”此种以长女献于神庙为巫儿的风俗，实际就是一种神妓制度。

中国上古神话的文化意义及研究方法

1

在人类原始文化中，神话居于一种特殊的地位。从功能观点看，上古神话至少具有三种社会作用：①它是一个解释系统；②它是一个礼仪系统；③它是一个操作系统。

所谓解释系统就是说，神话是远古先民的“哲学”和“科学”。他们要用这种意识形态来解释各种自然现象，解释人际关系，解释人类与自然的关系，并且解释他们自身的来源和历史。

所谓礼仪系统就是说，神话在远古先民那里，不仅具有超现实理论的力量，而且具有礼仪规范和价值规范的效力。他们没有法律，发生诉讼即由神判来决定曲直。他们没有具有自我意识的道德价值系统，以神的名义命誓就是行为的最高约束力量。礼教起源于祭神的仪式，且艺术起源于敬神的庆典和装饰。神话，其实就是先民们所信仰和崇拜的整个天神地祇系统的宗教理论基础。

所谓操作系统就是说，神话在先民手中又是一种巫术的实践力量。在旱涝等自然灾害面前，他们根据神话的启示筑起求雨逐旱的土龙，焚晒巫祝以求天佑。他们观察星象来预测人事。他们选择吉日以趋避凶神。因此，在原始先民的文化中，神话并不是一种单纯想象的虚构物，一些或有趣或荒谬的故事。神话本身构成一种独立的实体性文化。神话通常体现着一种民族文化的原始意象。而其深层结构又转化为一系列观念性的母题，对这种文化长期保持着深远和持久的影响。在这个意义上，上古神话既是一种法律，又是一种风俗和一种习惯势力，并且因此也是一种宗教。正因为如此，它不能随心所欲自由改变（改变或重新解释要冒渎神和叛教的危险）。它如果改变了，就意味着必定发生了文化方面——宗教或哲学、政治观念——的变革。因此，上古神话的演变是有其自身的规律性的。

2

对于现代人，上古神话的研究价值是不那么明显的。对许多人来说，神话除了其荒诞不经的形式，似乎并没有其他可重视的内容；尽管作为一种早已失去魅力的作品，它们还多少具有类似珍稀古玩的艺术价值。很少有人意识到，即使对于现代人来说，民族的远古神话也绝非只是一种梦幻性的存在。这是一个既是历史又依然是现实的实体。作为一种早期文化的象征性表记，远古神话是每个民族历史文化的源泉之一。在其中蕴涵着民族的哲学、艺术、宗教、风俗、习惯以及整个价值体系的起源。黑格尔曾说："古人在创造神话的时代，生活在诗的气氛里。他们不用抽象演绎的方式，而用凭想象创造形象的方式，把他们最内在最深刻的内心生活转变成认识的对象。"[①]马克思在谈到希腊神话时指出："一个成人不能再变成儿童，否则就变得稚气了。但是，儿童的天真不使它感到愉快吗？他自己不该努力在一个更高的阶梯上把儿童的真实再现出来吗？在每一个时代，它的固有性格不是在儿童的天性中纯真地复活着吗？为什么历史上的人类童年时代，在它发展的最完美的地方，不该作为永不复返的阶段而显示出永久的魅力呢？有粗野的儿童，有早熟的儿童。古代民族中有许多是属于这一类的。（而）希腊人是正常的儿童。"[②]

从艺术特征看，中国神话与希腊神话具有极为显著的不同。这种不同正反映了这两个民族在文化精神和价值取向上的深刻差异。

希腊神话充满了一种乐天的戏剧化气氛。他们的诸神体系普遍缺乏神性，却极富有近乎人类的鲜明个性。例如他们的上帝宙斯，没有中国神灵那种高高在上的神圣性和不可凌犯的威严，而具有一个凡俗男子的一切优点和弱点。他爱女人、爱冲动，也爱嫉妒。他常因轻信而受骗。普罗米修斯因盗天火而被宙斯处罚，要永远锁于高加索山巅。当他逃脱以后，只要在身上永远佩戴一只铁环，环上镶上一块高加索石片，就足以避免遭受宙斯的报复，因为这两件小东西竟可以使宙斯相信他仍然被锁在高加索的山顶上。作为威力无边的天地大神宙斯，却并不能自由追求他的所爱，因为他的妻子天后赫拉永远在监视和干涉着他。希腊人让他们的爱神尽情地嘲笑和戏弄这位被剥夺了爱情自由的天王。爱情折磨和困扰上帝——这真是人类对于神灵所能想象的一种最高讽刺！而爱情的权利高于上帝，这一点也正体现了希腊人的一种根本性的生活观念。所以他们的美神（维纳斯）是女性生殖器的象征，而他们的酒神狄俄尼索斯是情欲的化身——对酒神的祭典乃是希腊生活中最欢乐放浪的盛大节日。

黑格尔在论述希腊人的精神时指出：“（他们）一心一意地追求这个东西，而总是遇着它所探索的那个东西的反面——然而它并不因此存任何怀疑，也不反过来想想自己，而始终对自己和自己的事情充满着信心。自由的雅典精神的这个方面，这种在遭逢损失时仍然完全自得其乐的精神，这种在结果与现实事事与心愿相违时依旧心神不乱地确信自己的精神——这就是最高的喜剧。”③

与希腊相比，中国神话的内涵就显得完全不同。中国的天神是远离人间不食烟火的。他们不仅是至高无上的权力化身，而且是美德（圣）和全知全能（贤）的化身。中国神话的气氛是沉重和庄严的，以致这种沉重有时甚至是一种沉闷，这种庄严有时简直使人感到压抑。它充满一种内向的忧患意识和理性的反省思考。在伏羲女娲的人面蛇身形象中，似乎概括和象征着人类从野蛮过渡到文明这一进程是何等艰难！而在燧人氏、有巢氏、神农氏以及造字的仓颉、作甲子的大挠、掘井的伯益等一系列前古圣贤“观象制器”的故事中，我们看到了民族祖先对整个文明进程的追溯和反思。一只渺小的雀鸟精卫，为了复仇，决心一石一木地填平沧海。神农遍尝百草，死去活来，终于成为农神和医药之神！鲧被杀死于羽山，他的治水抱负宿命地要由他的儿子大禹来继承，于是由此又开始了13年漫长而艰辛的苦功——劈开巨山，凿通江河，他的情人由于那漫长而无希望的苦守和等待凝成了高山顶峰的一座石头！这是一种何等顽强而执着的追求！这是人对于自然、对于生活所作的一种多么深沉又多么有力的抗争！

如果说希腊神话好像爱琴海那蔚蓝明亮的海面和碧空，那么中国神话就是黄河那浑浊扭曲的水流，或者竟是那黑色的渤海——须知在汉字里海的本义正是晦黑与渺茫。

希腊民族的童年是无拘束而天真的，而华夏民族的童年却是有负担而早熟的。也许因为我们民族祖先所面临的自然条件和生活环境实在是太艰辛了！他们面临的生存挑战实在是太严峻了，他们不得不“筚路蓝缕，以启山林”。

远古神话内涵的这种差别，体现了东西方这两个伟大民族在性格上的深刻差别，事实上也决定了后来东西方两大文化系统全然不同的发展方向。由此可见，作为人类语言发明以后所形成的第一种意识形态，在神话的深层结构中，深刻地体现着一个民族的早期文化，并在以后的历史进程中积淀在民族精神的底层，转变为一种自律性的集体无意识，深刻地影响和左右着文化整体的全部发展。

在这个意义上，对上古神话的研究，就绝不仅仅是一种纯文学性的研究。这乃是对一个民族的民族心理、民族文化和民族历史最深层结构的研究——对一种文化之根的挖掘和求索。

3

考察人类各民族的史前神话系统，其所关联的原始母题基本不出乎以下的两个类型和四个种类：

第一类型：天地开辟神话
- ①解释大宇宙起源。
- ②解释天地之间各种自然现象起源。

第二类型：种族和文明起源的传说
- ①解释人类及本族始祖起源。
- ②解释人类文明（风俗、伦理、器用、技术）起源。

第一类型多半以超人类的神灵格为主体。

第二类型多半以人类中的英雄格——往往是人与神相交媾而生育的半人半神格——为主体。所以对前者，我们可以称之为关于上帝和诸神的故事；而对于后者，我们则可以称之为关于人神格英雄的故事。

有意思的是，在古神话中，一方面划分了神与人的明确界限，从而宣告了神与人的尖锐对立；另一方面，在所有民族古神话的深层结构中又都暗含着一个潜概念，即认为人与神具有原始的同一性。这种同一关系通常以两种形式表现在神话的故事内容中：①人类是天神的一种作品（《圣经·创世记》：上帝造人祖亚当及夏娃）。②人类是天神的嫡系子孙（历代华夏帝王均认为自己是天神的嫡派子孙——天子）。这实际上是一种自身分裂的矛盾意识。在它的深层结构上，映射着人类力图脱离大自然而走向自由独立，同时又不能不依托于大自然而生存的矛盾本体地位。

旧治中国神话者，恒有一错误观念，以为开辟神话应当早于始祖神话。而开辟神话中，天地开辟神话又必先于文明创造神话，以逻辑顺序言，固然好像理当如此。但考诸中国神话发生的实际历史，却未必然。就中国而言，夏、商、周诸族团的图腾神话、始祖神话，其来源就远早于关于宇宙天地的开辟神话。

中国人的始祖神话可以划分为两个级别。第一级次是关于全人类的共祖的神话，古华夏先民们认为它就是光明神——太阳神以及火神。第二级次是关于本族团的始祖神的神话，这就是夏祖女修吞月精而生禹的神话，商族简狄吞凤凰卵而生契的神话，以及周祖姜嫄与神龙交合生后稷（炎帝——神农）的神话。这里值得注意的是两点：①夏商周三族的始祖神全是女人。②这些女人都是不夫而孕，即所谓“感”生于神的。“感”字是中国文化中的性关系隐语之一。它有时可以写作“咸”字[④]或“甘”字。我很怀疑其本字实当作“甘”。《释名》：“甘，含也。”其字古形像口中含物之形，借喻交媾耳。日出之地名“咸池”“甘渊”，在这一名称中似乎也正映现了这种阴阳交合的观念。

中国关于文明创造的神话，多出自战国之际诸子之所创作，因此它们不同于自然形成的始祖神话，而具有着比较深刻的哲学和文化的自觉意识。战国诸子在文化观念上可分作进化论与退化论两派。前者以为今之文明胜于古之蒙昧，而后者则认为古之质朴应胜于今之文明（如老庄一派）。上述两派对文明的价值观有根本性分歧，但对于当日智识与技术所取得的各种伟大进步则无不惊叹。

诸子几乎都将文明的起源托附于古传说中的各族始祖神，如伏羲、神农、黄帝等等。但这实际又掩盖着一种神秘主义的潜流。这种做法产生了两方面的问题：①伪造了一个假的人文历史系统；②搞乱了古代自然流传的各族神话。

先秦中国本来是一个多种族多邦国的地域。《吕氏春秋・用民》："当禹之时，天下万国，至于汤而三千余国。"⑤

《逸周书・世俘解》："遂征四方，凡憝国九十有九国……凡服国六百五十有二。"

《墨子・非议》："古者天子之始封诸侯也，万有余。"甲骨卜辞中亦屡称多方、多方邦。

本来这些多方、多邦、多国——即不同的地区、各族团，均尊奉有自己独有的部族始祖神，而具有不同的始祖神话、图腾神话。春秋战国时期，兼并战争摧毁了种族封疆的原有界限，在以华夏族团为核心的民族融合进程中，有些图腾随着崇祀他们的种族而灭亡了，有些图腾则随着他们的族团而与华夏族团融合于一体了。

前此散处中原的无数小国小邦小族，以夏、商、周三大族团为核心，走向汇合和统一。在这个伟大的历史性进程中，许多国族灭国绝祀，许多地域性的文化丧失了其原有的特殊性色彩，许多宗系被强制性地合并到华夏民族的大系统之中。

在这一融合的过程中，那些被合并进来的异族中的文化代表，不甘心于亡国灭族的遭遇——他们在武力上失败了，在政治上被征服了，在文化上却默默地进行了新的反抗。宣扬和纪念自己的祖先，为自己的祖先以及本族的历史在华夏族的大谱序和大历史中建立一种独特的位置，这正是从文化和心理上进行反抗的一种形式。其结果就是出现了各种不同的史传和记载，因而造成了上古中夏族姓谱序和神话历史系统的严重混乱。这种惊人的混乱，甚至使汉初司马迁这样伟大的历史家也不能不为之叹息："学者多称五帝，尚矣。然《尚书》独载尧以来，而百家言黄帝，其文不雅驯，荐绅先生难言之。"⑥

4

中国上古神话向以难治见称。这种困难主要来自两个方面：第一是史料的不可靠，第二是记载的矛盾和歧异，由此造成了本书中多次述及并不得不付出大力以作清理的异名同格、同名异格和同事异名这三大类型的混乱现象。

顾颉刚先生曾指出：

> 研究历史，第一步工作是审查史料。有了正确的史料做基础，方可希望有正确的历史著作出现。史料很多，大概可分成三类：一类是实物，一类是记载，再有一类是传说。这三类里，都有可用和不可用的，也有不可用于此而可用于彼的。⑦

顾先生认为中国古人普遍缺乏“历史观念”，因而往往一经改朝换代，必扔掉毁掉旧朝代的遗物。其结果是：“凡是没有史料做基础的历史，当然只得收容许多传说。这种传说有真的，也有假的，会自由流行，也会自由改变，改变的缘故，有无意的，也有有意的。中国的历史就结集于这样的交互错综的状态之中。”⑧

由于史料不可靠，其结果就是：中国事实上根本没有独立的、非历史的神话系统。全部上古神话都是作为一种历史传说流传下来的。这种历史与神话的重叠，造成了充满上古记载的那种乍看起来完全不可思议的“民神杂糅”和人神同格的非理性现象。所以中国上古传说中的诸开辟者——伏羲、燧人、有巢、黄帝、炎帝、蚩尤、大禹以至殷商人的女祖简狄、周人的女祖姜嫄等等，无一不是半神半人的神人同格体⑨。他们究竟是神还是人？从历史的角度看，这也许将是一个永远可以争议的问题。因此，要试图在这些不可靠的传说中，发现一种理性结构的存在，找出他们的秩序和规则，并对之作出文化性的解释，乍看起来简直是不可能的。

在中国古神话中还经常可以看到这样的现象：人物 A 在另外的记载中却变成了 B。例如神农，有的书中说他是炎帝，而有的书中则说神农自是神农，炎帝自是炎帝⑩，两人毫无关系。这种现象我们称之为异神（名）同格现象。

在神话中又常见到同一个 A 竟分化为许多个“A”，分别存在于不同的时间和空间中。例如射神羿，在有的传说中是帝尧时的人物，而在有的传说中又是夏初的人物，甚至还有的记载说他是西周的人物。三者年代相差超过 1000 年。这种现象，我们称之为同名异格现象。

大禹杀黑龙的故事，在另外的记载中转型为女娲杀黑龙的故事。A 的事迹变成 B 的事迹，这种同事异名的现象，也是古神话中常有的。

上述三种现象在中国神话中都是相当普遍的。对于这三种现象，仅仅用形式逻辑的不矛盾律就已足以宣判它们是假系统。近代的疑古学派就是这样做的。顾颉刚先生认为上古史（神话）基本上是后人伪造托古的系统。他提出了著名的“古史传说层累增加”的定律，认为传说的时地愈广，其变形愈大，枝节愈丰富，因而愈不可靠。但这样一来，中国上古史包括《史记》在内的许多记载就都要被划入可疑和伪造的行列，其结果势必造成历史中的一大片空白。

近年来的一些著述者则又采取了一种完全相反的办法。他们各取所需，对上古史中那些矛盾的传说避而不见，只是根据自身著书的需要和目的，选择单方面有利于己说的材料，以证成主观的立说为唯一目的。这样构造的古史系统，只能是建立在沙滩上的！

5

我认为，上古神话系统，是从属并表现着人类史上一个特定文化阶段的符号系统。它不仅体现了先民们最初的知（而不是无知），从而存储着重要的文化信息，而且具有自身的生成—变形逻辑。

一般来说，每一个神话系统都可以划分为三个层面：

①语音、文字所组成的语句层面。

②由一个语句集合构造成的一个语义层面。这个层面乃是对语句的第一层解释。

③作为深层结构的文化隐义层面。它构成对一个神话由来的真正解释。对任何神话的研究，只有在深入地掌握了这个层面之后才能算是成功的。

从操作上说，本书所采取的分析步骤，大致可以区分为如下几步：

①首先将与一个共同母题有关的代表性神话联结成一个大系统。

②用训诂学的方法扫除理解这个神话系统的语言障碍。

③找出这个系统的组合、生成与变形规则。

④最后，发现、揭示作为这个神话系统深层结构的文化信息层面。

前已指出，原始神话是表征一种原始文化的一个语音符号系统。作为这样一个系统，它包含有：①一组文化信息；②一组语言符号；③一组构成规则；④一组变形规则；⑤按照构成与变形的规则操作，而生成的一个文化——语句符号集合。

根据作者的研究，中国神话生成和变形的一般规则是：

①一组文化信息转变成一组象征性意象，成为一个故事。

②由口头讲述的故事（传说）转变成一组古典文献的记载。

③在这一转变的过程中，由于单体汉字作为音意符号的特殊表达功能，因而在记录故事和转述故事时就发生了大量的同（近）音异字现象。其结果是，每一个新的同音异体字，都把自己的义素汇加于这个神话的原有语义系统之中。这样就不可避免地导致了语义层面上的变异和歧义。

以上这个规则，我们称作中国神话的音义递变规则，这是把握中国神话结构变形规律的一项主要规则。

（原载《学习与探索》1986 年第 3 期）

注释

①［德］黑格尔：《美学》第 2 卷，商务印书馆 1986 年版，第 18 页。

②《马克思恩格斯全集》第 46 卷上册，人民出版社 1979 年版，第 549 页。

③［德］黑格尔：《哲学史讲演录》第 2 卷，商务印书馆 1959 年版，第 78 页。

④王明先生曾指出，《周易咸卦》即是一组描写男女交合的字谜。见《中国哲学》第 10 辑。

⑤《吕氏春秋·离俗览·用民篇》。

⑥〔汉〕司马迁：《史记》，中华书局 1964 年版，第 46 页。

⑦⑧〔清〕崔述：《崔东壁遗书·序》，上海古籍出版社 1983 年版。

⑨〔汉〕司马迁：《史记·封禅书·索隐》。

⑩章太炎《膏兰室札记》：“《海内经》有帝俊赐羿彤弓素矰之语。《淮南子》称尧时有射十日之羿，与有穷后羿异。按《御览》八〇五引《随巢子》曰：幽厉之时，奚禄山坏，天赐玉玦于羿，遂以残其身。以此为福而祸。据此则幽厉时又有羿也。”（参见章炳麟：《章太炎全集》第 1 卷，上海人民出版社 1982 年版，第 209 页）

钟馗的起源

古今画家喜绘钟馗，而鲜有识其源者。宋沈括《梦溪笔谈》云，俗传说钟馗以为唐明皇时落第进士，终南人。殊不知唐明皇时宰相张说云，钟馗传说来源至少不晚于六朝，至唐时则失考也。近世有学者或据《考工记》，以为钟馗即“终葵”，“大椎”也（“终葵”合音读“椎”）。又说鬼畏椎，遂人格化而为钟馗。其说胜处，是不泥于以钟馗为真人之名氏，而试图从语源上寻其根源。唯此说仍知其一而不知其二。所谓“鬼畏椎”之说实出无稽。盖古语“椎”与“槌”通。所谓大椎者，乃大槌也。上古传说中有鼓神，鼓神之像即手操大椎（槌）者。中国古神话以鼓神与雷神为一体，雷神或手持大椎，或手操斧斤。

雷神，俗称雷公或雷鬼，其形狞厉，鸟首人身，正乃镇鬼之厉神也。

雷鬼，即击钟鼓之鬼。钟鼓者，天鼓也。其本名当作中鬼、钟鬼或东鬼（东鬼即东方神勾芒）。而钟鬼转音即为钟馗也。

又，钟馗之名早见诸姓氏。《左传》记殷遗民八族有终葵氏，当为造钟鼓者族姓。而殷贤相名“仲虺”，亦为钟馗之别语。《楚辞·招魂》言“雄虺九首”，九、鬼古音义皆同源。九首即鬼首，馗字正是九首合文。而汉人注《诗经》，谓雄虺即蜥蜴。

余尝考古之神龙即传说中雷神，真相乃鳄鱼之神（大蜥蜴）变相。又古人以龙虎为同类，鳄鱼、老虎古皆称大虫，大虫即雄虺。鳄鱼神演变为龙神、雨神、雷神、社稷神，及辟邪、霹雳、镇鬼之神，春节正月元旦舞龙，民俗以虎为辟邪物，皆源于此信仰也。近年湖北出土梁代画砖中有

《雷鬼击连鼓图》，马王堆出土帛画中有《土神镇鬼图》，土神之形有鳞、翼、尾、角、锐爪，此当即今日所见较早之钟馗图，而其实亦皆乃龙神、鳄鱼神之变相也。

千古之谜一朝而破，快何如之！

1991 年 6 月 4 日（原载《诸神的起源》）

符号与象征

1

中国绘画有两个起源：

一种是具象的，其在远古的典型表现是用于宗教活动的岩崖刻绘画，后来演进为宗教和政治建筑的神圣壁画。

一种是抽象的，其在远古的典型表现，就是用于纯粹装饰性目的、也具有某种神圣象征性意义的装饰图纹（见诸陶器、铜器以及其他屋宇器具服装的装饰图像画）。

在这里极引人注意的一点，又是关涉绘画艺术起源和原始功能的一点，就是上古绘画艺术所普遍共有的象征性意义。

2

近年来，“符号”对国内学术界已不算是一个很生疏的概念，但对符号内涵的研究尚停滞在一个较肤浅的水平上。除了一些短篇的译著，至今尚未出现系统化的研究著作，缺乏真正采用符号学方法对语言、逻辑、艺术以及其他人文现象作系统研究的专著。

我拟选择中国传统艺术中两个最便于采用符号分析的领域，即神秘象征符号与水墨文人画，尝试从事一种开拓性的研究。

作为理论的准备，在这里首先介绍一下作为符号学的基本概念和要点。

3

符号学（Semiology）一词源于希腊语，其本义是研究征兆或象征。所谓征兆，就是出现于自然界或人类生活中的一些微小迹象，通过其存现，人们试图辨识或预见与之相关的某些具有重大涵义的事件。这种前兆学或预兆学是符号学的前身，或者说尚处于前科学的神秘状态的一种预测和对策研究。从16世纪以来，Semiology（和Semiography）被应用于研究症状的医学，形成现在的症状学（Symptomatology）。

在较晚近的军事中应用"Semiology"一词，解释为信号，例如传达通讯和指令的鼓角、军号，从而具有了接近于现代的语义。

4

20世纪初瑞士语言学家索绪尔把Semiology（法译Semiologie）从宽泛的意义上引入语言学。他认为符号学可以成为认知论的一部分。有时他使用"Signology"一词，注重研究符号在社会文化中的意义。美国实用主义哲学创始人、逻辑学家皮尔士提出"Semiotics（法译Semiotque）"一词，他强调符号的逻辑意义，认为符号学是指把任何有意义的现象合为一体，包括所有科学、所有交往系统和所有现象的给定网络（a given class）的解释系统。

符号学是一门在20世纪才获得了生命力的新建学科，仍处在探索性阶段。因此，关于符号学的命名涉及许多术语学（Terminology）问题，至今尚未最后定论。

5

符号即表示意义的标记。这种标记分为两类：一种是使用一个人为的、与意义只有约定性提示关系的标记，如化学符号、数学符号、字母符号。一种是不仅有约定关系，而且直接或间接地与意义具有某种联想关系的标记，如意象、图像、音乐等。前者即抽象与命名（概念与词），后者即象征。

符号 {记号（与消息无关）
象征（与消息有联想关系）

6

艺术起源于象征，其本质和功能亦是象征。

艺术是组织化和系统化的象征集丛。非组织化和系统化的象征可能有艺术性，但并非艺术。

现代艺术理论必须掌握的不仅有美学（这至今仍是一门非规范化的科学），而且还有信息论和符号学。因为艺术与语言一样，也是一种信息记录和传播的手段。

7

信息作用实际是宇宙内各种事物间因果联系作用的一种特殊形式。在机械的因果作用中，原因就是导致对象状态发生改变的事物。在这个作用过程被看作一个有机传播的关系时，这个致变因也就是有意义的信息。例如：红灯——停车。这既是一个因果链条，也是一个信息链条。因果过程与信息过程的区别在于：因果是直接的行为状态转换，而信息则需要译解码后行为状态方能转换。

8

符号是人类传播行为的必要工具。

在人类的文化行为中，传播与沟通是一种极重要的事。艺术是一种排除了直接功利性目的的传播与沟通。

传播理论讨论：

——谁？

——讲什么？（信息，语义学）

传播学讨论：

——以何种方式？（工具，符号，语形学）

——对谁？

——目的？

效果评价（有意义或无意义）（语用学）

控制分析，内涵分析，媒介分析，对象分析，效果分析。

9

语言与艺术，具象与象征同时起源，其原因是主体与对象的二重化。主体意识到对象是可以二重化的：①现象的世界，②意义的世界。

为了把握这一世界而模拟之：一是用命名和命题，这是语言与思维的起源；一是用一个拟构的“象”去把握与现象有关的一系列意义。这就是绘画、音乐、舞蹈、雕塑等象征形式的起源。

10

绘画与雕塑、音乐与舞蹈，我们无法确定其产生孰先孰后。它们具有共同起源、共同功能。象征是工具，其目的是表达意义。

当被拟构的“象”本身作为形式凝定化，并且与内涵意义的联系被凝定化时，这种“象”的形式也就成为一种价值，这个形式化的价值就是“美”。

价值就是被肯定的对象对于人的释义。

11

象征是介于比喻与抽象之间的一个描写方式。

人类描写世界有三种方式：

①比喻。初级的，即以一个事物 A 描写另一个事物 B。事物 A 在某一方面必须与事物 B 有相似性。

②象征。仍然以一个事物 A 描写另一个事物 B，但 A 与 B 的关系是在非约定意义上若隐若明地存现的。

③记号、命名。完全是在主观约定意义上的，人类只有通过描写世界方能达到对世界的认知。

皮尔士说，宇宙渗透在记号中（sign）。之所以如此，就是因为宇宙是双重的构成。这就是显现（现象）与实质（意义）。

显现——征兆——现象，实质——意义

征兆实际是现象的统计性局部，也是象征。语言与思维模拟宇宙。

实质，意义{记号
象征

以记号间的关系、结构，既模拟动态的现象世界，又模拟世界由实质向现象的推移和运作。

12

记号（sign），符号（symbol）。

象征（主观），征兆（客观）。

象征因人造与非人造的不同而划分为象征、征兆。

象征与比喻不同。比喻中喻者与被喻者有某种可比性关系。燕山雪花大如席，这人胖得像猪，这人吃起来像头狼，有相似关系。象征则是间断的，指桑骂槐，指东说西。老狗玩不会新把戏，说的根本不是狗。

象征与记号的区别在于：记号与对象的表面现实没有或不必有联系，它直接对应于实质；而象征则试图使符号与表面现实建立一种设定性的联系，似乎引向了表面现实，并且以此为中介而过渡向意义。艺术是象征，就是借助于这一点。记号表述思想，而象征表述本体。

在象征中，象体与对象的关系是间断的，是无关的，但联想作用使它们变成有关的。这种联想作用构成解码的愉快、智力的专注而有效果的形式化活动，测验你懂还是不懂。

13

比喻：A像B。既说A，又说B。

象征：B隐藏于A。只说A，意在B。

在这里我们又可以注意到：象征与记号的界限并非那么分明。象征可以被看作一个记号，即字，当视觉形象的关联性被切断时。

14

象征三基元：

①力的象征——力是原因，是动力与原动力，是本质或本原或本体或实体，是根，是父亲与父权，是动作。

②存有的象征——是生命，是连续性（空间），是我，是主体，是现实，是喜剧与欢乐。

③生殖的象征——是生殖，是延续性（时间），是子嗣，是异化与非我，是悲剧与忧伤，是超越。

由此我们可以解释那神秘的三位一体之谜。三位一体出现在古代几乎所有民族的古代神话宗教与哲学主题中。

> 圣父——是太阳神，是上帝，是造物主。
>
> 圣灵——是酒神，是宇宙，是万物。
>
> 圣子——是 A 与 B 的合一。

这三大象征出现在原始宗教和哲学中，也出现在原始造型艺术中。

15

这三基元也是人类艺术三大永恒主题，是艺术语言的深层结构。

> 力（战神艺术）——战争、英雄、权威、死亡、悲剧与不幸。
>
> 存有（日神艺术）——和平、静穆、幸福、正剧与伦理，圣母像等。
>
> 生殖（酒神艺术）——爱情。

这三大范畴的深刻性在于：它们不仅是艺术的范畴，而且是哲学和宗教的基元范畴。

> 力 = 主体，圣父
>
> 存有 = 客体，圣灵
>
> 延续 = 主客，圣子

16

不了解一种文化形态，就不能理解与之相关的一种艺术。文化形态是一个包含复杂因子的整体概念。生产方式是区别文化形态的显著特征之一。例如澳洲的人是狩猎和采集者，印加人是农业种植者。生产事业是一切文化形态的命根，是最基本的文化现象。艺术永远不是个人的现象，而是社会的现象。没有读者，诗人不会写诗的。

17

关于艺术的社会功用问题是一个自柏拉图以来即被争论不休的问题。艺术永远具有矛盾的性格：作为社会职能，艺术应使人与人结合于社会；而作为自我表现，艺术应使个人解脱于社会。因此，作为民众教师的诗人柏拉图与作为人类主宰的诗人叔本华是对立的。

18

艺术发展规律：

抽象（用线条、符号表现形象、简约化）→具体（寻求真实、细致、因细致而变形）→抽象（大匠风度，把握整体最本质的表现方式）→具体、抽象（自由）

艺术进化的两大方向：

横的——艺术表现方式的增多（多样性）。

纵的——一种艺术手段的进化。

19

又一种艺术分类方式：

①静的艺术（装饰、绘画、雕刻）

②动的艺术（诗歌、舞蹈、音乐）

20

《易经・系辞》:“古者包牺氏之王天下也，仰则观象于天，俯则观法于地，观鸟兽之文与地之宜，近取诸身，远取诸物，于是始作八卦，以通神明之德，以类万物之情。”

这应是中国古代最早的符号象征理论。(《说文解字叙》引此以说文字的起源，并说:“仓颉之初作书也，盖依类象形，故谓之文。其后形声相益，即谓之字。”)

《左传》宣公三年:“昔夏之方有德也，远方图物，贡金九牧，铸鼎象物，百物而为之备，使民知神奸。”[①]可与上说相印证。

此是最早书画同源之理论，后人据此以为中国文字始于象形。此说久已为郭沫若所辟。中国文字有双系起源:一象形，一记号。“文”，本来就兼有文字和图纹两义。[②]

21

由此演化出唐张彦远书画同源论:

> 按字学之部，其体有六:一古文，二奇字，三篆书，四佐书，五缪篆，六鸟书。在幡信上书瑞象鸟头者，则画之流也。颜光禄云:“图载之意有三:一曰图理，卦象是也;二曰图识，字学是也;三曰图形，绘画是也。”又周官教国子以六书，其三曰象形，则画之意也。是故知书画异名而同体也。[③]

元朱德润:“画则字书之一变也。”

明宋濂:“书与画非异道也，其初一致也。”

明何良俊:“书画同出一源，盖画即六书之一，所记录形者也。”

其他还有把画看作书法起源、早期文字，从功能上认为绘画与文字都表意，从原理方法上认为画理与书理相通。

22

运用符号学的理论，描述和解释从史前石器时代到清末的中国视觉艺术（主要是绘画和书法）史。

中国画是一个诗书跋题印画总体，是一个统一象征体系。绘画起于书法。绘画与书艺，是一种借语言文学意识的力量超越时空、征服时空生命的象征体系。

一些常用的符号：桃（长寿）、虎（辟邪）、鹿（禄）、鹤（贺）、石榴（多子）、山水（天地、永恒）、松（崇敬）、竹（劲节）、梅（傲骨）等。现代人乱画，均失其文化本意，而走向最空泛的形式主义。

古代符咒本来是文字镇邪密码。书艺本此，即中国文化对文字的迷信。文人画出现是由宗教意识向哲学意识的提升和解放。

（本文是笔者20世纪80年代研究古典中国绘画及符号学的一则札记。原拟作一部专著的提纲，后因故中断。）

注释

①杨伯峻：《春秋左传注》第二册，中华书局1981年版，第669页。

②李孝定《汉字起源的一元说和二元说》，《古文字学论集》（初编），香港中文大学1983年。

③〔唐〕张彦远：《历代名画记》，人民美术出版社1964年版，第2页。

艺术作品的符号学分析

1

本文的目的是，把艺术现象作为人类的一种通讯系统进行研究。换句话说，也就是把艺术现象作为一种语言和符号现象来进行研究。

这个想法对于只习惯从传统思辨美学的角度看待艺术现象的人，可能是很新鲜的。实际上，早在18世纪的鲍姆加通那里，特别是在20世纪初克罗齐的美学著作中，都曾经指出艺术与语言、美学与语言学具有深刻关系。而在今天，现代信息科学中所应用的“语言”概念，其外延比过去大大拓展了。

所谓“语言”是指什么呢？语言就是用以传递信息的符号系统。通常所理解的狭义语言（口语）及其文字表现（书面语），都不过是这种广义语言之中的特殊形式。

心理学家J. 皮亚杰（Jean Piaget）指出：

> 语言学，无论就其理论结构而言，还是就其任务之确切性而言，都是在人文科学中领先并且将对其他各种学科有重大影响的带头学科。

而本文就是将符号语言学信息科学和控制论的方法应用于艺术系统分析的一个尝试。

美学中最困难的问题之一，是对于“美”下一个定义。与此密切相关的，则是对于美的评价以及评价标准的问题。而解决后一问题的必要性更突出了对前一问题给予解决的迫切性。

然而自苏格拉底和柏拉图的时代以来，对于这个问题，在传统理论的框架（“规范”，库恩的说法）内是难以解决的。

柏拉图说：“美是难的。”两千年来，在这一定义上，美学理论事实上未必前进了一步。传统美学至今尚未走出思辨形而上学（就这个概念的本来意义而言）的阶段。（“艺术似乎正面临着被大肆泛滥的空头理论扼杀的危险……由于人们总是喜欢用抽象思辨的方式去谈论艺术，就不可避免地给人造成一种印象：艺术是使人无法捉摸的东西。”[①]）

传统美学理论可划分为三大类型：①形式美学；②心理美学；③价值美学。

形式美学以艺术品为对象，研究其结构与形式，即研究审美过程的客体事实。这是美学中最古老的流派，其肇源可一直追溯到古希腊时代。

心理美学导源于康德的认识论美学，而发展于弗洛伊德的精神分析美学。

康德认为，人类心灵的功能可以归纳为三种：思维的功能，情感的功能，意志（欲望）的功能。[②]前者属于抽象理性，后者属于实践理性，而居间者则是判断力。判断力是美学（关于美）和伦理学（关于善）的认识能力。康德认为，审美是一个主观的心理问题：

> 一个客体表象的美学性质是纯粹主观方面的东西，这就是说，构成这种性质的是和主体而不是和客体有关。[③]

其评价的基础是作为先验判断范畴的合目的性，即美的观念。合于这种观念的现象，使人产生愉快的情感，由此产生美的评价。

弗洛伊德的美学思想在本质上可认为与康德学说同源。只是他把康德所谓先验判断范畴，即人心中关于美的先验观念，归结为由性本能所支配的心理现象。而心理美学的基本特征就是把审美看作主体的心理事实，侧重于对人类审美心理结构的研究。

由于中国文化所具有的独特性质，美学的上述两个流派在中国均未得到充分的发展。中国的美学主要是价值美学。所谓价值美学，也可以称作伦理美学或社会学美学。这一类型的美学，所重视的主要是审美的社会学意义——艺术对于伦理、政治、风俗的教化作用。一个有代表性的事例是孔子对《诗经》的评价，他既不是从审美角度，也不是从情感角度作出评价，而是从道德价值角度作出评价：

诗三百，一言以蔽之：思无邪。

用现代的语言说，即：

这三百首诗，从伦理学的观点看，都没有邪念。

这是很有意思的一种评价方式。价值美学否认美的评价可以脱离和独立于伦理学上“善”的评价之外（美必定善，并且只有善才是美）。

艺术作为自在的对象，必然有其内在的形式和结构。艺术作为欣赏对象，必然与主体的心理和情感发生相互作用。艺术通过情感和心理直接影响于审美个体，并从而必然间接地影响作为总体的主体——社会。

由此看来，传统美学的这三大类型，事实上正是从三种不同的角度和层次考察了艺术与主体的关系。但由于传统美学缺乏整体论的系统思想，它们往往只是从上述三个不同角度对艺术进行了一种片面的观察。

2

克罗齐曾说过：艺术是人类最基本的语言形态。美学就是艺术的语言分析。这是克罗齐美学体系中一个最深刻的命题，也是通常最少受到重视的命题（无论在他那里还是在他的学派那里）。

我们知道，艺术是一个具有多种功能的系统，其主导性的元功能乃是作为信息工具。也就是说，艺术家通过艺术作品——音乐、美术、文学、建筑等——传播关于感情和思想的某种信息。在这个意义上，艺术确是一种语言，是广义的人类语言系统中的一种特殊形态。

艺术的这种作用不亚于（有时甚至强于）由自然语言所构成的第一语言系统。这一事实极其明显，而揭示这一点的意义又极其重大。但令人惊奇的是，在传统美学中至今尚只有很少的一些人注意这一事实。克罗齐曾指出美学与一般语言学有关，美国美学家苏珊·朗格也提出“艺术是情感符号”这一颇有意思的命题，但他们都未从信息论和符号学的角度对艺术现象作深入的研究。

艺术具有传递信息的语言作用，这一事实是极其明显的。而对于“艺术是人类的一种特殊语言”这一命题，一定会有争论，一定会有诸如“它不够完备”“它不能概括艺术的多种复杂功能”等等异议。

但是请注意：我们这里所说的语言功能，仅仅是指出这是艺术的元功能，而不是全部功能或唯一功能。这只是我们讨论的起点，而不是终点。这里所想强调的是：只有充分理解艺术的这个元功能，艺术的其他功能才可能得到正确的理解。反之，就不可能。

为了更深刻地解释“艺术是一种信息工具”这一命题，我们不妨征引一些语言学家关于语言的定义，然后以之与艺术进行比较。

索绪尔（F. de Saussure）说：

> 语言是表达思想的符号体系。

萨丕尔（E. Sapir）说：

> 语言是利用任意产生的符号体系来表达思想、感情和愿望的人类特有的、非本能的方法。

耶斯伯逊（D. Jespersen）说：

> 语言是以交流思想和感情为目的的人的活动。

凯因茨（F. Kainz）说：

> 语言是符号结构。藉它可以表现某些有思想的、有对象的内容。④

在关于语言的上引诸定义中，试用“艺术”这个词去置换在各句中居主语地位的“语言”一词，那么这些定义就立刻可以非常恰当地转变成为关于艺术的定义。因为毫无疑问，我们可以断言：艺术是表达思想的（自由）符号体系（艺术的符号，在音乐中由音调构成，在绘画中由线条与色彩构成，在文学中由文字构成，在舞蹈中由形体和动作构成，等等）。语言学家福斯勒（K. Vesler）曾说："语言是精神的外现。语言史是一部精神外观的形式史，因而也是最广义的艺术史。"而我们可以倒过来说——艺术乃是精神的外现。艺术史正是一部精神外现的形式史，因而也是最广义的语言史。对这一问题，克罗齐最早具有深刻的直觉。他曾完全正确地指出：

> 美学与语言学，当作真正的科学来看，并不是两事而是一事……语言的哲学就是艺术的哲学……语言学的一切科学问题和美学问题都相同。

他并且预言：

> 在科学进展的某一阶段，语言学就其作为哲学而言，必须全部浸入美学里去，不留一点剩余。[⑤]

可惜的是，他并没有沿着这个方向深入地研究下去。

我们知道，一切艺术客体的构成都可以分解为两大要素：①表现——形式、形象、现象。②蕴涵——情感要素、意义要素、目的性。（参看克莱夫·贝尔关于艺术的著名的定义：即有意义的形式。在各个不同的作品中，线条、色彩以某种特殊方式组成形式或形式间的关系，激起我们的审美感情。这种线、色的关系和组合，这些审美的感人的形式，我称之为有意义的形式。[⑥]）

以中国书法艺术为例，在一幅作品中墨色与线条是表现，通过浓淡、刚柔、粗细刻画出疾徐轻重的动态感、韵律感和节奏感，通过这种动态、韵律和节奏的统一显现了主体的某种情感，亦即书法家有意识也可能无意识地赋予这幅书作的蕴涵。

另一方面，书法的蕴涵又是空灵而抽象的。因为粗、细、柔、刚、浓、淡这些概念在一幅书作中固然可以感受到，却很难定量地定义。

在某一幅书作中被感受为很刚劲的一组线条，在另一幅书作中却可能被感受为很柔媚。因此，一组特定的表现（粗、细、柔、刚），与一组特定的情感（喜、怒、哀、乐、静、动）之间的同构关系，是很难确定的，虽然在任何一幅书作中都必然无例外地被感觉到。

还应当指出，艺术作品的蕴涵是存在层级之分的。以书法名作《兰亭序》为例，其第一级蕴涵是通过那种清逸俊秀的书体所显示的情感蕴涵，它还有第二级蕴涵，即蕴涵在作品语义结构中的哲学思考。

虽然对于一幅单纯书法的作品来说，这第二级蕴涵既非必然亦非必要（林语堂在《中国文化与中国人》中说："把中国书法当作一种抽象画，也许最能解释其中的特征。判断中国书法的好坏，可以完全不管文字的意思，只把它看作抽象的构图。它是抽象画，因为它并不描绘任何具象的物体。"），但这种第二级蕴涵的存在，无疑可以深化作品的意境。

索绪尔的语言理论指出，语言符号也是一种两面的心理实体（与艺术相同）：①它是一个指号系统（"能指" Signifiant）。②它是一个蕴涵意义的系统（"所指" Signifie）。

通常人们容易持有一种习惯看法，认为语言中的词是关于事物的名称和符号，也就是说：

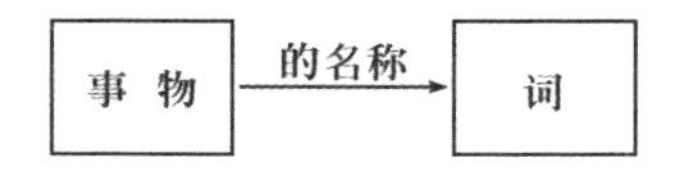

而索绪尔告诉我们：这种看法是错的。词所表达的并不是事物，而是我们关于某事物的一种观念，即"语言符号联结的不是事物的名称，而是概念和音响形象"。

由此形成了奥登（C. Ogden）和理查兹（I. A. Richards）所提出的语义三角形。

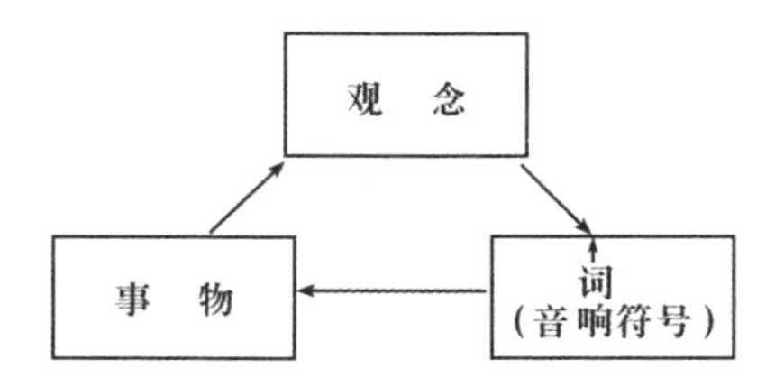

这是现代语言学中用以描述词与事物，即能指与所指关系的三度空间。人们首先对事物形成一种观念，然后通过一种音响形象作为这种观念，这就是词。关于事物的那种观念，就是"所指"（乔姆斯基称之为语言的深层结构或语义），而这个观念的音响形象就是能指。引人深思的是，在艺术理论中也存在一种根深蒂固的成见，认为艺术是对生活的模仿。

只要对艺术作品的创作过程作一下分析就可以发现，这种模仿（或映象）的理论（来自亚里士多德的《诗学》中“戏剧是模仿”的陈旧命题）是站不住脚的。事实上，从来没有，也不可能有一种直接描写对象的作品。古今一切艺术作品（无论最伟大的，还是最渺小的）所描写的都不是对象，而是创作者本人对对象的观念——印象或经验。

作者可以自以为是客观的，是所谓写实，但这种客观的经验（感觉、知觉、印象、思考的综合）仍然是主观的东西，是人的东西。所以与语言完全相同，艺术作品形成过程的模型也是三维度的：

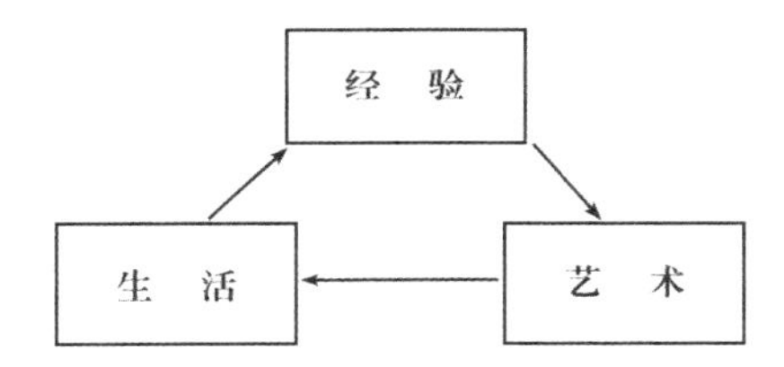

艺术家首先对某种生活形成主体个人的某种感受、印象和观念，然后随机地（常常与他的天赋气质和外部条件有关）找到一种艺术手段，如诗或文学或绘画或音乐的寄托形式，于是将这种主观的东西加工成作品。索绪尔曾指出，在语言中：

> 能指和所指的联系是任意的，或者，因为我们所说的符号是指能指和所指相联结所产生的整体。我们可以更简单地说：语言符号是任意的。[7]

艺术作品作为一个符号系统，其表现形式（能指）具有自由选择的任意性。换句话说，同一主题，艺术家既可以选择诗歌这个符号系统作为表现，也可以选择绘画、音乐或其他任何符号系统作为表现。这种形式选择的自由度正是艺术天才得以发挥的广阔天地，以至“我们可以说，完全任意的符号比其他符号更能实现符号方式的理想，这就是为什么语言这种最复杂最广泛的表达系统同时也是最富有特点的表达系统”。[8]

在以上的论述中，我们多次接触到了“符号”这个概念。因此对这个概念有必要给予一个定义。简单地说，符号就是一种事物，它被用来表示另一种与它本身不同的事物。

街上的红绿灯是一种符号，它表示来往车辆到此应当停止或行进。国旗是一种符号，它是一个国格的象征。速写和素描绘画是一种符号，它用一组曲线表示一个人或者一只鸟。水墨写意画也是一种符号，它用一团墨彩表示一座山或者一匹马。

严格一点说，所谓符号，就是一种可通过视觉、听觉所感知的对象，主体把这种对象与某种事物相联结，使得一定的对象代表一定的事物；当这种规定被一个人类集体所认同，从而成为这个集体的公共约定时，这个对象就成为代表这个事物的符号。

语言是一种符号系统，艺术也是一种符号系统。但艺术与语言有所不同。语言符号的构造是人类集体的产物。对于每个人，一种语言是作为一种社会化的遗产，或者用索绪尔的说法是作为一种社会制度，具有强制性地被习得和接受的。如果谁拒绝这样做，他就将无法与作为社会群体的其他人进行沟通。

而艺术则不同，艺术语言具有个性创造物的特点。每个艺术家都试图设计一种由他开始的独创性语言，而且试图把这种语言推广到全社会，要求人们接受、承认乃至欣赏他的这一套独特的语言设计。

在中国传统绘画中，松和鹤是表现长寿的符号，牡丹是表现富贵的符号，红鲤是表现丰收（有余）的符号。在中国先秦文学中，杨柳和鱼常常是表达性爱或情爱关系的符号。

人类所构造的符号系统可以划分为两类：一类是直接表征抽象意义的符号，如日常语言和文字；另一类是表征具象意义的符号。艺术符号多属于后者。

这里应该指出：把艺术作品看作人工构造的自由符号系统，显然是对传统写实主义艺术理论的冲击。一般来说，在装饰、音乐、建筑、舞蹈、书法、文学等非具象的艺术中，把艺术定义为一种形式符号是可能比较易于被接受的；但在绘画与雕塑等比较具象的艺术中（仿佛是对现实的直接模写或模仿），人们可能就不那么乐于承认艺术在这里也是通过符号的建构发挥作用的。

请观察中国古典绘画中的水墨写意一派吧，在写意绘画（文人画）中，作品的美学特征恰恰不是形而是神（苏东坡的著名理论“论画以形似，见与儿童邻”），是空灵的笔情墨趣。

在这里，对象具体的形被凝练为抽象的线，对象无限丰富的光、色彩被概括为单调的墨色或布白。这种已达到高度抽象的线与黑白，不正是一种非具象的形式符号吗？不难看出，即使在最写实的视觉艺术中，其所使用的线、色组合也都不过是约定俗成的表达符号，并因而具有极大的选择自由性。

乔治 · 凯伯斯（G. Kepes）说：

> 视觉表现用一种符号体系起作用，这种体系基于感觉刺激和物质世界可见结构之间的一致。⑨

但他疏忽了：绘画语言是符号体系，具有自由性，所以也可以不一致。在现实中是绿色的树叶，在绘画语言中可以自由地表达为红的、灰的、黑的或蓝的（凡 · 高晚期作品的色彩魅力正在于此），一种有规则的形体也可以自由随机表达为圆的、方的或三角形的（如毕加索的作品）。

因此好的艺术绝不是对现实的复制或模仿，它在本质上乃是以符号语言所重新构造的一种特殊现实（拙劣的艺术家是生活的拙劣抄袭者，他们制造了一大批愚蠢而虚伪的现实之赝品；而伟大的艺术家，则是创新者，是造物者，他们的作品是人类生活中前所未有的新事物）。

符号系统的发明，应该说是人类文化史上具有最深远影响的事件之一。通过符号系统，人类才不仅能够表达存在的事物，而且能够表达非存在的事物。通过一系列符号系统的建构，人类创造了从过去、现在直到未来的整个观念——理想的世界（艺术世界也在其中了）。

在人类的一切文明中没有比符号的发明更需要智慧的了。没有符号就没有文化。在这个意义上，人类确实是一种符号的动物。

索绪尔在 1906 年曾预想：

> 我们可以设想有一门研究社会生活中符号生命的科学，它将构成社会心理学的一部分，因而也是普通心理学的一部分，我们管它叫符号学（Semiologie）。

这门科学在 20 世纪下半叶通过符号学和信息科学的出现而建立起

来了。

语言符号学的创始人之一 C. 莫里斯在《指号、语言和行为》一书中指出，符号涉及三个方面的关系，即“对对象的关系、对人类的关系和符号对符号的关系”。这三种关系表明了符号意义的三个方面或三维（Dimension）。

莫里斯把符号对对象的关系称作“ME”，即“意义的存在方面”或简称“存在意义”；符号过程的心理学、生物学与社会学方面称为“MP”，即“意义的实用方面”或“实用意义”；在语言范围内对其他的符号的语形关系称作“MF”，即“意义的形式方面”或“形式意义”。这样，符号的意义就是这三个方面或意义的总和：M = ME + MP + MF。

适应于符号过程的三项关系，莫里斯把语言分作 3 个方面：①符号和对象之间的关系，叫做符号过程的语义方面，对这方面的研究叫语义学；②符号和解释者之间的关系，叫做符号过程的运用方面，对这方面的研究叫语用学；③符号相互之间的形式关系，叫做符号过程的语形方面，对这方面的研究叫语形学或句法学。

关于符号的作用，莫里斯认为包括 4 种，即告知的、评价的、鼓动的和系统化的。

根据莫里斯的定义，句法学研究符号的组合而不考察它们的特定意义。符号组合成词，词组合成句，若干元素组成某种恒常的模式，其组合规则在理想场合下是应当清晰的。语用学研究符号在各种表示方式中的指谓意义，研究意义与符号的关系与演变。语义学研究符号的来源、作用、功能和应用。

根据莫里斯的看法，句法学、语义学、语用学不仅是符号学的三大部门，而且是三个层次，每一层次都包含在下一层次之中（见上页图）。

如果观察一下前述传统美学三种类型之间的关系，可以发现恰与符号语言学的上述三个层次具有相对应的关系。而这三种类型也恰可构成美学体系的三个层次（见下图）。

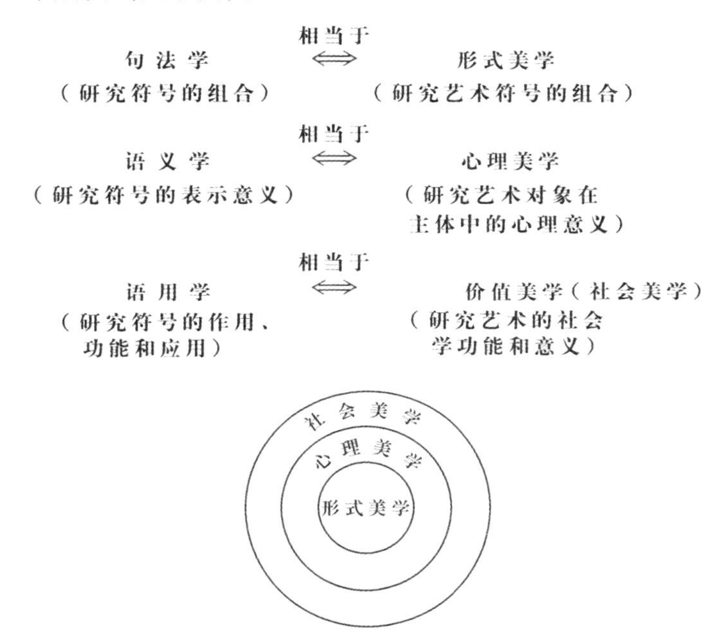

究竟是否存在一种普遍的艺术符号语言？毫无疑问，对特定时间和地区中的特定艺术类型来说，常常存在一种特定的形式语言。这种形式语言决定了艺术特定的时代、民族和地区风格。例如 14 世纪的哥特式建筑形式，就是当时风靡西欧的一种普遍建筑语言。那么更进一步，是否也可以认为，在各种不同的艺术类型之间都存在普遍通用的符号规则呢？答案是肯定的。

人类进行交际活动的主要符号系统是有声自然语言。但有声自然语言绝不是人类唯一的语言符号系统。人类所通用的符号语言至少包括如下 5 种：①自然语言；②文字语言；③表情语言；④形体语言；⑤装饰语言。

自然语言如索绪尔所说，是一个单向线性的矢量，是历时性的；而文字语言则是超历时性的，具有空间上的广延性，可以补自然语言的不足，并与之并列构成人类的两种最大的语言符号系统。

表情（面部，特别是眼睛）和形体动作也是人类所常用的两种语言。“眼睛是灵魂的窗口”，西方人这样说。社会学家和心理学家做过很多试验，也都认为在人体的各器官中眼睛能够表达更多的无声的语言。

> 甚至可以说，眼睛所表达的感情有时比有声语言更深刻……比方说，望你一眼，常常包含着很复杂的语义，不是一句话两句话能够表达的……人身的静姿常常能说出很多话来，表达种种不同的信息。比如直挺挺地站着，还是斜斜地靠着门、窗或椅子什么的，或者坐得端端正正的，坐得七歪八倒的，坐得随随便便的，坐着盘着二郎腿的，并排着腿的，总之，不动的身体的各种不同的姿态（静态）都传达一定的信息，由于语境不同，可以意味着爱理不理，或者毕恭毕敬，或者局促不安，或者高傲得很，或者踌躇满志……“读”懂一个人无声的静姿，是容易的，也是不容易的……有的研究者说，至少有一千种不同的体态语言。⑩

装饰语言则通过对形体以及物体的化装（服装、化妆品、装饰物等）表达某种信息（身份、图腾、民族、性暗示等）。

人类的各种艺术正是运用以上5种语言而构造的。换句话说，艺术的全部符号系统实质上都是上述5种符号系统的变型。

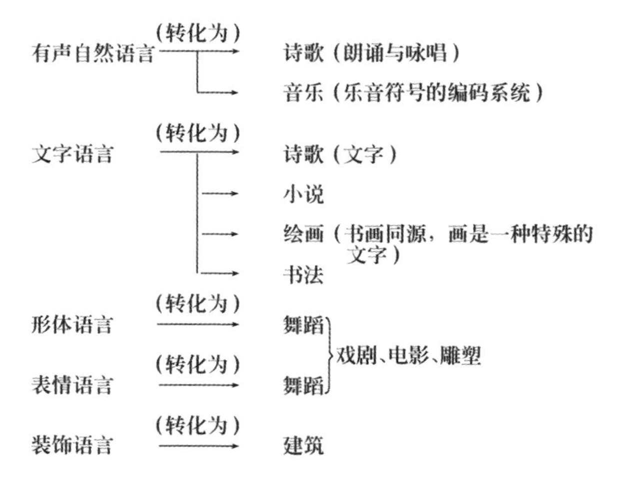

在艺术语言系统中，音乐语言是最抽象的一种。民族学和人类文化学

的一些材料表明：在原始人看来，音乐使他们可以直接和神取得联系。

原始音乐本来是人向神进行诉说的一种语言。据《吕氏春秋》，华夏族最古老的两种乐曲中，黄帝所作的《咸池》是祭日神之乐，帝喾所作的《承云》是敬上帝之乐。反过来，音乐又是神对人的一种神秘启示。

波兰语义学家沙夫曾举肖邦的作品说明语言同音乐之间的关联。他指出，在某一程度上（如就激动人心这一点而言），音乐语言所传达的思想和情感信息，甚至可以比语言（文字）更浓郁、更深邃：

> 作曲家经验到爱情的狂喜，他就用音乐语言中的小夜曲的形式把它表现出来，或者他由于他祖国的民族起义而经验到爱国的激情，他就用革命练习曲来表达他的心情，或者他就用《雨序曲》的形式来感情地传达雨的寂寞。许多年以后，别的人听到这些音乐作品，虽然他们不知道这些作品诞生的环境，也不知道这些作品的名称，而且也没有应用理智语词对这些作品的意义作出任何标题化的解释，然而，他的确是经验到了小夜曲的热恋、革命练习曲的激动和雨天的寂寞，如果他是属于一个一定的文化传统，特别是属于一个一定的音乐的传统的话。[11]

人对音乐的感受和理解程度，不仅与听者是否理解这种语言的语境（文化背景）有关，而且与听者是否掌握这种音乐的特定语言结构有关。

当我听到一段乐曲时，音响进入我的感官并达到脑子。但如果我缺乏感受力和对音乐结构的审美理解所必需的训练的话，那么这种信息就碰到了障碍。反之，如果我是一个训练有素的音乐家，那它（音响）就遇到了一个可以对它作出解释的结构或组织，从而使这种模式在有意义的形式中展示出来，由它产生了审美价值和进一步的理解。

这种结构或组织其实就是音乐符号的解码系统。

绘画与文字是同源的，人类早期的绘画就是文字，而早期的文字也正是图画。

从信息科学观点看，绘画也是一种编码形式。例如人们约定了用颜色和线条分布在纸上的一种特殊印迹代表玫瑰花，而当了解这一约定的人看到这种印迹时，他头脑中就会立即联想到花的形象，而这实际就是通过记忆和联想进行译码。

译码的工具是头脑中积淀的信息储存。不了解上述编码约定的人，看到纸上的这种印迹就会感到不理解。所以我们在读一些史前绘画和现代派绘画时，会有不解；而非洲美洲一些原始民族的人，对于我们看来可能认为很写实的绘画同样也有不理解的感受，其原因都在于此。

下图是古埃及人使用过的图形文字。此图表达这样一个意思：国王降临尼罗河三角洲，征服人民，占领了土地。

这一图形中包含以下义素：①鹰是王权的象征；②绳子表示征服；③人头表示土地；④花草表示尼罗河三角洲。[12]

整个构图是完美和统一的，表达了一套完整的信息。它既是一件艺术品，又是一个语句。在中国古代，最早的文字系统是岩画，后来从这种绘画中分离出一些固定的符号，并与语言相联系，成为象形的以及表意的文字。

古人类学家曾发现，原始人在说话时往往同时在沙土上画上些事物的轮廓。一些旅行家曾惊奇地发现图画怎样在影响着原始人的表达，以至于他们不能单独通过说话来进行明晰的思想传达，他们的图画表现的是他们的观念而非现实事物，直到由一种可视的信息才发展为会意的书写和解意的画。

原始人用以装饰自己身体的那些粗糙的物品，也是一种有指义的符号语言。例如中国古代南方蛮族的文身就是为了表示自己是蛟龙的子孙。"九疑之南，陆事寡而水事众，于是民人断发文身以像鳞虫。"[13] "这种装饰其实与美毫不相干。作为一种装饰，原始人所以为之着迷，是由于其他的原因：它吸引异性和威吓敌人。特别是有些装饰被认为具有符咒那样的保护作用。"[14]

总之，人类的全部艺术系统与上述5种语言信号系统是同来源、同功能的。正因为如此，所以在艺术词汇中早就有了“音乐语言”“舞蹈语言”“雕塑语言”“视觉语言”的说法。这些词汇正是在符号语言这一意义上出现的。

艺术所建构的符号系统既是传递信息的手段，又是目的。这是艺术语言与其他信号系统的根本不同点。在通常的交际活动中，语言只是交际的信号工具，意义一经传达，信号系统就不起作用了。而在艺术中，构造一种独特的符号形式，这种活动本身就是目的。创作艺术作品好像编制谜语，欣赏艺术作品则是把隐藏着的信息译解出来，而猜谜的乐趣也正在这种揭破和发现中。在这个意义上，艺术的确如维特根斯坦所说是一种语言游戏。

语言学家考察自然口头语言就是为了揭示其形式和语义的规则。而在艺术语言中同样也存在一些形式、构造的规则。如在一首诗中，我们能发现诗的格律、尾韵和内韵，诗的构成和诗节分布就是由这些规则决定的。这些规则结构可以通过语言结构分析被揭示和解释。

通过对艺术语言的结构分析，还可以发现一些纯属语义性的规则。德国美学家 E. 帕诺夫斯基在所著《圣像学研究》中指出，由一幅绘画艺术品中可以分析出三个层次的意义：

①自然的意义。就是人在画中所看到的那些被描绘的事物，如人、动物、树木、房屋、书籍、工具，等等。

②约定的意义。根据这种意义人们可以知道，在欧洲后期文化中，一名身着淌着水的外衣、头裹一块布、怀抱一个光身孩子的妇女，就象征圣母玛利亚。

③深层的意义。根据这种意义人可以发现，14 世纪的空间立体透视画法，能使人对自然作出崭新的表现。

当然这三个意义层次对深刻地领会一部艺术作品来说还是不够的。

有的艺术史家曾指出，可以从一个画家怎样画一些特定的细节——如怎样画一只耳朵、一只手指、一朵花——来辨认一个特定风格的画家。

因此我们说：①艺术中有一种规则图式存在，这种图式至少与某一特定门类艺术是完全相符的。②规则图式是与标准语言相似的，就像诗歌创作中所用语言的语法规则一样。古典音乐中的大调和小调就属这种语言。同样，绘画中的色彩和构形，舞蹈中的体势和手势，戏剧中的表情，电影中的蒙太奇，都不能不服从其特有的语法规则。③规则图式是某一时代、某一文化、某一民族或某一团体所特有的，同样是这些图式又使特定艺术风格、艺术创造流派和艺术社团之间显出共同性。

3

在现代科学中，语言早已超越了通常“自然语言”的语义界限，而被广泛地理解为能够储存和传送信息的广义符号系统。

如果说，艺术的形式表现是艺术的符号语言，那么存在于这种符号中的语义蕴涵就是信息。

符号是信息的载体，作为系统的符号序列是信息的编码组合。因此，对于艺术系统，不仅可以从符号语言学的角度进行研究，而且可以应用信息论和控制论的方法进行研究。

信息论是研究信息的储存、发送和交换的科学。而控制论，根据维纳的经典定义，它是关于在机器、有机体和社会中进行控制和通讯的科学。下面是描述一个通讯系统的模型：

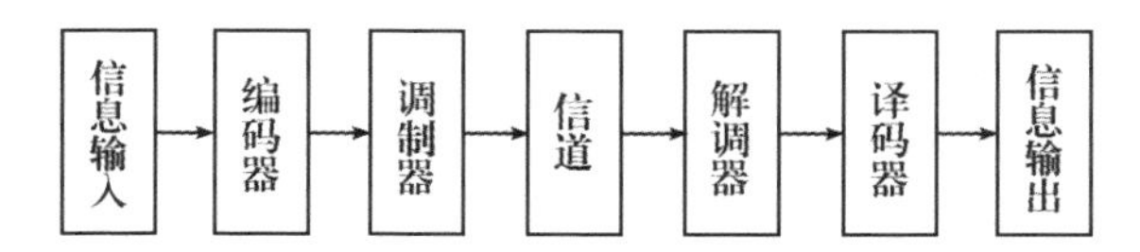

这个模型完全可以恰当地用来描述艺术创作和欣赏过程：

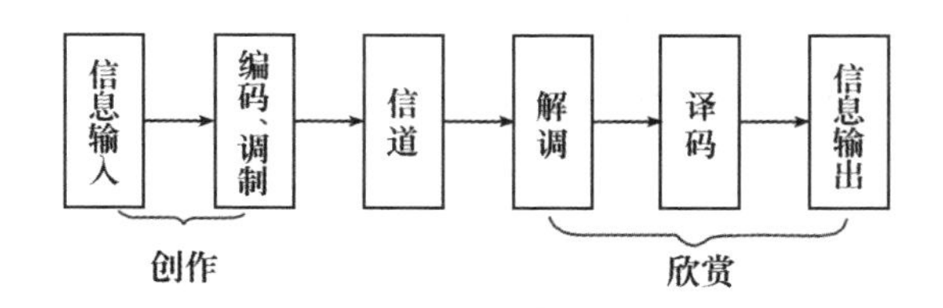

这个模型只是单通道的，因此不够准确。事实上，艺术欣赏者在接受一部艺术作品的同时必定会形成美或丑的评价，并把这种评价反馈传导给艺术的创作者。因此，我们应该建立新模型来描述这一过程（见下页图）。

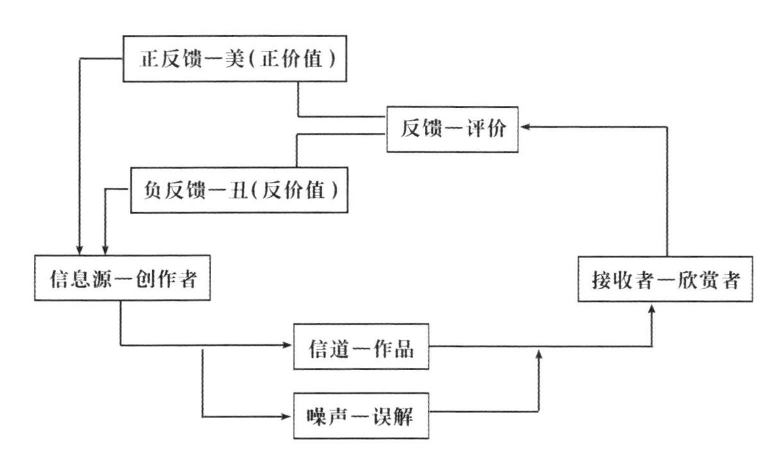

按照信息论创立者申农（C. E. Shanon）的理论：信号 = 信息 + 噪声。所谓噪声，就是在通讯过程中由外部加入信道的干扰信息。在艺术通讯中，我们可以把噪声解释为对作品的误解。这种误解和曲解的产生，通常与一定的文化背景（政治的、宗教的、伦理以及教育的）有关。由于一切艺术系统都是依附于某一文化背景之上的，因此噪声是不可避免的。

尤当注意的是，根据信息论，信号源本身不仅输出信息，同时也输出噪声。在艺术中，这意味着，创作者对所要发送信息的编码误差是难免的（一个拙劣的艺术家必定是很大的噪声源）。还应该指出：如果将上图中与艺术现象有关的解释抽掉，那么这一方图恰恰就是信息论和控制论中极为常见的用以描述通讯过程的一个标准系统模型。

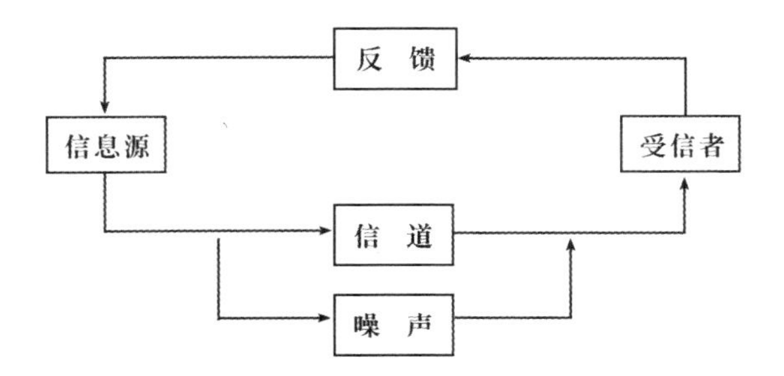

根据信息论，所谓正反馈是加强信息输出状态的反馈，所谓负反馈是削弱以致破坏信息输出状态的反馈（如果反馈使系统的元件的输入对输出的影响增加，这个反馈叫正反馈；如果使这种影响减少，就叫做负反馈）。

在艺术信息系统中，正反馈就可以被解释为美的评价，而负反馈则是丑的评价。由这里，我们可以把艺术作品的“优美”定义为一次成功的艺术通讯。这就是说：①发送了有价值的信息；②信息被正确地接受（编码正确而且噪声干扰小）；③因而在系统中产生正反馈回输。

根据信息论，如果受信向信源输出负反馈，则通讯系统将进入振荡状态。在艺术上，我们可以把振荡解释为对于一部艺术作品产生激烈争论——正反馈与负反馈相互冲突的状态。

这里存在两个问题：

①如何评价一部作品的信息价值？其标准是什么？

②如何评价一部作品的编码系统？其标准是什么？

前一个问题关联作品的意义评价（因而也是一个艺术的语义学问题），后一个问题关联作品的形式评价（因而是一个艺术句法学的问题）。上述问题又可以转化为如下的提问：

是否能找到某种普遍认同的标准，使得我们可以对一部艺术作品的信息是否有价值以及其编码形式是否合于理想作出判定？

这种标准如能找到，或至少证明其可能存在，则“美是一个客观事实”这一命题就可宣布成立。因为在这种情况下，无论欣赏者对一部作品的反馈是正或负，是喜欢或是不喜欢，我们都可以严格地援用这种标准，而逻辑地证明“凡合于某一标准的艺术作品就是优美的”。

事实上，这种标准是难以找到的。

信息论的创始人申农把描写不肯定程度的量值称作“熵”。熵越大，不确定性越大。这个原理可应用于艺术。

一个艺术客体，其信息量越大，则其解释的不确定程度越高，因此其熵值越高，而其魅力也越强。这是音乐、建筑等高抽象性的艺术作品具有特殊魅力的原因，也是许多伟大古典著作（如莎士比亚、曹雪芹的作品）具有长远魅力的原因（所谓“说不尽的莎士比亚”）。绘画中的叙述性作品[15]，通俗文学中的言情、武侠小说，其熵值往往很低，因为其信息的定向性和确定程度太高。

维纳说：

> 我们可以把消息集合看作其中有熵的东西，概率越高的消息，提供的信息越少。陈词滥调的信息价值当然不如一首伟大的诗篇……要想评定一幅画或一部文学作品的信息价值，我们就必须知道其中有哪些对古人和今人是新的东西。要使社会上的一般信息丰富起来，该信息就必须说出某种在本质上异于社会上原有公共信息的新东西。

艺术通过信息和反馈组成一个控制系统。在这个系统中，控制者是艺术家，被控者是欣赏者。因此，在考察艺术系统的通讯功能时，我们不能不注意到这一事实。艺术作为社会实践的一个组成部分，不能不从属于社会大控制系统，其功能不能不服从于社会控制整体目的的需要（这是传统美学几乎完全忽略了的一个重要问题）。

人类社会系统，从通讯机制和控制功能看，可以分为两种类型：①集中控制型结构；②自调控制型结构。

在这两种不同类型的社会控制系统中，艺术所处的地位及其所发挥的功能是完全不同的。

集中控制型结构，由一个控制中枢集中控制各被控对象。各被控对象缺乏横向的通讯反馈，而以分层级的形式串联集中于控制中枢。系统自身以及外部输入的信息都汇入控制中枢。然后根据系统状态和控制目标，控制中枢将控制指令逐级发布给各个被控对象。在系统中的每一级，既是其下级的控制者，又是其上级的控制对象。系统越庞大，其层级数就越高。然而，伴随层级增加的同时，必然意味着控制能力的衰减。当系统庞大到相当程度时，甚至可能使控制中枢对最基层单元的控制能力衰减为零（这在历史上是不乏其例的，民间俗语“天高皇帝远，猴子称大王”正反映了这种现象）。

在政治结构上，这种控制系统相当于实行高度中央集权制的政治体制。例如，中国自秦朝以后所建立而为历代相承的那种社会控制模式，就属于这一类型的系统（秦统一中国，建立了一个地广数千里的大帝国，秦始皇在扩大信息通道方面做了许多工作，如书同文、车同轨、人同俗、开驿道、通水路等等。他在全国推行郡县制度，设立了各种职官，从而建造了一个分层级的集中控制行政系统。皇帝则处在这个系统的中心，通过等级制的官僚制度实现控制其政治经济文化的目标)。

这种集中控制系统却具有严重的弊病:

①它虽然划分为层次,但各被控对象没有独立存活的功能,因此不能形成有活力的子系统。每一级的运转都需要等待来自上一级的指令,逐层上推,直到控制中枢。而在信息上送的过程中,信息必然会发生衰减和误差(失真),这里还包括各层官僚根据自身利害对上送信息所作的定向筛选,实际是有意造成的失真,而这种信息衰减是技术手段所无法避免的。除了信息衰减之外,每次信息传递和处理都要花费时间,会造成延滞。等级层次越多,信息传递的失真和延滞就越大,控制也因此而失灵(这种信息衰减失真和指令延滞,就是现实生活中人们称为“官僚主义”的现象)。

②集中控制系统中各被控对象缺乏彼此之间横向的通信通道,因此各部门很容易造成摩擦、重复工作和低效率。

③在集中控制系统中,由控制中枢发出指令,不能直接到达基层被控对象,不得不通过一系列中转层级,因此指令的延滞、衰减和失真也是难免的。

由于集中控制系统的上述固有弊病,艺术作为一种通讯手段,在这种类型的社会系统中就不能不发挥重要的功能。

例如,对于各被控对象来说:①它具有把基层信息以艺术形式,越过中间层级直接反馈于控制中枢的作用。但正因为如此,当所反馈信息与通过官僚渠道逐级上报的信息相矛盾时,这种反馈就可能受到扼制(作为对这种扼制的反作用,于是产生了“艺术自由”的呼声)。②艺术还具有在各被控对象之间沟通横向通讯联系的作用。而对控制中枢来说:①艺术具有把指令直接输送给被控对象(越过中介的官僚层级)的作用。②艺术具有定向引导社会舆论和社会心理,使其有利于政治控制的作用。

由于这几方面的原因,在这种类型的社会控制系统中,艺术当然不能不密切地结合于政治,甚至成为直接的政治工具。而这也就是艺术在中国历史文化中一直承担着特殊的政治和伦理、道德职能的根源。

所以,艺术与政治的关系乃是判定社会控制系统所属类型的标准。对于这种集中控制型的社会控制系统,艺术的超功利性、审美性和娱乐(游戏)性只能居于附属的地位。

集中控制系统的特性是其结构具有高度的刚性。这就是说，系统中每一单元所发生的局部问题都同时是关联到全系统整体的问题。

任何一个局部的震荡，由于各部门不具有自适应和自调节的控制能力，因此必然会造成对系统整体的压力和威胁。所以每一局部问题对控制中枢都是全局问题，都不能不为维持全系统的平衡而作出强烈的反应（这也包括艺术部门中发生的问题）。所以我们可以看到，在这种集中控制型的系统中，艺术问题常常转化为政治性的问题。

在另一类型的控制系统中，情况就大有不同。自调式控制系统的特征是由多个具有独立功能的子系统以串联和并联相混合的形式耦合组成。

系统中的每一个子系统本身都具有独立进行自组织、自适应、自调节的自控功能，因此可以独立地处理第一级信息，并及时作出反应。控制中枢只需要协调各子系统工作，使之始终保持最优状态；其信息处理的负担与前一类型系统的控制中枢相比，是大大地减轻了。

人体就是这种自调式控制系统的范例。人体由神经、消化、呼吸、排泄等多个子系统耦合而成，每一子系统中又包括多级组织，如消化系统由胃、肠等组织构成。这些组织都具有独立自存能力，可以不依赖于神经中枢的指令而完成本部门的信息处理、控制和工作。

在这个系统中，控制中枢一般只需发挥协调、监督的作用。由于每一子系统的行为和它本身及整个系统的利益（即与目标接近程度）直接相关，减少了信息的错误和传递失真。在各子系统之间，由于存在横向的并联耦合，使整个系统的信道大大拓宽。每一子系统的信息可通过多条通路及时反馈于中枢以及各相关系统，控制的效率大大提高。

在这种类型的控制系统中，控制中枢只需要解决全系统的协调问题。关于系统控制状态和各系统的状态信息，是以越来越概括和系统化的形式向上反馈的。而控制中枢的指令是以最一般化的原则形式向下发出的，这些指令在执行中被各子系统根据需要而转变为具体的措施。

因此，在这种类型的社会控制系统中，艺术不必作为实现政治控制的直接工具。而且由于艺术编码的复杂性和输送信息的间接性，与其他更便捷的通讯系统（如新闻、电讯、教育）相比，艺术也不利于发挥这种作用。因而艺术的存在愈来愈具有非功利、纯观赏和娱乐（游戏）的性质。

由上述讨论就可以看出，关于艺术与政治的关系问题，关于艺术能否自由的问题，事实上并不是美学问题，甚至不是理论问题，而是艺术从属于哪种类型的社会控制系统，因而必然担负什么样社会功能的实践问题。

一切艺术都是附着于一定类型的社会历史文化背景的，这种背景不能不对它发挥何种功能产生决定性的影响。

（原载《学习与探索》1985年第5期）

注释

①［美］鲁道夫·阿恩海姆：《艺术与视知觉》，中国社会科学出版社1984年版。

②［德］康德：《判断力批判》上册，商务印书馆1964年版，第15页。

③［德］康德：《判断力批判》上册，商务印书馆1964年版，第27页。

④［苏联］兹维金采夫：《普通语言学纲要》，商务印书馆1981年版，第22－23页。

⑤［意］克罗齐：《美学原理》，人民文学出版社1983年版，第153页。

⑥［英］克莱夫·贝尔：《艺术》，中国文联出版公司1984年版，第4页。

⑦［瑞士］索绪尔：《普通语言学教程》，商务印书馆1980年版，第102页。

⑧［瑞士］索绪尔：《普通语言学教程》，商务印书馆1980年版，第103页。

⑨［美］乔治·凯伯斯：《视觉语言》，中国社会科学出版社1988年版，第201页。

⑩陈原：《社会语言学》，学林出版社1983年版，第178页。

⑪［波兰］沙夫：《语义学引论》，商务印书馆1979年版，第129页。

⑫引自［英］L. 帕默尔：《语言学概论》，商务印书馆1983年版，第95页。

⑬〔西汉〕刘安：《淮南子·原道训》。

⑭［德］玛克斯·德索：《美学与艺术理论》，中国社会科学出版社1987年版，第240页。

⑮克莱夫·贝尔在《艺术》一书中说：“我们都清楚，有些画虽使我们发生兴趣，激起我们的爱慕之心，但却没有艺术品的感染力，此类画均属于我称为叙述性绘画一类……具有心理历史方面价值的画像、摄影作品、连环画以及花样繁多的插图都属于这一类……难道不曾有人称一幅画既是一幅精彩的插图同时也是分文不值的艺术吗?”

论武侠及其文学

就内容题材观之，中国传统类型的小说基本可分为四类：武侠、言情、讲史与神魔。武侠小说是传统文学中极为重要的一大类别。武侠小说之产生可远溯先秦，而其传统在魏晋隋唐古典小说中一直继继绳绳，清代武侠小说有繁兴之势。

近几十年以来，海外兴起金庸、萧逸、古龙、梁羽生等名家为代表的所谓“新武侠”流派。无论在思想内涵还是在叙述技巧上，“新武侠”小说都取得了引人注目的成就，吸引了海内外社会层面相当广大的读者群。

就中国近几十年的文学发展情况看，传统武侠小说在“文革”前、“文革”中一直受到政治文化禁令的严格管束。即使在那个时期独占鳌头的革命文学中，也引人注目地出现过《新儿女英雄传》《林海雪原》《烈火金钢》《铁道游击队》一类写战争英雄的作品。这些作品中如杨子荣、史更新、刘洪、鲁汉一类富于个性的文学英雄形象，虽然在表层叙述上裹有现代政治意识形态的外衣，但其深层内涵中仍然有着传统文学中那种除暴安良的草莽英雄济世豪侠的色彩，并因之而受到人们的喜爱。在此类人物的形象与性格中，实际上仍可发现他们与传统武侠好汉形象在性格方面的某种连续性。

“文革”以后，束缚文学的一系列政治文化禁锢得到破除。在这一背景下，极为引人注意的现象是：跨越社会各阶层，一个人数众多的男读者群强烈地受到海外“新武侠”小说的吸引；而另一个人数同样相当众多的青年女读者群则纷纷被三毛、琼瑶的境外“新言情”小说所吸引（在电影和音乐界中存在着与此相似的情况）；同时又有一个不分男女老少更广泛的社会面则被以袁阔成、刘兰芳为代表的“新讲史”派评书所吸引。

关于这个问题，我们只要统计一下近年各地出版、翻印的上述几类作品的总印数就可以证实。若就读者阶层之广泛、人数之众多而论，这三类作品不仅打败了昔日文坛上往往以正统派自居的各种文学类群，而且打败了近年风靡文坛的“现代派”“魔幻派”“荒诞派”或“后现代派”的任何一种沙龙文学。上述社会现象，表明当代中国最大多数的文学读者仍然生活于渊源极深的文学和审美传统之中，表明了新武侠与新言情、新讲史这三大类作品与当代中国读者在阅读和心理对话中仍然具有极为广泛的“视界交融”——作品的视界与读者的视界共同融合在统一的历史文化背景之中。

值得注意的是，直到现在，文艺理论界对当代文化中的这种现象讳莫如深，始终保持着沉默。而在这种沉默中，实际又夹杂着正统文学家及其理论家们对以上三类作品的鄙夷、不满和惶惑。

在本文中，我想打破这种沉默，就中国武侠小说的源流、得失及其与中国传统社会和文化的关系作一初步的探讨。

为了讨论的便利，这篇文章分为两部分：在上篇中研究古典武侠文学的源流与兴起；在下篇中研究20世纪“新武侠”小说流派。

上　篇

1. 关于“侠”的起源

研究武侠文学，应当搞清什么叫“侠”。这首先是一个语言文字问题。《说文解字》曰：“侠，俜也。从人，夹声。”段玉裁注释说：“《经传》多假侠为夹，凡夹皆用侠。”[①]根据古代文字学家的以上论述，“侠”字应来源于“夹”字。而“夹”字初文，像人肋下有衣甲之形。我认为，从训诂学角度有充分根据断定，“夹”实际就是衣甲之“甲”的本字。[②]夹、甲音近，秦汉书中常相通用。由这一语源探讨，我们可以知道：①“侠士”一词本来自“夹士”。②“夹士”一词又来自“甲士”。也就是说，“侠士”这个名词，语源实得自于带甲之士，亦即武士。

但我们又注意到，上引《说文解字》释“侠”为“甹（读 pīng）”。什么叫“甹”呢？《说文解字》说：“甹，侠也。从人，从甹。”“甹，侠也。”由此可知，侠士就是甹士，也就是甹士。甹字颇不常见。什么叫“甹士”呢？段玉裁《说文解字注》中有一条重要释义：“今人谓轻生曰甹命，即此甹字。”

案，“甹命”之甹，今字记作“拼”（拼命，又记作“併命”“搏命”“奔命”）。这就是说，“侠”在古语言中有“拼命之士”的语义。我们从语音的关系中可以进一步发现：所谓“甹士”，实际也就是“兵士”。兵，兵器也。持兵搏命之士称兵士，亦即“甹士”。而兵士在古语言中又正是“甲士”的同义词。

综上所论，由“侠”字的语源可以推定“侠”的社会起源。侠士的古义就是甲士、兵士、武士。所谓“游侠”，其本义应相当于今语中所谓“散兵游勇”，即不入编于行伍而具有自由身份的武士。历史研究表明，中国历史上的春秋战国之际，西周封建制度解体，是一个自由武士阶层兴起的时代。

与侠这一自由武士阶层相共生的，当时还有一个自由文士阶层，此即所谓“儒士”（“儒士”一名，出自《墨子・非儒》）。儒与侠，共同组成战国秦汉时代中国社会中一个极其重要的社会阶层——“游士”。

这两种人都具有自由身份。前者擅长于武术技击，称“游侠”；后者擅长于诗书礼乐，称“游儒”。传统观念常以为，所谓“士”，仅仅是指舞文弄墨的一批知识分子（史吏阶层）。殊不知战国秦汉时代的游士中，本来还包括着谈兵术、习技击的“侠士”一类人物的。战国思想家韩非子曾说过：“儒以文乱法，而侠以武犯禁。”（《韩非子・显学》）这里他正是以儒与侠相并举而对称。由此亦可见当时视儒、侠实为同流，二者相距并不太远。

实际上，春秋战国之际的诸子都是这一自由士阶层的代表人物。可注意的是，他们中的许多人颇具有“侠”的色彩。所谓“侠”的色彩，是指当时士阶层中所普遍尊尚的一种价值观，即“侠义”精神。如上所述，侠即勇武（敢“拼”），义即“仁、义”。仁的本义是怀孕，即“妊”“任”的同源字，所以字从“二、人”，引申为育人、爱人、助人。义，据孟子所释，就是正义、道义，是使命感、责任感。所以司马迁记叙游侠精神说：“救人于厄，振人不赡，仁者有乎；不既信，不倍言，义者有取焉!”(《史记·太史公自序》)

关于先秦时代侠士的这种价值观，孔、孟、墨、荀所见虽未必完全相同，却均从各自的立场作过深刻的论述。例如孔子说过，士应当“志于道”(《里仁》)，必须“行己有耻”“言必信，行必果”(《子路》)，“志士仁人，无求生以害仁，有杀身以成仁”。(《卫灵公》)“士不可不弘毅，任重而道远”(《泰伯》)。在这些话中都颇有侠的精神。

从历史看，侠与儒实际具有共同的起源。20世纪30年代胡适妄拟儒的本义是懦弱，那是对儒的曲解。实际上，先秦孔、孟、荀倡导所谓“士君子”的德行风范，正是古代之侠与儒所一致认同的一种英雄主义人格观念。侠的传统与儒的传统并非对立的，而是本来合一的。理解这一点至关重要，否则即不可能真正理解后来的武侠文学。

2.“侠”的社会根源与早期游侠

概括而言，中国武侠小说发展约略可分为四期：

①起源于先秦史书及《史记》关于刺客、游侠者的历史传记；

②演变为唐人传奇和宋元话本中的短篇剑侠故事；

③明清以后，《水浒传》《儿女英雄传》《三侠五义》一类小说出现，武侠小说发展为长篇小说中一种独特的类型；

④当代的新武侠体，又由传统的社会历史型小说转化为一种新型的文学神话。

以下即根据此分期略作讨论。

武侠文学的先型，早在《战国策》《国语》《左传》等先秦史著中已见端倪。如孟尝君门下弹剑长歌的冯谖，不辱使命而公然挑战秦王的唐雎，以及慨然赴难、热血酬知己的聂政、荆轲等著名勇士，都是后世文学中义侠形象的前驱。可注意的是，见于先秦史册的这些义侠故事多具有浓厚的政治色彩。这表明当时有武技的奇士往往成为服务于政治家的工具。

换句话说，先秦的侠尚未在人格中建立独立的自我。他们虽是侠的先驱，尚不能称之为真正的游侠。

作为早期武侠史传的第一部完整篇章，我以为应推《史记》中的《游侠列传》。这是一篇历史的传记文学作品。其传主都是秦汉之际名闻天下、势折公卿的“布衣侠士”，如朱家、田仲、郭解、剧孟等。据太史公说，秦汉社会中“为侠者极众”。太史公对于古代社会中的游侠的问题发了一番重要议论。其大略说：

> 韩子曰：“儒以文乱法，而侠以武犯禁。”二者皆讥，而学士多称于世云……今游侠，其行虽不轨于正义，然其言必信，其行必果，已诺必诚，不爱其躯，赴世之阸困，既已存亡死生矣，而不矜其能，羞伐其德，盖亦有足多者焉……布衣之徒，设取予然诺……故士穷窘而得委命，此岂非人之所谓贤豪间者邪……自秦以前，匹夫之侠，湮灭不见，余甚恨之……虽时扞当世之文网罔，然其私义廉洁退让，有足称者。③

在这里，太史公对游侠给予了相当高的评价，认为其功业足可与人间“贤豪”相比论。在文中太史公反复使用“布衣”“匹夫”的字眼，实际上就是在强调和突出游侠身份上的两大特征：①他们出身于平民；②他们是以个人身份活动于社会中。这两点对于认识中国古代社会中的游侠至关重要。

在《游侠列传》中，对于同时代的大侠郭解，司马迁作了比较细致的刻画：

> 解父以任侠，孝文时诛死。解为人短小精悍，不饮酒。少时阴贼，慨不快意，身所杀甚众。以躯借交报仇，亡命作奸剽攻，休乃铸钱掘冢，固不可胜数。适有天助，窘急常得脱。④

这位郭解出身于游侠之家，其父因行侠被官府所杀。他子承父业，习武、复仇、报恩，威名振天下，最终为汉武帝所捕杀。其性格形象，充分体现出汉代义侠的基本风范。

《史记 · 游侠列传》篇幅并不太长，却在社会学、历史学和文学三方面，对于研究和认识中国古代社会中的游侠问题具有非常重大的意义。前面我们说过，先秦之侠与儒都是来自一个自由的“士”阶层。在秦汉之际，从《游侠列传》看，侠的社会来源和身份却发生了深刻的转变。

先秦之所谓“士”，就其出身来说往往是公族之子，就文化来说则往往是受过书史教育的知识分子，故其形迹颇相似于中古欧洲及古代日本社会中的浪游骑士和武士（战国之际虽也有布衣而行侠者，但由于其贫贱出身往往受到社会的讥笑和歧视）。而在秦汉以后，侠的社会来源大大地扩展了。《游侠列传》所记诸侠士多是普通市井平民出身，似乎很少受过什么正统的文化教育。

在观察秦汉游侠社会身份时，还有一个极值得注意的问题：他们似乎是当时平民中最自由的人。这一点与下列历史情况恰形成强烈的对比。历史研究表明：中国古代历史上的秦汉社会是一个人身束缚极强的社会，市民有市籍，农民有田籍，社会中的户口管制极其严格，国家规定各地人口在地理上不能自由迁徙，在职业上也不能随意变更，更不能自由选择社会身份。游侠的存在，却似乎打破了这种为国家所强制地限定的严格人身束缚。

游侠之士往往无恒产，无固定职业和身份。他们浪迹于人间（即所谓江湖），南北东西到处漂移，官府却奈何他们不得。他们扶弱济贫，抱打不平，依靠双拳和一柄剑横行于天下，得财则与天下人共之，有难则为天下人解之。这种侠义之行，既为他们在广阔的江湖（下层）社会中赢得了朋友，也赢得了到处可以寻觅掩护的避难所。这是游侠之所以能够超越于世俗的政治和法律之上的社会条件。

但另一种社会结果却是：社会中众多游侠者的出现，必然意味着在社会内部出现了一个隐秘的第二社会。这个隐秘社会具有自己的价值观念，这种价值观使侠在行事（包括杀人劫掠）时可以超越于世俗的法律、道德和舆论的审评之上。这个隐秘社会也具有自己独特的交际方式、识别记号（暗码）和秘密语言（即所谓江湖黑话）。

游侠的出现，意味着中国社会内部这个秘密社会（即“黑社会”）的出现。在这里我们还特别应当看到“侠”在本质上不可避免的两重性：当其恪守替天行道、济困扶危、行仁仗义的侠义价值原则时，这个秘密社会的成员可以称作“侠”；而当其不恪守这一价值观时，其成员实际就是武装的流氓或盗匪。

侠与流氓、盗匪的相互转化，是汉以后中国历史中一个极为寻常而耐人寻味的社会现象（近世江南“青红帮”的著名“闻人”“掌门人”黄金荣、杜月笙都曾经以“侠”自居和自命）。一旦这个秘密社会归依于某种政治纲领的时候，它就成为一种有武装和有组织的政治力量，此即历史上的会党。而当这个以“侠”为成员的秘密社会归依于某种宗教教派的时候，它又可以演变成从“黄巾军”“五斗米道”到近世“天理教”“太平天国”“天地会”的各种教门，成为不可忽视的宗教政治力量。总之，侠的社会，乃是自秦汉以后一直隐藏在公开社会之下的一个有自己的语言、信仰、行为方式和价值准则的秘密社会，对2000年的中国历史发生着深远的影响。

正如司马迁所指出的，“侠”之出现，是作为对于社会中普遍不公正的一种补偿和对抗物。在中国古代，每当社会在财产上、政治上、法律上出现严重广泛的不公正，而且这种不公正又不能以正常法律、伦理或其他制度化的方式得到调整和纠正时，人民就梦想于“侠”并且呼唤“侠”。在古代社会政治中，与侠相反相成的另一极就是清官。

武侠与清官，分别体现了古代中国社会中代表社会正义的两大政治理想；他们的社会作用方式、他们用以恢复社会正义的方式，似乎是全然相反的。

中国人的清官梦，实质是要求在正统法律政治本身的范畴内，通过一方面体现着公正原则、另一方面又体现着君权原则的清官人物，去纠正个别官僚或恶霸的非法行径。而侠是以触犯和蔑视时代法律政治的形式——实际往往是以私相报复、自了恩怨的方式——去平衡或重建建立在人类良知之上的社会公正，此即所谓“替天行道”。

一方面，侠的存在是社会的一种瘤疾，因为他们是无视法律者；另一方面，他们又是否定之否定，是以毒攻毒者。在一个法治已紊乱，特别是当人民对贪赃枉法的整个官僚体系缺乏信任、同时又找不到更好的抗争手段时，侠就成为他们所寄予希望的一种正义力量。所以侠的出现和横行，在中国历史上往往是大规模人民反抗和起义的前声和预警信号。

我们在中国历史上可以不止一次地看到这样一个三部曲：起初出现个别的反社会分子（侠），继之组成一个以侠为核心的秘密社会（会党），最终组织和发展为大规模的人民反抗运动，直到推翻一个王朝。这是一个三段式：侠（个别）——会党（特殊）——起义（普遍）。在这个意义上我们不能不意识到，侠在历史上的出现必然具有的反社会特征——他的行径难于与世俗的法律和道德相调合，侠的正义只能诉诸良知。

由此我们可以注意到，古代人对于"侠"实际存在着截然相反的两种不同评价。太史公所站的是一种立场。他认为侠在社会中的存在不仅是必要的，而且有益，因为"缓急，人之所时有也……昔者虞舜窘于井廪……吕尚困于棘津，夷吾桎梏，百里饭牛，仲尼畏匡，菜色陈、蔡。此皆学士所谓有道仁人也，犹然遭此灾，况以中材而涉乱世之末流乎？其遇害何可胜道哉!"这实际就是说：在一个政治不安定的动乱社会中，仗义行侠者的存在，可以成为中材以下的小民百姓借以对抗官府及其他恶势力，寻求保护、全身免难的一种屏障。在这里，这位历史学家是站在"布衣之徒"的平民立场上讲话的。但以东汉荀悦等人为代表则认为，游侠乃是一种应予剪除、不可姑息的异端势力——"作威福，结私交，以力强于世者，谓之游侠"（荀悦）"所谓权行州里，力折公侯者也"（如淳）[⑤]。

从传统社会中主流政治的观点看，游侠本来也正是流氓（或作"流民"）的同义语。尽管游侠往往是以个人的身份活动于社会，但是他们对于下层民众所具有的广泛号召力和影响力，毫无疑问是对主流政治的潜在威胁和折冲力量，当然是统治阶级必欲剪除方能后快的。也正因为如此，个人性的侠往往很难有美满的结局。他们的下场，不是受招安而归依于一个好皇帝，就是揭竿而起自己做皇帝。如果这两条路都走不通，他们就只能亡命远遁或亡身隐居。

由此我们也可以理解，为什么人民对于古代作为文学形象的"侠"，往往赋予超人之智慧、武艺和道德人格。在侠的深层结构上，实际上表现了古代皇权社会中作为微弱原子的个人，在强大的社会恶势力面前的抗争梦想和悲剧性处境。

由上述分析我们就又可以理解，为什么从《史记・游侠列传》以来，侠的文学在中国历史上一直绵绵不衰而为人民所喜爱。只要社会中有以正统制度化力量出现的非正义存在，那么人民就不能不盼望着具有超制度力量的大侠降临。大侠的形象，综合地体现了中国古典社会中的人格力量、道德力量、智慧力量和英雄主义的献身精神。

3. 侠与侠文学的源流

《史记 · 游侠列传》开拓了后世侠文学的先河，但它毕竟还只是一种历史纪实，而不是文学创作。另一方面，这部作品从文学叙事的角度看，也存在着一些严重的弱点。传中的人物性格单薄，事迹抽象，文笔简略，在心理性格描写和形象塑造上远逊色于《史记》中那些著名政治军事历史人物的传记。

之所以会如此，我想这与其说是太史公的无能或史料的缺乏，毋宁应认为太史公自有其不得已的苦衷。司马迁所生活的汉武帝时代乃是一个中央集权政治高度强化的时代。游侠在朝廷的正统观念中是一种应予剪除的邪恶势力。所以在《游侠列传》中我们看到司马迁为之所作的曲笔辩护，但过盛的夸张描写显然会自投于当世文网，这是太史公所不得不有所避忌的。

真正的文学游侠形象，出现在唐人传奇中。隋唐时代乃是中国历史上继秦汉以后又一个极富于游侠精神的浪漫时代。我们看盛唐的一些人物，如诗人李白、陈子昂、杜甫，年轻时都曾一马轻裘，负籍挟剑远游。他们一面习纵横之术，粪土当世王侯将相；一面修仙访道，任性放达，放浪于山水林泉之间。他们的作为颇有游侠的傲骨和气派。安史之乱后藩镇割据，社会动乱，游侠之风愈加兴盛。正是在这个时代中，我们看到游侠文学在唐代传奇中异军突起。在前面的论述中已指出，侠是古代社会中一种英雄人物。他们的重要特征之一就是具有独立的人格身份，敢于通过自我去寻求、体现、实践和恢复受到了践踏的社会公正和道义理想。这一目标也就决定了侠绝不应该是一种普通的凡人，侠必须有智、胆、有超人体魄，还要有超人的武艺，否则他就不可能完成他的使命。

侠的这一性格特征，决定了侠的故事天然地具有一种昂扬的悲剧性和文学性。唐是中国文学史上成熟的文言小说出现的时代。正是在唐代，一些小说作者摆脱历史真实的局限，制幻设奇，“假小说以寄笔端”，开始有意识地、自由地创造传奇故事。

个性化是一切艺术的条件，没有丰满的个性就没有好的文学。侠的传奇个性，使作家可以在想象中赋予他以丰富的情节和事件。因此在唐代传奇中，出现了《柳氏传》（许尧佐撰）、《谢小娥传》（李公佐撰）、《无双传》（薛调撰）、《昆仑奴传》《聂隐娘传》（裴铏撰）、《红线传》（袁郊撰）、《虬髯客传》（杜光庭撰）等一系列与侠有关的传奇作品。

在这些作品中，若以艺术价值论，应以杜光庭《虬髯客传》为最佳。此篇表面是一篇讲史作品，其实完全出自虚构，既是作者遣情娱世的“语言游戏”（维特根斯坦语），又是有所寄托和抒发的讽世之作。《虬髯客传》讲述隋末权相杨素侍妾红拂爱慕布衣英雄李靖，道遇奇侠之士虬髯客的一段传奇浪漫故事。篇中对虬髯客的出现有精彩描写，把一位江湖奇侠写得活龙活现。自他出场一刻起，李靖和红拂均为之逊色，读者的注意力全为这位风尘异人所吸引。他似挟迅雷猛雨而至，使人惊悸；又化清风明月而去，使人神往。作者用蹇驴、匕首、革囊、人头、心肝等等加强气氛，使这些东西的所有者更显得突出而异乎常人。

虬髯客以心肝下酒，却先取出人头，又把人头纳入囊中，这是故意给李靖看，也是故意给读者看。尤其是蹇驴，英雄如虬髯客，不骑骏马而乘蹇驴，作者如此抉择，谅必经过一番熟虑。骏马日行千里，理所当然，似不足道；今乘蹇驴而能“其行若飞”，足见此驴非凡品——驴之不凡，则其主人可知。

通观这篇小说，在形式上具有严整的布局，对人物个性作了生动的塑造。文字清丽，情节曲折变化，波澜迭起，颇为引人入胜。这些成就，不仅使《虬髯客传》在众多的唐代传奇中居于特殊地位，脍炙人口；更重要的是，它推出了中国文学史上第一个性格饱满的剑侠形象。

唐代文学中与文言体传奇小说相并行的，还有流行于民间的一种新兴俗文学——“变文”。变文亦称“变”，发现于敦煌藏卷中。关于“变”（辨）的文体来源旧论多不明。我推测，这种有韵而多骈俪句式的说唱变文，很可能是演自战国、秦汉的“辨体”赋中那种偏重口语的类型。变文在宋代演为话本小说。值得注意的是，话本小说中也有游侠形象。其中一个不大知名的短篇《神偷寄兴一枝梅》，描写极有幽默感的江湖神偷宋四公的形象。他与通常的梁上君子形迹不同：一是侠义，专偷富人，并以所得财物救济贫苦；二是虽以偷盗为业却光明磊落，每次行偷后都留下一个记号——一枝梅花。神偷宋四公是依靠巧运的智思和极高超的技艺浪迹人间的。“盗侠”在后世许多武侠长篇小说中往往成为不可缺少的一类重要人物（如《水浒传》中的“鼓上蚤”时迁）。

4. 侠与古典武侠小说的堕落

明清是中国文学史上白话体长篇小说蓬勃兴起的时代。情变、讲史、神魔、武侠——传统小说的四大类型，在这个时代各自产生了古典范畴中最高成就的一批代表作，即《金瓶梅》《红楼梦》《三国演义》《西游记》和《水浒传》。

耐人寻味的是，在这批作品中，我们无一例外地都可以看到侠义观念的影响——如《水浒传》中的武松、《红楼梦》中的柳湘莲，《三国演义》中的曹操、袁绍年轻时均行侠学剑。《西游记》中的孙行者是神猴化身，在剪妖除怪的神话表层叙述下其深层结构也颇有神侠的性格和身手。

这里特别需要重新探讨一下的是关于《水浒传》的问题。传统的看法多认为这部长篇小说的主题是描写农民起义。但是，梁山 108 位好汉，就其社会构成看，几乎包括中国中古社会分层的各个阶层——从王侯贵胄、将相书吏、乡绅豪强，直到商贾挑贩、担夫走卒，无所不有。其中真正以务农为业的农民在 108 人中却几乎没有（倒有不少大地主）。实际上，108 位好汉的主要成员，来自中古社会中职业身份不确定的流民。而这种流民，我们在前面已指出，恰恰是“侠”的主要社会来源。其中多数好汉的行径，在落草结义之前都是以个人闯荡江湖——无疑具有浓厚的游侠色彩。

所以梁山集团实际是一个组织化的游侠集团。《水浒传》是 108 位游侠行侠、结义、受招安的故事。这部小说，特别是其前半部，具有浓厚的游侠小说色彩，正是上承于《史记 · 游侠列传》所开创的传统。其政治取向和艺术风格浓厚地影响了明清武侠古典作品，直至当代的新武侠小说。

《水浒传》人物中最富有游侠性格的平民英雄应推武松。他打抱不平，任性使强，武功过人，为朋友两肋插刀。他在女色上修身自律极严，深受儒教伦理的影响，具有典型的义侠特征。《水浒传》展示了一个颇为丰富的侠的世界（石秀某种意义上似乎是武松形象的翻版），其中有儒侠，有富侠，有豪侠（豪强），有盗侠，有义侠，有剑侠。同时《水浒传》人物中也有侠的末流——流氓，如过街鼠张三、青草蛇李四、没毛大虫牛二等。

更值得注意的是《水浒传》中江湖人物人人有绰号。这种绰号乃是“侠”与“盗”这个秘密社会对其成员的第二命名。《水浒传》中故事的展开是以这个江湖秘密社会的存在为背景的。一个局外人要加入这个秘密社会，不但要与其成员认同于共同的价值观（这在《水浒传》中就是写于忠义堂前杏黄旗上那4个大字——“替天行道”），而且必须履行仪式（这就是《水浒传》中所有新兄弟相见相识都要履行的礼仪——结拜）。

由此观之，旧论《水浒传》者多持机械教条式的“农民战争论”是有所偏颇的。正因为如此，我认为指责《水浒传》只反贪官不反皇帝，未免苛求。那些以狭隘的阶级分析法评价《水浒传》英雄，甚至把侠士们的任侠行径一概扭曲硬塞到阶级斗争理论的框架中，更是荒唐的。

武松斗杀西门庆而又杀嫂祭兄，挖心剖腹，鲜血淋漓，这乃是一种极野蛮的做法。这种行为的法理根据是私相报复的自然法。这种自然法通行于江湖上，是《水浒传》中许多义侠行为所依托的“天道”（天理）。而这种做法与阶级意识、阶级斗争观念毫不沾边。

某些现代改编者对小说的这类情节依据现代观念妄作修改，其结果只能使人感到别扭和虚假——因为这绝不是古代豪侠们的行为方式！实际上，《水浒传》——至少就其前七十回来说——并不是一部所谓农民阶级反抗地主阶级的小说，而是一部绿林豪侠小说。

这部小说之精彩，一方面在于其社会场面之广阔与壮大，另一方面还在于108位侠士的各具性情。金圣叹评《水浒传》说：

> 别一部书，看过一遍即休，独有《水浒传》，只是看不厌，无非为他把一百零八个人性格都写出来……水浒所叙一百八人，人有其性情，人有其气质，人有其形状，人有其声口。

这一见解是精辟的。然而耐人寻味的是，《水浒传》里英雄的个性只见之于上梁山之前。一旦入了梁山泊，他们的性格就发生了重大转变，除了在宋大哥和智多星的运筹下遵命办事外，个性似乎已不存在。

鲁智深、林冲、武松这些好汉，在上梁山后几乎都失去了个性化的表现。有人以为是施耐庵的创作技术问题，其实这是一个深刻的历史文化问题。前已指出，侠的特征之一是活动的个人性，侠在本质上必须是孤独的英雄；一旦这种个体活动丧失，必然意味着其个性的泯灭。

另一方面，在梁山聚义之后，水浒英雄们还面临着一个新的重大问题：在上山前，他们是反官府的侠，是正统社会的破坏者；而上山后，他们必须面临建立一种新的社会秩序的任务。但是，在中国固有的文化历史传统中，除了等级身份制的皇权社会以外，梁山英雄和《水浒传》作者不可能找到别样的社会形态。所以，在梁山上，我们无可避免地看到了传统君主专制制度的复制版。

我在《中国文化史新论》一书中曾指出，中国传统社会具有三大特点：①以家族制为政治制度的原型；②森严的等级制；③人人具有固定的身份名分，不得僭越。在这种制度下，君尊臣卑，官大民小，男高女下，主贵仆贱等等，所有这些等级身份关系和价值观念，在梁山上掩盖于“人人皆兄弟”的形式下，却以宋大哥为核心重建了。

那些好汉上山之前之所以个个有血性，因为他们本来都是不怕天不怕地的男子汉（阮小七唱：“老子生长蓼儿洼，不怕天来不怕官”）；但上梁山后，他们却不能不俯首在以宋大哥为“君主”的等级制度下。这些好汉平生最看重的“义气”二字，从内容看也由上山前的“替天行道”变成了忠实于宋江所代表的排座次的等级身份新秩序了。

所以，在《水浒传》后半部，众好汉的侠气变成了奴气——个性的泯灭与自我主体的失落——这实际就是梁山好汉（也是一切绿林豪侠）的悲剧和必然归宿。

由此我们又可以注意到：《水浒传》作为一部写中古绿林豪侠的长篇小说，在政治意识上相对游侠列传和唐传奇所代表的传统已发生了一个重大的转折。

《水浒传》别名称作《忠义水浒传》。关于“义”的含义，我们前面已作过很多论述，但何谓“忠”呢？标榜忠，其实质正是向皇权正统性的认同。

汉唐时代的义侠观念本来并不必包含“忠”的观念。试问郭解可有忠君的观念吗？虬髯客可有忠君的观念吗？宋四公可有忠君的观念吗？但这一观念却出现在《水浒传》中了。这一方面，是受到宋明理学所倡导的皇权专制主义政治哲学的影响，而另一方面明清两代皇权通过一个庞大行政官僚组织对社会实现了远逾前代的控制。皇权官僚主义发展到了一个史无前例的顶点。在这个空前强大的皇权面前，一切个人，即使是社会中最强有力的“侠”，均显得十分渺小而无能。

个性的反抗愈来愈不具功效，在这种新的社会政治条件下，侠的文学不得不寻找新的出路。于是我们在《水浒传》中看到，英雄好汉始则任侠（以个人身份行走江湖），终于啸聚而组织化（结义于梁山），最终不得不认同于皇权正统（受招安）。这一结局，实际就是绿林豪侠寻求与皇权所体现的正统社会妥协调和的方式（写出这一结局，是施耐庵对历史逻辑的忠实，而不是败笔）。

可以为我们这种见解提供证据的，还有《儿女英雄传》中的女侠十三妹。她在遭遇安公子前何等叱咤英勇，一旦嫁到安家却只能俯首下心，甘作妾婢，满口忠臣孝子，俨然成为一个可立贞节牌坊的节烈夫人。

由此我们又可以理解，为什么以《儿女英雄传》（文康著）和《三侠五义》（石玉昆著）为代表的清代武侠作品群，普遍具有这种乐于受招安的“投降主义”色彩。那些书中的侠客，尽管神出鬼没、技艺超群，但在官府（特别是“清官”）面前，无一不个性泯灭，俯首于“清官”所体现的皇权正统性，以致俯首贴耳，投身效力，甘作朝廷的鹰犬。这一归宿不仅是侠的没落，也是武侠小说的堕落。

宋元以来，武侠小说常与清官公案故事相并流行。所谓清官，即不贪而贤明、敢于为民请命的官僚。我们分析中国传统政治中的清官概念，可以看出其中具有一种矛盾的特性：一方面，他是皇权正统的体现；另一方面，清官又必须不断地站在平民百姓的立场上，对抗坏官僚（贪官），有时甚至是皇帝。

清官敢于作这种对抗的法理根据何在呢？那是一个纯然虚假的政治假定，即“皇权是与法律和政治的正义性结合于一体的，皇帝总是圣明而善良的，皇帝不会做坏事；如果朝政出了问题，那一定是由于朝内有奸臣”。

这是明清以来中国历史和政治哲学以及武侠文学中最流行的信条。在神圣君权不能否定的大前提下，政治的黑暗只能被解释作贪官污吏与恶霸的个人行为。在这里我们可以看到明清政治文化观念中常见的五个极：

好皇帝 { 清官——义侠
贪官——恶霸 }

这种五元结构，通过清官与义侠的互补、贪官与恶霸的互补，加上一个圣明皇帝，构成了明清时代的历史哲学。这种历史哲学，不仅出现在《水浒传》中，也出现在《三侠五义》为代表的多数武侠小说中。

所以我认为，从侠义小说政治观念的这种转变中，可以深刻地看出中国传统政治文化由古代、中古向晚近的转型。早期的儒家孔子、孟子具有素朴民本主义的色彩，均曾表述过民重君轻的思想，认为国家利益与君权可以相分离，社会公义的权利（即“仁与义”这一儒家价值理想）应当高于君主利益。先秦儒家这种素朴民本主义的思想，与倡导实行绝对君主专制主义的法家思想，形成了一种极鲜明的对立。也正是由于早期儒家的这种思想影响，才能催化出司马迁赞美平民豪杰的《游侠列传》。而在以宋明理学为代表的晚期儒家政治观念中，孔子、孟子思想中那种民本主义的色彩日益被抛弃了。这种抛弃的结果，反映在文学中，就是侠由早期具有独立个性的英雄变成了佐助清官实现政治目标的鹰犬。文学中清官的出现与侠的堕落，极深刻地体现了晚期皇权社会政治文化的悲剧！

美国汉学家费正清分析中国传统政治时曾指出，这个组织中具有两大特征：第一特征是官僚要依靠我们今天称作系统化的贪污来生存。“这种贪污时常变成勒索。每一官吏必须在他的上司、同僚、下属之间，维持错综复杂的私人关系。随着这种制度而必然形成的，就是系统化的贪污。就历史上的官僚政治而言，中国式官僚政治的显著特征是揩油（送礼馈赠）和任用亲戚——这对孪生兄弟是彼此互助的。”第二特征是信息的不灵。“一切事情在形式上都必须由下层发动，层层上报中央，直到由最高的皇帝去作出决定。但由于瓶口狭窄形成阻塞，就往往影响他作出决定的效率。”

这一分析所指出的两点极其深刻。在某种意义上，清官政治之所以为中国所特有，正是由传统政治文化的这两大本质所决定的。所谓贪官，就是传统政治组织中那些有组织地进行贪污的官吏及其关系网；而当他们利用信息通道的瓶口阻塞，蒙蔽假定存在着的“圣明天子”时，也就意味着朝中出现了所谓“奸臣”。

清官是相对于贪官存在的。他是皇权正义的化身。他敢于直谏，也就是把被权奸阻断的信息直接输送给皇帝。他挥动尚方宝剑斩除奸邪，也就是体现着假定存在的皇权正义性，去制裁和惩罚那种有组织的贪污和粉碎关系网。

我们从武侠文学中看到，清官往往是少数，而贪官和奸臣总是多数。这种组织化和系统化的贪污，并不是官吏的个人性行为，而与传统皇权专制政治组织的本质功能密切相关。

清官总是少数的个人，他就不能不面临严重的个人危险（清官是他身在其中的那个官僚组织的叛徒），他的处境孤立力量微弱。所以清官不能不借助于来自平民的绿林豪侠。由此可见，在明清文学史上，侠文学常常与公案文学相结合，清官与豪侠成为一对体现社会正义和法治的孪生兄弟，根源并不在文学中，而在中国传统的政治文化中。

在这里我们还有必要指出：渴求清官的拯救，正像受难子女渴求父亲解救一样，又反映了传统文化中人民的一种不能自主的可悲处境。在这里，清官对于社会犹如一位好父亲。而另一方面，崇拜豪侠又犹如自安于软弱地位的女子崇拜有力的男性（丈夫），反映了一种社会化的女性心理。由此我们可以理解，为什么义侠好汉往往被称作“英雄”“男子汉”“大丈夫”。

晚期皇权政治下对清官、豪侠的崇拜，以及武侠、公案文学的兴起，恰恰表明了广大群众缺乏独立人格意识和陷于依附性处境下的变态社会心理。

综上所论，我们对中国古典武侠小说的发展可以引出如下几点结论：

①侠是中国下层社会的产物，是流民阶级的英雄，其基础是流民。流民是中国历史上困扰历代政府的一个重大社会问题，周王朝、汉王朝、唐王朝、明王朝、清王朝的衰落及灭亡都与这个问题的存在和发展有关。

从现代经济学的角度看，由于中国缺乏资本及市场，流民阶层不能转入产业，形成新的生产力和社会生产方式。这也是中国古代历史在不断治乱循环中没有产生资本主义的原因。

②侠的文学有两个阶段：第一阶段是以《史记 · 游侠列传》为代表的儒侠阶段，体现了儒家的民本主义价值理想，因此早期的侠文学具有强烈的个性解放意识和反抗精神。第二阶段是武侠公案文学——在晚期皇权专制制度下，清官与侠相合流，侠文学没落为奴才文学，这是侠的变态与萎缩，也是侠形象的猥琐化（如《彭公案》中的黄天霸）。

③从文化社会心理的角度分析，对侠的崇拜映现了中国皇权专制政治下作为被奴役子民的双重心理：寻找反抗与充满恐惧。这种双重心理又表现为希求好父亲（圣君、清官）和崇拜强有力的丈夫（保护者、侠）的弱者文化心理。

下　篇

1. “新武侠”是现代市民文学的商品

从正统文学的观点看，武侠小说是不入流的。这种观点实际上是出于对近代小说社会功能的某些误解。黑格尔曾经指出，小说是近代市民社会及市民阶层的产物。

中国小说的起源似乎很早，但传统小说一向具有两种类型：一种可以称之为雅文，产生并流行于士大夫及文士的阶层中；一种是俗文，包括唐代敦煌的变文、宋代的话本和元明以后的章回小说，与中古城市市民的宗教、文化、精神生活具有深刻的关系。

《汉书 · 艺文志》谓：“小说家者流，盖出于稗官。街谈巷语，道听途说者之所造也。孔子曰：‘虽小道，必有可观者焉，致远恐泥，是以君子弗为也。’然亦弗灭也。”[6]这是关于中国小说起源常被引证的一段经典论述。在这里，一方面指出了小说的起源的通俗性——来自市井闾巷的街谈巷语、道听途说。这正是小说作为通俗文学的起源。另一方面，这种俗文虽不足以见重于君子（“君子弗为也”），但“必有可观者焉”，所以“亦弗灭也”。

近代武侠文学恰恰也具有上述的两点特征。一方面，由于它的通俗性，似乎只能栖身于街谈巷语、道听途说之流，而一向不被文学正统的殿堂接纳。另一方面，我们却不能不注意到它何以也“有其可观者”，不但“弗能灭也”，而且竟拥有那么多读者。

与古典武侠文学相比，20世纪中叶兴起的当代新武侠文学，显然具有着更强的市民意识及商业性特征。这两点，都是由于20世纪小说社会功能的转变。19世纪末至20世纪初，近代类型的工商业城市在中国兴起，出现了古所未有的新型传播工具——新闻报纸及刊物。近现代中国小说的空前繁荣，实际上也是这种新的传播媒介的一项产物——晚清小说名家如林纾、李伯元、吴趼人、曾朴的作品，最初都是在当时的报刊上发表的。

而20世纪以来的各类武侠小说，如平江不肖生、还珠楼主的作品，以至当代最脍炙人口的香港作家金庸、梁羽生的作品，在成书之前都是以连载形式首先刊布在京、津、沪、港等通商巨埠的报刊上的。

报纸连载新武侠小说是为了吸引市民读者。这种商业性的市场需要，势必强迫小说作者在写作中满足它。因之，他们在观点上必须适合市民的心理，在趣味和格调上必须迁就市民的审美习惯，在价值观上必须适应市民的评价尺度，而在情节上又必须不断地推波助澜、花样翻新，以吊住市民的胃口。

这种背景情况对于研究现代新武侠文学是相当重要的。因为它实际上意味着，现代新武侠小说乃是现代中国商业化的城市社会的产物，其中渗透着浓厚的现代市民意识，特别是香港那种现代化受殖民统治市民社会的文化精神内涵。

这种背景情况也解释了这种小说的结构特点——当代新武侠小说不乏宏篇巨制，但在整体运思上，布局常常缺乏一气呵成的严谨性，时时表现出立意与笔墨的随机性、游戏性，以及迎合市民语言和趣味的庸俗性。同时，这还解释了为什么20世纪中下期以来风靡海内外华人世界的新武侠小说，并不是内地文学的产物，却偏偏是香港这一素有“文化沙漠”之名的受殖民统治商业城市的精神产品。

新武侠小说的这种社会文化背景，必然使其无论在形式或内容上，均与古典武侠小说具有本质的不同。

2. “新武侠”的模式化主题

新武侠派小说，无论其在内容、人物、情节上有怎样的转换和变异，在主题的选择上经常表现出一种极大的雷同性。这种雷同性使其主题基本上可以概括为几大类：

①寻宝或学艺主题。

寻宝，是新武侠小说中用以结构谋篇的一种最为常见的故事主题。所谓宝，一是指宝物、宝图、宝藏，一是指武功秘术（如《白马啸西风》寻找塞外藏宝图；《连城诀》中寻找剑谱和宝佛；《倚天屠龙记》中寻找武功秘谱；《鹿鼎记》中寻找《四十二章经》；《七剑下天山》《无忧公主》等寻找雪山宝藏等）。

②情变主题。

在新武侠小说中，复杂变幻的三角恋以至多角恋是情节变化发展的又一大主题。几乎所有的侠客英雄都与一些色艺双绝的女性（常常又是其仇敌对手）发生情爱纠葛，由此而演化出情杀、情变的故事。此类故事中最典型者如《甘十九妹》《笑傲江湖》《碧血剑》等。

③民族斗争主题。

在新武侠小说中，通过写历史上的民族斗争，然后以此突出一种历史正义性，也是极为常见的。名著如《书剑恩仇录》《鹿鼎记》《萍踪侠影》《倚天屠龙记》《碧血剑》等，都包含有这类主题。

可注意的是，在海外的新武侠作品中，写中外斗争的少，写历史上民族斗争题材的多。这与内地近年的武侠作品恰恰形成对照（回避写对洋人的斗争题材，这很可能也与香港受殖民统治的政治背景有关）。

这还可能是由于武术、气功在西方文化中并不流行。西方人所使用的洋枪洋炮、兵舰、导弹，足以使豪侠们的神功无可施之处。所以，武侠小说中即使有洋人，也多是日本人。这不仅因为日本传统文化背景与中国社会相似，更是由于百年来中日两国的激烈民族斗争。

综观上述，我们可以说，寻宝或求艺、多角恋（情斗、情仇、情杀）

以及传统形态下的民族主义，就是当代新武侠文学中常见的通用主题。而这三大类主题又可以一般化为以下问题：

①财宝与技艺，是生活资料、生存技术，即“食”的问题。

②情变问题，是弗洛伊德所常谈的爱欲，即“色性”的问题。

③民族主义问题，反映了近世中国人在清末以来的民族主义运动和反帝斗争中感到极为痛切的家国感情。

在新武侠小说中，这三大主题都具有某些奇特的表现与心态，从而折射出近现代中国社会与文化急剧变迁之际的世情与人心。

通过以上三大类主题的概括，我们又可以注意到新武侠小说的一个重大缺陷——其主题思想的极其贫乏。在一种比较典型的意义上，我们可以概括出许多新武侠小说处理情节发展的以下一种常见套式：

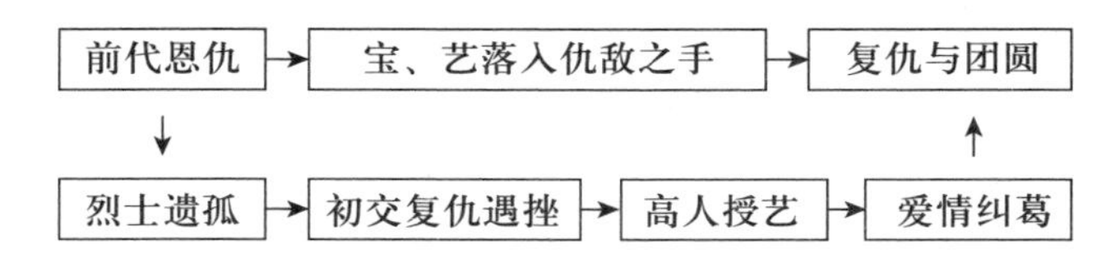

与古典武侠小说进行比较，在主题和内容上，新武侠作品呈现出如下两点极为明显的差异：

第一，古典武侠小说主要是写社会中的阶级矛盾。这种矛盾在小说中往往是通过如武松斗杀西门庆、鲁达拳打镇关西那种贫与富、平民与势豪、英雄与恶霸的斗争而发展。这种戏剧性矛盾最终则消解在“清官（皇帝）—武侠—恶霸”的三元结构中。在新武侠作品中，平民与恶霸的矛盾已大大地削弱了，突出描写的是侠与侠之间的矛盾。

在这里特别可注意的是古典儒家价值观念的被打破。在新武侠作品中，我们常看到一种多元主义和相对主义的善恶斗争观念。其代表者如《射雕英雄传》中的东邪、西毒，他们混杂善恶，兼行善恶，并且恶无恶报，善无善果。这在文学伦理结构上完全打破了传统因果报应的思路。

第二，在武功的描写刻画上，在古典武侠作品中主要表现为外功，是十八般兵器的较量以及侠客们飞檐走壁的身手。而在新武侠作品中，武技主要表现为内功、气功、点穴、使毒以及阴谋心术的较量。

在兵器上，由古典武侠作品近距离兵器（刀、剑）为主，转变为新武侠作品超距离的冷兵器（所谓折叶飞花、吐气杀人，以至飞针、毒香等等）。这种超距离冷兵器的描绘，在深层结构上显然折射着现代武器的文化与知识（枪、炮、导弹）。在侠士的身手上，更由传统的飞檐走壁上升到腾云驾雾、凌虚御风的孙行者境界（新武侠小说中对这类绝技的描写，可以看作关于气功、人体特异功能的一种“科幻”）。

文学是社会文化的符号表现。即使在新武侠小说这种似乎完全脱离社会现实土壤、凭空虚构的神话中，也有着现实的社会文化内涵。如果我们联系20世纪中国社会文化的变迁及其所面临的问题，就可以看出，新武侠小说之所以普遍选择以上三大主题，并且在武功描写上呈现出以上特点，绝不是偶然的。在这种文学符号之下，隐藏着颇为深刻的（虽然不是作家本身自觉意识的）社会文化内涵。

3. “新武侠”作品中妄滥者多

从符号学观点看，任何小说都是借助于语言所构筑的一种记号系统。任何记号至少具有三个维度：

符号——对象
　　　　|
　　——意义

根据符号学，小说可以划分为两种类型。

一是小说具有现实社会原型。所谓现实社会原型，其含义相当宽泛，可以指一个社会事件，指一个人物，也可以指一种意识流，一种情态或一种心态。据此，西方文学中传统的写实主义、浪漫主义以及现代派的意识流等小说流派，都可以归入这种有对象小说的范畴。

还有另一种类型的小说。这种小说的语言记号系统，其所指是缺乏真实的对象原型的。这种小说没有现实的描写对象，却并非无意义。只是它的意义完全借助于虚构、虚拟而建立。这种有意义而无对象的小说，接近于维特根斯坦所说的“语言游戏”（language game）。就此而论，西方文学中如奥维德的《变形记》、但丁的《神曲》、歌德的《浮士德》、凡尔纳的科幻小说，以及中国古典文学中神异志怪如《西游记》《封神演义》《聊斋志异》都属于这种无现实对象而有意义的文学记号系统。

应当指出：任何一种小说，在其创作意识的本体上，实际都是一种生命哲学的戏剧化形式。第一种即原型小说，是以描摹人生戏剧的方式，表现一种生命哲学。第二种即非原型小说，则是以虚拟和象征的方式表现一种生命哲学。这种虚拟和想象的创作方式，有人称之为幻设（fantasy）——其并非凭空发生，仍然是作家人生经验、历史经验、文化意识的投射，是一种改编变形及重建（reconstruction）。

任何小说，不论有无原型对象，都难免具有幻设的成分。而任何虚拟幻设小说也都难免有作家现实经验的这种重建。

由记号学的这种观察出发，我们可以注意到：古典武侠小说显然属于前者，即有对象的小说类型；而新武侠小说却显然属于后者，即无对象而有意义的幻想系小说类型。由于新武侠小说的虚构背景往往依托于中国古代史，所以它实际又是一种虚拟历史之幻想小说。

在某种意义上，写这种武侠题材的历史幻想小说似乎是超容易的。因为作者似乎完全可以不计较事实真相和其他约束，甚至无须考虑时空的任何局限，而充分发挥其想象和虚构的能力。也许正是由于这种因素，使许多人对新武侠小说和武侠小说家常抱持着一种轻蔑而不屑一顾的态度。

实际上，武侠小说虽然易写却极难写好。今日书肆上多数武侠作品，甚至同一位作家的作品，也是妄滥者多，而可读、耐读者少。写一部成功的武侠作品，需要有一系列准备条件，甚至必须具备一些专业性知识。例如，处理小说中的人物对白，就是一个看似简单却相当困难的问题（近年来国内历史题材的影视剧在这个问题上几乎均难处理成功[⑦]）。古人究竟是怎么说话的？在古人口语与书面语之间差别究竟多大？古代社会不同阶层是否使用同一样式的语言讲话？用古人的口语写，作家功力够不够？写出来会不会与今天的语言有隔膜，以致读者看不懂？除语言外，古代的礼节、礼仪究竟如何？此外还有古代的地理、古代诗歌词赋，以及古代的社会情况、江湖切口等。

我们今日所读到的海内外多数武侠小说（也包括国内的多数历史小说），仅就语言而论，往往都是不及格的。就我的涉猎所及，恐怕只有极少数作家的某些作品达到了接近上乘之作的水平。

4. 武侠精神的真谛是入世济世

作为一种借助于历史幻想而创造的文学作品，新武侠小说建立了一个完全属于自身的虚构世界。在这个世界里，有它自己的逻辑体系、江湖传统、语言规范。

所以江湖有江湖上的道义，武林中有武林中的规矩，侠客们有侠客们的语言及密码、清规和戒律。这些价值、规范、禁律和密码，构成了武侠小说这种语言游戏的独特规则。

新武侠小说作家正是通过这些规则发挥无尽的联想。这些发挥与联想又逐渐丰富了原有的规则架构，扩大了江湖武侠这一虚构世界的内涵。在这种交替的运动中，使读者在破解这一语言游戏的活动中得到了极大的精神乐趣。

如前所述，新武侠小说在本质上已是不同于古典武侠小说的一种新品类。但在价值观念上，新武侠仍然与古典武侠小说具有某种衔接的桥梁。在新武侠小说中，与古典武侠小说一样，作为核心的价值观念是侠义精神。

侠的本义是甲士。所谓武侠精神，本义是一种崇尚武勇的精神。在秦汉以后，这种尚武的精神取得了重信义的内涵："其言必信，其行必果，已诺必诚，不爱其躯，赴世之阨困，既已存亡死生矣，而不矜其能，羞伐其德，盖亦有足多者焉"（司马迁）；"生于武毅，不挠久要，不忘平生之言，见危授命，以救时难而济同类"（荀悦）。总而言之，孔武有力，锄强扶弱，除暴安良，轻生重义，救人之急，言出必行，感恩图报，这便是标准的武侠形象。

"侠义"是一种入世的精神——"明知不可为而为之""虽千万人，吾往矣""义之所在，身虽死，无憾悔"。从训诂的角度讲，"义"者，宜也。应当做、不得不做的事，古人谓之"义"。义也就是道义。这种尚义、重义、讲道义、行侠义、舍身取义、宁死不背义，是武侠精神的实质。而其反面，就是"不仗义""背信弃义"，这种人便是大侠士们所要惩戒的"不义之徒"。

由此论之，"义"正是秦汉以后之侠的观念的核心。我们可以看到：新武侠小说中的义侠生活在一个人欲横流、罪恶滔天的世界上，他们是微渺的个人，然而他们往往不计身家利害地遵循着内心中这种道义价值的指引，在极为巨大的危难险阻下奋不顾身，孤军奋斗。

这种入世的精神，是中国传统价值中极为令人感奋的古典英雄主义精神。即梁启超引佛说所谓："我不下地狱，谁下地狱？不唯下地狱……且庄严地狱！"所谓"地狱不空，誓不成佛"。正是这种精神，使得新武侠小说中的优秀之作具有一种正气磅礴的道义感，演绎出了一幕幕可歌可泣的悲喜剧！

然而我们又注意到：新武侠小说中所发生的善恶斗争，往往具有极其夸张、极端、激烈而残酷的性质。在这种人生搏斗的焦点上，人性的善恶冲突异常尖锐，深刻而特殊地被表现出来。在新武侠小说中，常采取一种强化的夸张形式，描写一个人如何以全部热血来完成某种使命、某个心愿、某个目标。其主人公在性格上常常是令人感泣的，却并非完备的。

在现实生活中，人们的爱憎，不可能像小说中的人物那样极端、那样强烈、那样抽象而偏执。而在新武侠小说中，为了一个极小的恩怨之结，主人公们就打斗、流血、杀人，动辄杀戮满门，尸横遍地。这是新武侠小说所特有的一种变态行为和心态。

5. "新武侠"中多变态

我们在新武侠小说的主人公形象中可以找到相当多的变态人格。这种变态心态与人格并非偶然地产生的。我以为，新武侠小说中刻画的这种变态人格及其行为，是近百年来中国社会心理变态，在集体无意识层面上的一种文学宣泄，也是其映象。就这一点来说，新武侠小说虽然是虚构的，却具有深刻的象征意义。

特别在旧中国这样一个人口众多、机会狭小的时代，人际关系高度紧张，人与人之间习于勾心斗角、明枪暗箭、阴谋倾轧，往往在不动声色间生死相搏，生存机会的斗争格外隐蔽而激烈。这种社会状态造成了一种普遍紧张、忧患而焦虑的社会心态。而新武侠小说中的血腥世界正是这种现实人际关系的象征。

也正是在这一层面上，新武侠小说描写中的种种变态人格与血腥斗争，在中国民众心理中获得了相当程度的可信性。

小说里的情节越是具有张力，人性的丑恶和善良，以及挣扎在善恶间、正邪间、成败间的犹疑与决断，越发可以强烈地得到表现。成功的武侠小说，根本不会使人感到表面化和夸张，反而让人觉得非常深入而写实。

灾难深重的中华民族，近代百年间，几乎无年无日不处在一种紧张的社会斗争中。天灾与人祸、战争与革命、流血与死亡，这些活生生的事件，其残酷性与现实性都远胜于武侠小说所描写的。

正是在这一意义上，新武侠小说的变态与残酷不仅有其美学的意义，而且有其现实感的基础。它不过是透过一系列虚构而夸张的故事表达生死存亡之际的人性罢了。新武侠小说中崇尚内功、气功、太极之功以及后发制人等等，在社会无意识的层面上也具有一种中国社会斗争独特性的真实象征意义。在漫长历史斗争中，赢得胜利者往往不是大喊大叫者，而是坚忍并且有耐力与后劲者，是斗心者，而非较强力者。

这些观念，作为一种战略战术或价值观，与西方文化所崇尚的观点都是相反的。从上述意义上看，新武侠小说提供了中国政治文化及心理的一个丰富象征性世界。

金庸《白马啸西风》可以说是一部伤感的武侠小说，而其所作《鸳鸯刀》却是武侠小说中的一出笑剧。倪匡的《大盐枭》开拓了推理武侠小说的境界。高阳的《荆轲》深入历史，创作了历史主义的武侠小说。温瑞安的《空手道》则尝试写现实。至于金庸的名作《笑傲江湖》，更完全有资格称作一部“政治象征的武侠小说”。

有趣的是，在人物形象上，新武侠小说也常呈现出一种变态的处理方式。愈是弱小、残缺、卑贱、无能、贫寒、可怜的人物，却往往愈被设计为武功超一流的高手。例如僧、道、尼、隐，本来是人世中不问世俗、不究是非之人，在武侠小说中却往往被安排为身怀绝技的好手。妓女在人世间本来是被侮辱与被损害者，新武侠小说中的青楼女子却往往出污泥而不染，有更加贞淑的情操和志节。出场形态最为柔弱的女子，一旦出手，武功却往往可以气盖男儿。流浪儿、乞丐在社会中原是最被轻视的小人物，但在新武侠小说中，丐帮是天下第一大帮，组成了一个自成体系的秘密社会，有原则，讲信义，扶弱锄强，振危济困，并且隐藏着不少义士高人。

那种断腿、独臂、聋哑、痴呆、盲目的残疾人，在新武侠小说中常被安排成莫测高深的武林高手。在新武侠小说对人物的这种处理中，我们可以透视出从社会心理到中国哲学的双重寓意：就前者来说，寄寓了对弱者的一定的同情，而且隐藏着对于强者的警示；而就后者来说，又是老子“寓强于弱，柔弱胜刚强”政治哲学的形象化。

6. 虚拟文学的家园中国梦

我们还可以注意到：武侠故事的基本情节往往依托于一连串的长途旅行。旅行，正是最广意义上的人生象征。

在旅行中，人远离家园，孤独无靠，举目无亲，漂泊不定。这种生活既提供了机会，也酝酿着危险，从而为游侠们的大显身手准备了舞台。

人们喜爱那些优秀作品中的义侠人物。因为在人生的漫游中，他们超越了我们自身的局限、怯懦和渺小。他们是那样勇敢、独立、恢宏大度。他们的冒险生涯使我们的眼界从现代城市那种灰漠、单调、狭小、困顿的市民生活中解放出来，他们的故事令人生畏又引人入胜。

在阅读这些故事时，我们与他们在一起，与他们一起漫游江湖，进入恐怖并且超越恐怖，面对各种棘手的难题解决或者粉碎之。

毕竟，生活中只有一个家是不够的。如果人的一生从来没有离开过家，他就无从体验恐惧的意义，他就无从获得发展自我所必需的人生经验，他甚至也无从体验对故乡的思念和依恋。他就决不会理解家园对于人究竟具有何种意义——实际上，这种意义最终往往凝聚在游侠之士的这样一句话中，那就是：“我回来了！”超越了单纯的凯旋荣耀，渗透着胜利者的一种悲剧意识，从而象征了每一个人在生命过程中都不得不全力寻求的那种归宿感和终极价值。

多少与中国古典武侠小说在主题上有所相像的，是西方的推理侦探作品。在古典武侠小说中也有不少公案题材的作品，中国人破案靠清官和义侠，而西方则依靠法律、律师和侦探。关于这两者在法律、政治背景上距离之巨大，只要设想一下南侠展昭、包公与福尔摩斯、波洛和梅森律师的形象区别，就可以知道了。

与中国现代新武侠小说略有相似的，也许是西方中世纪的游侠传奇和司各特的某些历史传奇作品。这两者之间也仍然天差地别。如果唐·吉诃德骑士或者罗宾汉先生带着他们的长矛、盾牌和短剑来到中国，以他们那种多愁善感、清教徒式的人道主义价值观，来对付东邪、西毒那种血腥、残酷和变态的心术和行径，还有呼风唤雨、出神入化的气功和点穴，以及囊括动物毒到植物毒、化学毒的全部武库，恐怕是只能目瞪口呆了。

就想象力及创造力的广度、深度而言，新武侠小说中的优秀作品完全是一种特殊的历史政治神话。这神话中的人物、故事、情节完全出自虚拟，但它所象征的人性却是真实的；其所体现的情趣和意境，尽管是变态、残酷的，却扎根于深厚的中国政治、文化、历史传统之中。

前面说过，新武侠小说自成一个虚拟幻想的世界，有它自身的逻辑架构、人际关系、生活方式及语言规则。然而，这一幻设的世界并非乌托邦，因为乌托邦里没有这么残酷的斗争。它也不是桃花源，因为新武侠世界中的江湖绝不宁静。但它的确提供了一种文学家园的虚拟性梦想，从而在深层心理中映现着近世中国人的恐惧、焦虑、忧患和期待。我们通过它，可以超越现实、观照现实，同时反抗现实。

7. “新武侠”文学是历史的幻拟品

新武侠小说作为一种文学类型，可以看作一种历史幻想小说。但这种幻想小说不同于科幻小说，因为科幻小说并不是神话。武侠的世界是一个虚构的世界；虽然也并非现实世界，但科幻世界却是现实世界的未来延伸。

新武侠小说又不同于通常的神话小说（如《西游记》一类），因为它的主人公毕竟是人而不是神。他的对手也仍然是人而不是妖怪鬼魅。无论这些豪侠有何等超人的力量，我们仍然相信它是人性的力量。我们相信，他们之所以具有这种力量，是因为他们经受过特殊的体验和磨砺。如果我们有过同样的经历，那么我们这些平凡的人也可以获得同样神奇的力量。这个推理是合乎情理的。它使得小说中的一切武侠神功，无论怎样离奇，却仍然使我们能够信服。而实际上，我们在人生中也的确可以看到无数超人正是从各种磨炼中被造就了！

在新武侠小说中，打斗（武功）的场面始终是最富于特色和吸引读者之处。可以说，武侠小说的“招子”，便是打斗。这种打斗之所以吸引人，是由于新武侠小说对武功奇变百出的精彩想象和设计。在小说中这种武功的施展和搏斗已经成为一种出神入化的艺术。例如在还珠楼主的小说中，武功之高可以移山填海、呼风唤雨，冰山镇压可以不死，烈火煎熬仍可化生。这简直已经不是武功，而是法术。在古龙的小说中，衣白如雪，心中有剑，剑光一闪，生死立判；其描写不讲究打的招式而讲究决战时的气氛，连衣饰、色彩、环境、心理全进入了武功的范畴之内。

我们之所以爱看新武侠小说的生死搏斗，还由于这种搏斗场面隐寓着深刻的人生哲理。人生步步都可能面临生死场，然而有多少人能像豪侠那样地指顾从容、视死生如游戏呢?

在金庸的小说中，一种武功修养的描画，常常体现或暗示着人的一种性格。譬如以一根绣花针为暗器，可以暗示其主人的性格乖张诡异；而一套“降龙十八掌”的施展又衬托出其主人的一派正气凛然。手段体现做人。东邪、西毒、南帝、北丐，无一不通过他们武功的修炼和运用，而把他们的形象活现在读者眼前。

在金庸的小说中，武功原理的发挥又往往借助于中国的儒、释、道哲学而施展。甚至几首唐诗也可以发展为一套精妙的剑术。在这个层面上，武功作为人类应付自然和社会的手段、技术，暗含着种种立身处世的人生哲理，颇耐人寻味和思量。

在新武侠小说里，尽管武功之离、奇、怪、妙，运用变化达到匪夷所思的地步，却又往往都能自圆其说，出人意表却仍然合乎情理。而最耐人思量的是：无论武功高到何等程度，重大事件的解决最终往往并非依靠武功，而是依靠智慧的运用。

新武侠小说中的武功描写，往往具有深邃的哲理和学识；新武侠小说里的搏斗场面自有一派深奥的境界，绝不是为打而打、为斗而斗、以嗜血为快乐、以杀人为目的。斗的目的是为了“求仁”，是为了救世度人。而斗的描写又是如此地富有人生哲学的意味。

正因为如此，我们可以说，中国新武侠小说中的武功搏斗艺术是世界上任何武技搏斗故事和影片所不能比拟的。难怪有人认为“单就中国武侠小说的功夫而言，就可以写一部洋洋大观的书，来研究中国人创作和阅读的心理”。

结语

综合以上讨论，我以为，对于20世纪中叶兴起于海外华人世界的新武侠小说可以得出一些新的看法。应当指出：新武侠小说的价值和意义不可一概而论。其中虽有不少思想浅薄、艺术趣味低劣的庸俗之作，却也涌现出了一些具有经典性而文学和思想价值均颇为可观的作品。

前已指出，新武侠小说有其特定的社会文化背景。它是一种隶属于近代资本主义文化、具有人文主义精神内涵的市民文学形态，因而完全不同于隶属于古典儒家思想之下的旧武侠文学。

正因为如此，我们在这种小说的主人公形象中可以经常看到一种鲁滨逊式孤独地流落和开辟荒沙海岛的探险英雄形象（如《倚天屠龙记》中的谢逊、张无忌，以及《射雕英雄传》中的黄药师等）。

关于近代文学中出现的这类鲁滨逊式人物，马克思曾经作过一段极精辟的社会学分析。他指出：这类故事绝不像文化史家想象的那样，不过表示对极度文明的反动和要回归被误解了的自然生活中去。“这是假象，只是大大小小的鲁滨逊一类故事所造成的美学上的假象。实际上，这是对于16世纪以来就作了准备，而在18世纪大踏步走向成熟的市民社会的预感。这种18世纪的个人，一方面是封建社会形式解体的产物，一方面是16世纪以来新兴生产力的产物。”[8]

马克思对欧洲近代鲁滨逊式人物的这一经典分析，对我们理解新武侠小说具有深刻的启示。我们在20世纪的新武侠中到处可以看到倡导个性独立和个性解放的精神。

如果说在古典武侠小说中，侠常常处于一种屈膝于皇朝正统、实际上是皇帝清官家奴鹰犬的依附性地位，那么在现代新武侠小说中，我们可以看到侠的人格解放与人格独立。

侠，无论是男是女，实际都是一种功力愈高即愈具有个人自由的个性。马克思指出，这种自由个性在传统社会中既不能存在，也不能出现。只有在近代的工商业市场资本主义社会中才存在这种自由个性出现的条件。“在这个自由竞争的社会里，单个的人表现摆脱了自然联系等等，而在过去的历史时代，自然联系等等使他成为一定的狭隘人群的附属物。”[⑨]在这个意义上，我们在一些新武侠小说中的时时可以看到强烈反传统的一种进步思想倾向，就应当是毫不奇怪的。

但是事情也还有另一方面。在20世纪的中国小说类群中，新武侠小说又显然是最富于传统精神和情趣的小说。特别是在金庸这被中国传统文化浸润较深作家的作品里，我们处处可以觉察到其带有浓烈的中国传统味道。

新武侠小说的主题，往往围绕着尊师重道、杀身成仁，舍身赴义、忠孝节义，急人之难，解人之危，理之所在、身不由己等传统价值观念去设计情节。通过书中的悬念引人去追索：当人面临忠与孝、情与义的尖锐矛盾时，他究竟如何抉择与弃取？

书中的思想意识常常渗透着中国哲学的特质，如儒家的忠君、爱国、求仁、尚义的进取精神，同时又往往伴随着道家以退为进、释家无我无相的境界。道、释两家在新武侠小说中往往以奇人异士的面目出现，其武功修为、人品层次甚至高于主人公。

在新武侠小说中，武当道士、少林高僧和岩穴隐士以及都市怪丐，往往是对小说中的主人公险境援手、指点迷津的上乘人物。所以，一部新武侠小说中常见的主人公性格发展公式往往是：某个积极进取、欲济天下于水火之中的俗家弟子，因缘巧合，际会某一圣僧、贤道、高隐，历尽艰辛学得绝技，终于名震八方，功成身退。在这一情节和性格的发展程序中，暗示着一种“出世——入世——再出世”的禅悦哲理。在新武侠小说中，我们还可以看到大量中国传统的价值伦理思想，例如许多作品处处体现出一种“尊师重道”的观点，不仅“一日为师，终身为父”，而且“师要弟子死，弟子不得不死”。对师长的话，弟子必须唯唯诺诺。新武侠小说常见的情节是做师父的如何磨炼徒弟。弟子除了报家仇国恨理所当然，代师雪耻、为师复仇也是天经地义。比之于西方骑士小说中剑客第一个打败的往往是他们的师父并且以此为荣，情态是不大相同的。中国传统价值观看重人情，特别是讲求信义与承诺。这一点在新武侠小说中被发挥得淋漓尽致。小说中的一流高手常常对一个刚出道的新手无可奈何，是因为后者施智取得了他的一个承诺。

就这一方面而论，新武侠小说提供了将传统价值观导入现代的一座桥梁。其意义，我以为还是颇为引人深思的。

（本文分上、下篇分载于《文艺争鸣》1988 年第 1 期、第 2 期）

注释

①〔清〕段玉裁：《说文解字注》上册，成都古籍书店 1981 年版，第 395 页。

②甲字本义则是太阳神。甲骨文中常记作“+”以为象征。甲胄之甲，非其本义，应是借为“夹”字。介，夹同源字。《汉书 · 五行志》：“介者，甲。甲，兵象也。”《左传》昭公五年注：“介，甲。”《史记 · 卫世家》贾逵注：“介，被兵也。”介古音正读为甲、夹。权少文《说文古均二十八部声系》“蔽人俾夹”，此正用夹之本义也。

③④〔西汉〕司马迁：《史记 · 游侠列传》，中华书局 1964 年版，第 64 页。

⑤《史记 · 游侠列传 · 集解》。

⑥〔东汉〕班固：《汉书 · 艺文志》，中华书局 1964 年版。

⑦兹举一个小例子：古代章回小说中第二人称常写作“尔”。此“尔”字实应从其古音读作“你”——其道理，正如“耳”字古音读作“聂”，“儿”字古音读作“倪”一样。但现代几乎所有的说书人、影视剧都把这个“尔”字从今音读作 ěr。

⑧《马克思恩格斯全集》第 46 卷，人民出版社 1979 年版，第 48 页。

⑨《马克思恩格斯全集》第 46 卷，人民出版社 1979 年版，第 18 页。

论《红与黑》

引言

渺小的作品发表后就死了，它不香不臭，无人问津。重要的作品却总是引起争论，在争论中才显示出生命。因为伟大作品往往强烈地冲击主导一个时代的观念、习俗、道德。所以，历史上一部作品的成功与否，有时倒要用对它反对声的高低来衡量。

司汤达的《红与黑》就是这样。在它诞生的头10年里此书受到冷遇，而在以后的100多年里它则不断引起争议。世人的冷漠曾使司汤达伤心，但并未使他失望。1835年他写信给友人巴尔扎克说："死亡会让我们和他们调换角色。在生前，他们对我们为所欲为，但只要一死，他们就将永远被人忘记……而我所想到的是另一场抽签赛，那里最大的押注是：做一个在1935年（100年后）还为人阅读的作家。"[①]

司汤达的希望并没有落空。直到今天，《红与黑》仍然被人们阅读着，而与司汤达同时代的名噪一时的时尚文人们都早已被历史忘却了。

这部书的题名是《红与黑》。100多年来，许多论者对这个颇具神秘色彩的书名议论纷纭。有人认为它象征着红色的将军服与黑色的教士僧袍——于连欲选择的两条道路。也有人认为它是爱情、荣誉、幸福、英勇（红），以及阴谋、野心、罪恶、伪善（黑）的象征。

这个标题之妙在于，它是一组对立概念的统一。喜剧与悲剧，升腾与毁灭，爱情与死亡……所有这些反映人生之中深刻矛盾的对立范畴，都涵盖于这三个字之中。

1. 索黑尔·于连，英雄还是混蛋?

作为本书的主人公，索黑尔·于连究竟是一个应被歌颂的英雄还是一个应被诅咒的混蛋?也就是说，究竟应该如何认识索黑尔·于连?这个问题是理解和评价《红与黑》的焦点。

正如对《红楼梦》的贾宝玉一样，鄙视于连的读者不乏其人。于连何许人也?一个野心家加坏蛋而已。《红与黑》何许书也?一部关于一个坏蛋如何骗女人的坏书罢了。这是一度颇为流行的看法。

也有人同情于连，但是角度则各有不同：野心家欣赏于连“只问目的，不择手段”；在他那里，说谎和掩饰成为一门艺术，从事政治则赤裸裸地是为了向上爬。多情人则羡慕于连的种种艳遇，赞赏他用巧妙的手段征服与他社会地位悬殊的各种贵族女性的心。年轻人则钦佩于连抗击命运的勇敢，但又觉得他爱虚荣、有野心、太自私。

其实，凡此种种，既没有真正认识于连，也难以真正理解《红与黑》。

于连是一个充满矛盾的人物。他的内心世界深刻而复杂，他既卑怯又勇敢，既虚伪又正直，既狡猾又诚实，既老练又天真，既复杂又单纯，所有这些水火不容的对立特征在他的性格逻辑中却又惊人的统一。这种尖锐而深刻的性格矛盾，使于连成为人类中一个奇异的变态人物。作为一种特殊的典型，这个人物不仅从文学角度，而且从社会学和心理学的角度，都是十分值得研究的。

司汤达为什么要塑造这样一个特殊的典型呢?

“认识你自己!”古希腊的神殿上铭刻着这样一个警句。认识人本身，这正是每个时代文学的任务。有人说，“文学即人学”——一门表现和研究人性的科学。这话是对的。作家的工作不是根据某种流行的观念去编造一个投合时尚的庸俗故事。作家的真正任务是探索人——寻找、发掘人类中那形形色色的特殊性格，观察他们，解剖他们，表现他们，以便帮助人类认识自身。司汤达在别人问及他的职业时说过一句名言：“我是观察人心的!”

真正伟大的作家都正是这样做的。他们像生物学者制作标本一样，复制了活跃在他们那个时代舞台上的种种角色们的肖像。例如，莎士比亚创造了哈姆雷特。他生当文艺复兴的时代，向往自由和光明却无力挣脱现实的桎梏，渴望变革又感到自身缺乏力量，于是他痛苦地自问：

——活，还是死，这是个问题！

——啊，这是一个颠倒乾坤的时代，唉，倒霉的我，却要负起重整乾坤的责任！

到了司汤达的时代，历史的面貌不大相同了：一场轰轰烈烈的变革刚刚过去，资本主义在法兰西战胜了封建主义。然而，文艺复兴运动以来哲人志士曾为之抛头颅洒热血的人文主义理想实现了吗？启蒙思想家们所热情向往和讴歌的那个"自由、平等、博爱"的理想社会实现了吗？没有！

昔日的幻想在严峻的现实面前被碰得粉碎，当年曾鼓舞人们奋斗牺牲的革命激情今日已泯灭无余。所有的人像退潮后显露的礁石一样，回复到剥离意识形态外衣后的真实自我，从而暴露了内心肮脏自私的狰狞本性。正如作者借于连的口在书中所慨叹的：

在这自私的沙漠里，即人们所谓的"生活"里，每个人都只能为自己打算。（第 431 页）[②]

虚伪无耻得到了辉煌的进展。就是在自由思想者阶层中，也采取这种手段。因此，社会上一般人当今更加苦闷了。（第 61 页）

肆无忌惮、明目张胆的贪污腐败充斥着社会。到处可以看到赤裸裸的谎言。政治不过是肮脏的权术，信仰和宗教也不再能羁縻人心。出路在哪里呢？曾成长在法国大革命理想下的司汤达，观察着时代的生活，思考着这一切，试图探究问题的答案。于是，他写了《红与黑》，塑造了于连这样一个叛逆的人物。

在这部书里包含了过去、现在与未来。在于连的形象中，作家寄予了理想、热情和歌颂，同时也抒发了愤怒、憎恨和批判。

2. 挑战的时代

莎士比亚说："全世界只是一个舞台，所有的男男女女不过是一些演员，他们都有上场的时候，也都有下场的时候。”③

但是，生活与戏剧毕竟不同。在人工的戏剧中舞台为演员而布置，在人生的戏剧中却是舞台创造演员。我们来透视一下于连所登场的舞台吧。

在法国历史上，这个时代被称作波旁王朝复辟时代。许多风暴和激情都过去了——那闪耀着革命烽火的年代，雅各宾党人的集会，拿破仑的远征军，战火中的欧洲，滑铁卢的废墟……

在19世纪的前半个世纪内，法兰西曾经是整个欧洲的轴心。大革命摧毁了封建制度，使法国进入了资本主义的新时代。马克思曾这样描述革命后法国的社会生活：

> 于是出现了创办商业和工业企业的热潮、发财致富的渴望、新的资产阶级生活的喧嚣忙乱，在这里，这种生活的享受充分表现出自己的放肆、轻佻、无礼和狂乱。④

历史时代的这种特点在《红与黑》中得到了深刻的再现。

于连的故乡维立叶尔是一个景色秀丽的小城。这里有葱郁的绿树，湍急的河流，连绵的群山。但更重要的是，无数新兴办的小工厂遍地林立，完全改变了牧歌式的田园风光。在《红与黑》中，司汤达只用4个字就概括了这个欣欣向荣的资产阶级城镇的基本特征：

> 只要“有利可图”！这四个字代表了那城市四分之三以上的居民的理想。（第10页）

于连出身微贱，父亲经营一个小小的木工作坊。作为家中最小的孩子，加之体弱多病，从生下来他就受到全家的憎嫌。因此，于连正是一个“多余的人”！于连这样感叹自己的身世：

> 像我这样的人，肖南公爵所称呼为下等人的！残酷的上天，把我抛在最低下的阶级里，不仅没有一千法郎的年金，甚至，没有每天能够买面包的钱！（第433页）

但是，这个处境困窘的青年却生性聪慧，仪表英俊，能力超人：

> 他的鼻子好像鹰嘴。两眼又大又黑。在宁静的时候，眼中射出火一般的光辉，又好像熟思和探寻的样子。但是在一转瞬间，他的眼睛又流露出可怕的仇恨的神情……人类的面貌变化无穷，也许他的有点突出，有点不同凡响，有使人感动注意的特征。（第 23 页）

这种独特的外貌，表现着一个独特的内心性格。少年人的天性本应天真烂漫，奔放外露；但环境的促迫，外界的压抑却使他沉郁孤独、感情内向。在一个退伍军医的好心辅导下，幼年的于连得到了启蒙，这个幼小的心灵中燃烧起了对幸福和荣誉的渴望。他最崇拜的人是拿破仑和卢梭。这两位传奇人物都是对后世留下深远影响的人。拿破仑以其武功文治堂皇于世，卢梭则以民主和人权思想启迪后世。他们的个人生活也都浪漫丰富、多姿多彩。

罗曼・罗兰曾说："从来没有人读书，人在书中读的，都不过是自己。"如果说，在卢梭的书中，于连懂得了对人间社会不平等的憎恨；那么在拿破仑的生涯中，他则找到了鼓舞自己反抗命运的希望和力量。"拿破仑初年，仅仅是一个小小的下级军官，然而只靠了他身佩的长剑，便成为征服世界的主人。"（第 32 页）于连羡慕拿破仑，并且梦想效仿他。

有人把于连的这种抱负呼之为"野心"。其实，一个青年心目中怀抱着对荣誉和幸福的向往，是完全合理的。试问谁在年轻时没有做过这样的梦呢？难道于连应该永远乐天知命地安守他那屈辱而贫困的地位吗？当他来到人间的时候，面前既然没有现成的幸福。那么，既不要抱怨，也不要等待，理应下决心以自己的双手去向世界索取。这是野心吗？不，这不是野心，而是对生活勇敢的挑战！

3. 肮脏的世界

于连的生命像蜉蝣一样短暂，却像掠过夜空的流星一样灿烂。他生命中的高潮是两次非同寻常的悲剧性爱情。对普通人来说，这两次爱情，无论是德・瑞那夫人对于连至死不泯的钟心挚爱，还是骄傲而高贵的贵族小姐玛特儿・木儿对于连如痴如狂的一往深情，都是非常难以理解的。他们会问：这样的爱情符合逻辑吗？它在真实的生活中是可能的吗？

实际上，爱情心理的逻辑也许是生活中最复杂的逻辑。它的复杂就在于，它常常完全违背理性的逻辑。

在粗俗的人眼里，所谓爱情无非是性而已。然而真正爱情的根本标志，是两个人在精神情趣上的相互吸引，而不仅是性的吸引。它包含性，却不归结为性——这是人之爱与兽之爱的区别所在。分析德·瑞那夫人与于连的爱情关系，就可以清楚地看到这一点。这种爱情发生于一个复杂而曲折的心理过程中，伴随着一系列深刻的精神和情感的矛盾。

德·瑞那夫人是一个文静、温顺而贤淑的贵族女性，而并非一个生性风流的无耻荡妇。但是，她竟然为比她小得多的于连这个年轻人颠倒痴狂。那么，是什么原因使德·瑞那夫人竟为这样一个身份微贱、性情怪僻的青年而献身呢？

在认识于连以前，德·瑞那夫人的生活是宁静而安逸的。如果幸福是指身居高位的老公、资产万贯的家庭、一无所缺的物质生活的话，那么瑞那夫人正是一个幸福的女人，因为她拥有所有这一切。

然而，她认为自己没有得到真正的幸福。她的夫君，德·瑞那先生，一方面作为一个官僚，用全部心机追逐着权势，另一方面作为一个官商，又用全部感情追逐着金钱。对自己的妻子，他把她看成一个生儿育女的性工具及床上的玩偶，另外的价值还在于婚后为他带来了一笔丰厚的陪嫁财产。德·瑞那先生根本不了解他的妻子也是一个需要感情的活人。在结婚后的十多年里，德·瑞那夫人“丝毫没有感受过世界上类似爱情的事物”。

在德·瑞那夫人身边另有一位热情追逐者，那是当地的济贫所所长（一个起家于600法郎的暴发户）瓦列诺先生。这又是一个什么样式的人物呢？司汤达这样描述了他的特征：

> 瓦列诺对当地的商人说“给我找两个你们中最笨的”，对律师说“给我找两个对法律最无知的”，对医生说“给我找两个最会欺诈的”——当他在每种行业中搜集了一批最无耻的人的时候，他就向他们说道：“来，让我们一块儿来统治吧！”（第197页）

十几年以来，德·瑞那夫人生活在这样一个社会环境中。她不知道世界上还有别一种类型的人：

她一向认为世界上所有的男人全跟她的丈夫和瓦列诺一样……除了金钱、权势和勋章的贪欲以外，对于一切都是麻木不仁。（第 52 页）

就在这时，她遇到了于连。在这个外表土里土气的青年身上，她发现了一种新的人性。

于连这个形象之所以引人注目，首先在于他具有独特的个性。从表面看，他也是一个极端自私的人。他曾经公然宣称，为了向上爬，“我一定要做出许多不公道的事”。他甚至赞美著名的伪君子塔尔丢夫⑤，说“他和普通人一样，是个好人”。但是，在这些玩世不恭的言词里，正反映了于连对现实世界的鄙视。在他羞怯的外表后面隐藏着一颗高贵的心。

有一次，当他注视着因对社会贡献巨大而得到授勋、因而踌躇满志的瓦列诺时，他这样思考：

正直诚实……人人都说这是世界上唯一的美德，然而这是怎样的现实呀！自从这位先生管理对穷人的救济事业以后，他私人的产业顿时增加了十倍之多（他不断救济的是自己的财产）！这是怎样公开的贪污，这是怎样卑鄙的荣誉呀！（第 47 页）

于连憎恨这些“社会的蠡贼”（第 48 页），他以自己的贫穷而自豪：

我出身低贱，可是我决不卑鄙！（第 54 页）

我现在只是用我的贫穷和他们的财富作交易。但是我的心和他们寡廉鲜耻的心相比，距离几千万里。（第 97 页）

如果说，在周围其他人身上，德·瑞那夫人只见到一群膜拜于金钱与权势之下的奴才，那么在于连身上，她却看到了一个高高凌驾于金钱与权势之上的灵魂。这就是使她崇敬他、爱慕他的原因。

然而，于连并不爱德·瑞那夫人。相反，因为阶级的差异，他憎恨她、轻蔑她，并因此戏弄她的感情。于连认为，“她生长在我仇敌的阵营里”（第 128 页）。于连只是抱着一种挑战感、复仇感和征服感对待德·瑞那夫人的爱情。于连把对贵妇德·瑞那夫人的征服，看作对她所属的那个特权阶级的复仇。因此，他故意要当着德·瑞那的面去抚摸他妻子的手：

这个家伙，财运亨通……待我嘲弄他一番吧，当他的面，我要把他女人的手占为己有……他曾经给了我多少轻蔑呀。(190 页)

当他达到目的时，他在心中却轻蔑地想：

天知道，这个女人床上曾有过多少情人。(109 页)

只是后来，当于连知道为了对自己的爱情这个女人承担了巨大的内心压力付出了巨大牺牲的时候，他才终于懂得了这份“情感的崇高”(第 152 页)，从而决心承担起爱情的责任。司汤达在书中对这一转变的刻画是细腻的：

于连的心里，一向是为怀疑和骄傲两种观念痛苦着……可是在这样伟大的、无疑的、每时每刻都会有新的牺牲的面前，却使他这两种观念动摇了，他敬爱德·瑞那夫人。“……我不过是木工的儿子，但是她爱我……我在她的身旁，并不是一个兼任情人的仆人。”(第 157 页)

这个大的道德上的变化，改变了结合于连和他的情妇的情感。他对她的爱情，现在不仅是美貌的赞赏和占有她的骄傲了。(第 158 页)

有人指责：于连与德·瑞那夫人的这种爱情，完全是违背道德的伤风败俗、破坏家庭的私通和乱伦！

恩格斯在论述近代性道德观的进步时说：

现代的性爱，同单纯的性欲，同古代的爱，是根本不同的，对于性交关系的评价，产生了一种新的道德标准——不仅要问，它是结婚的还是私通的，而且要问是不是由于爱情，由于相互的爱而发生的。

恩格斯还指出：

只有以爱情为基础的婚姻才是合于道德的，那么也只有继续保持爱情的婚姻才合于道德。⑥

性道德作为一个历史的范畴，总是随着社会的变化而进步的。黑格尔曾经深刻指出，社会的真正进步，往往以“恶”的形式出现。

于连反省自己的性与爱时曾自叹说：

> 这就是所谓“通奸”——伪善欺骗的教士难道有半点指责的理由吗？他们自己犯了这么多的罪恶，难道反而有评判罪恶的特权吗？好奇怪啊！（第153页）

4. 大革命的翻版皮影戏

玛特儿·木尔小姐是《红与黑》中一个独具性格的贵族女性。高贵的出身，优越的生活，发号施令的地位，周围人们的逢迎谄媚，使她的性格一向至为高傲而冷酷。她从生下来就蔑视一切人。

富足而一无所缺的生活使她在精神上感到极度空虚。她需要刺激并且寻找刺激。每当她想到将来要与一个贵族青年结婚，她就感到无聊：

> 假如我和他结了婚，一年以后，我的车，我的马，我的衣服，我的……别墅，这一切都会是尽善尽美的。这一切可使一个暴发户嫉妒得要死……但是以后呢？（第185页）
>
> 什么优越的条件，命运未曾给我呢？身世、财富、青春——唉，除了幸福，一切都给了我。（第189页）

正因为精神世界如此空虚，所以当木尔小姐发现了于连时，一下就被这个奇特的性格吸引住了。在于连身上，她第一次遇到了一颗拒绝向她的高贵低下头的心灵，第一次遇到一个她无法凌驾的高傲者的灵魂。木尔小姐不禁惊讶地赞叹起来：

> 呵！这个人不是生来就下跪的！（第343页）
>
> 他轻视一切人，这正是我不能轻视他的理由。（第420页）

木尔与于连仿佛站在正相对立的两极，但心灵上殊途同归。一个是因一无所有和极端卑贱而孤独而仇恨而蔑视一切！另一个却因拥有一切和极端高贵而孤独而仇恨而蔑视一切！木尔把于连与自己的未婚夫——贵族青年柯西乐作了对比：

柯西乐什么都不缺乏：在他这一生里，将不过是一个半激进半自由党的公爵，一个优柔寡断的人，言语代替了行动，永远不走极端，因此永远只能是第二流。（第418页）

然而“像于连这样的人……我若作他的伴侣，可以不断地让人注意，一生绝不致默然无闻”“一个普通的女孩子，可以在客厅里引人注意的少年当中随意找到中意的人。但是一个具有天才的性格，绝不走寻常人的途径”（第472页）。

这个高傲的贵族小姐，实质上是她那个阶级中一个变态的女性。她所追求的并不是爱情，而是野心和虚荣。她所真爱的也不是于连，而是她自己。这大概正是她直到最终也不能赢得于连的原因。

使木尔小姐主动献身于于连的，还有更深刻的原因。请看她与她的哥哥关于于连的一段对话吧：

“你要当心这个精力充沛的青年啊！”哥哥叫道，“若是再来一次革命，他会把我们都送上断头台的。”

她向于连的这个敌人喊道：“先生们，要是这样，你们一生有你们可怕的呢！……他并不是一只狼，只不过是狼的影子罢了。”

木尔小姐在内心中欢呼起来：

他会成为丹东（1789年法国革命的领袖）！好呀，革命会再度发生，柯西乐和我的哥哥们将要担任怎样的角色呢？已经注定了，便是绝对的屈服。（第421页）

木尔小姐从那班贵族子弟的凡庸、腐化和精神空虚中，察觉到了特权阶级的穷途末路，因此她轻蔑地称他们都只是一班“镀上金的蠢才”（第378页）。

她怀念自己的英雄祖先。每到忌日，木尔小姐都为血统高贵的先辈们穿上黑衣服丧。在她的血管中仍奔流着某种激情而沸腾的热血；但在身边那些不肖后代的血管里，流着的却只是苍白的蒸馏水了。正是在于连这个穷木匠之子的身上，这个贵族女孩看到了一种强大的意志、性格和精神的能量，看到了叛逆的种子和大革命的阴影。

具有讽刺意味的是，正是相同的恐惧预感促使德 · 拉 · 木尔侯爵下决心反对女儿的爱情。他想：

> 我们不能不承认于连富有奇特的办事的才能，而且他勇敢，前途必定光明。但是在他的性格的根本处，我发现有某种特别可怕的东西。（第 581 页）

这种使他害怕的东西是什么呢？

不是别的，正是隐藏在于连内心深处的对于社会特权与特权阶级的蔑视和仇恨。木尔侯爵的这种恐惧是有理由的！

5. 选择死亡

于连命运的戏剧性转折是在他就要与木尔小姐大婚之际，他未来的岳父木尔侯爵收到了署名德 · 瑞那夫人的控告信。于连因为误会德 · 瑞那夫人背叛诺言而对她开了枪。于连因此而以杀人罪下狱。

在被关入监狱以后，于连对自己的生活作了如下的反省：

> 我走进了人世，我试图发现真理。而我的周围站满了仇敌，直到我演完我所扮演的角色。（第 244 页）

于连仇视这个肮脏的、虚伪的社会，对它作了尖锐的批判：

> 我爱真理……但是真理在哪里？到处都是伪善，都是欺骗。甚至最有德性、最伟大的人也不例外，哼，人绝不可相信人！（第 659 页）

于连拒绝了溜进监房来私会他并且已为他安排了周密越狱脱逃计划的木尔小姐。他拒绝逃跑。在法庭上，于连又拒绝了辩护，而主动请求死刑，他宣称：

> 先生们……我不向你们祈求任何的恩惠。我不抱任何幻想——死亡正等待着我，而且它是公正的……我，出身微贱，为贫穷所困扼，可是碰上运气，稍受教育，而竟然混迹于富贵人所谓的上流社会。先生们，这便是我的犯罪行为。（第 632 页）

有些读者常感到奇怪：于连多傻，为什么拒绝辩护，拒绝上诉，拒绝接受木尔小姐的安排，甚至也拒绝他真心挚爱的德·瑞那夫人的最后恳求，而主动毅然地选择死亡呢？实际上，在当时于连面前有两条路：一是向他所仇视的那个阶级和他所抱定决心加以反抗的社会屈膝投降，乞求和接受它的恩赦。这样他在肉体上能够得生，精神上却宣告死亡。另外，就是忠实于自己的信念和理想，把对人生的挑战坚持到底。这样，于连就必须挺身赴死。

于连选择了死亡。正是对于死的自主选择，充分体现了司汤达所塑造的这个叛逆性格的完整性。于连应该这样抉择，他也必须这样抉择！

黑格尔曾指出，就善与恶而言，伦理人之善与道德人之善有本质的不同。伦理人是因循风俗之人，他的从善只是无知之善，并非自由意志的选择，而是无能力选择的结果。而道德之善则不同。道德之善出自于面对善与恶的对立，作出理性的选择——自由、自主、自律的选择。即使明知这种选择在重大利益上对自身是不利的，仍能面对而择善，这方是真正的仁善，至高之仁善！于连以死亡抗议虚伪、野蛮、特权横行的社会制度，正是做出了这样一种选择。

黑格尔在论及历史悲剧与美学悲剧时指出：开创者必然“会是有罪的。他担负起伟大的冲突，牺牲了自己。但是他的事业，由他做出来的业绩，却保留下来了”[⑦]。

于连的反叛，意味着他使自己成为这样一个开创者！他的失败，是一个出身贫贱而有才干的青年，以孤立的个人行动反对贵族制度和特权社会的失败。

马克思指出：“当旧制度还是有史以来就存在的世界权力，自由反而是个别人偶然产生的思想的时候……它的历史是悲剧性的。”[⑧]

这一点，正是导致于连之“红与黑”悲剧发生的深刻历史原因。

结论：历史悲剧的美学意义

司汤达所塑造的于连，是一个典型的悲剧人物。黑格尔曾深刻地分析古希腊哲人苏格拉底之死的悲剧。他认为：希腊的悲剧通过苏格拉底之死而表现出来。有两种力量在对抗：一种力量是神圣的伦理，也就是素朴的习俗，不包含自觉意志的传统德行与宗教，它要求人们无条件地服从。而另一个力量是民族意识的醒觉、知识的醒觉，也就是个性主体的自由、理性。苏格拉底代表了雅典人自主理性的觉醒。最早呼唤众人从梦境中醒来的人是有罪的，因此苏格拉底成为雅典人的一只替罪羔羊。苏格拉底最早说出了一般雅典人潜藏在他们自己内心而尚未获得自我意识的那些原则。

黑格尔说：

> 雅典人是自相矛盾的——他们痛恨苏格拉底，但是他们之所作所为本质上和苏格拉底其实相似。如果苏格拉底有罪，则他们都是有罪的。

黑格尔又说：

> 因此苏格拉底的命运是充满悲剧性的。这正是普遍伦理的悲剧性命运：有两种公正互相对立地出现——并不是好像只有一个是公正的，另一个是不公正的，而是两个都是公正的。它们互相冲突抵消，一个消灭在另一个上面，两个都归于失败同时也彼此为对方说明了存在的理由。
>
> 通过这些英雄而涌现出新的世界。这个新的原则必定是与以往的习俗矛盾的，因此它是以破坏者的姿态出现的“恶”。历史英雄以暴力强制的姿态出现，是破坏法律的。作为个人，他们都各自殒灭了；但是他们体现的原则却得到贯彻，即使是以颠覆现存秩序的方式而贯彻。

因此，黑格尔视苏格拉底为具有世界历史意义的英雄人物。如一切历史英雄人物一样，他是现存伦理实体的掘墓人；而作为执行历史意志的个人，他不过是历史的工具而已。

> 苏格拉底伤害了雅典人民的精神和伦理秩序，所以雅典对他的这种破坏性行为给予了处罚，他被判处死刑。雅典人民有理由主张他们的伦理实体是公正善良的，坚持他们的习俗，反对苏格拉底对他们的这种伤害。
>
> 但苏格拉底的故事是一个悲剧。他呼唤个性的觉醒，要求每个人

独立地拥有自由的精神性权利，拥有自我决定的意识和意志。然而雅典人所坚持的伦理普遍性以及苏格拉底的主体醒觉意识即自我反思的普遍性，两者都同样具有某种合法权利（right）来行动，两者的行为都是同等或同样合法的（gleichberechtigt）。[9]

因此，黑格尔这样评价苏格拉底：

> 当苏格拉底被判死刑（因为他说出了日趋蓬勃的原则）时，这一方面显示极为公正（gerechtigkeit，正义），因为雅典人民判处了他们的绝对敌人；另一方面却又显示出极具悲剧性，因为雅典人民必定知道他们所痛恨苏格拉底的地方在他们身上也已经具有坚固的根柢，因此他们必须和苏格拉底一同被判有罪，或无罪。[10]
>
> 雅典人民后来自己后悔而承认了这个人的伟大；而另一方面（这是进一步的意义），他们也认识到，苏格拉底的这个原则虽然对他们有害的和敌对的——即背弃宗教和不敬父母——却已经进入了他们自己的精神，他们自己也处在这种矛盾分歧之中，他们在苏格拉底那里只是谴责了自己的原则。[11]

上述精彩的哲学分析，正可用于观察《红与黑》中索黑尔·于连的悲剧。

从表面上看，于连蔑视当时法国社会的一切道德规范；但他所践踏的，却是在那个腐败社会中人们仅仅挂在口头上、谁也没有意愿真正遵守的虚伪的道德信条。于连是一个大胆的说谎者，但这是因为欺骗和谎言已经成为那个腐败社会中人人借以谋身的手段。他公然宣称自利是人的本性，而那些高官显贵们正是在“为社会服务，为公众献身”的招牌下为自己及家族肆无忌惮地谋取私利。

于连本来可以爬得很高，可以发财，几乎就要得到贵族的封号——只要他像瓦列诺那一类暴发户们那样卑鄙无耻。然而，这恰恰正是他的致命的“弱点”。因为他的天性，正如西朗神父所说的“只要你闭目一想如何去奉承那些有权力的大人先生们，便知道你永远是一个失败者”。

于连不愿意学习和从事谄媚、逢迎、诈取、投机、贿赂这一套“生活的艺术”。而他的心又太软了，“甚至餐桌上偶然听到被监禁贫民的哀号，也禁不住要流下同情的泪水”。

处于一个无情世界中，于连具有悲怀（人的感情）。于是他只能成为一个叛逆者，总是以某种作恶的形式纠正邪恶。在监狱中于连反省自己说：

> 我曾经怀抱野心，但我绝不愿意责备自己，我只是按照时代的精神行动着！

这个时代的精神究竟是什么呢？特权、贪黩、金钱至上。而《红与黑》所怀抱的仍是启蒙时代的三大理念——个性自由、社会平等、人类博爱。《红与黑》一书，是对复辟时代特权社会的抗议，是对人类平等和个性解放的呼唤。

为反抗一个不公正的社会秩序，于连承担了个人的罪责。于连是被社会牺牲的替罪羔羊。所以，于连是一个悲剧。

历史的永恒悲剧正在于：只有透过冲突与死亡，历史才能向前迈步！为了从旧的伦理的世界进步到新的道德的世界，人类仍必须、也必然还要付出无尽的代价。

（原载《社会科学辑刊》1981年第2期）

注释

①［苏］爱伦堡著：《司汤达的教训》，衷维昭译，《世界文学》（北京）1959年第5期。

②本书原著引文，均据［法］司汤达：《红与黑》，上海译文出版社1980年版。

③朱生豪译：《莎士比亚全集》第3卷，人民文学出版社1978年版，第139页。

④《马克思恩格斯选集》第2卷，人民出版社1965年版，第157页。

⑤塔尔丢夫，伪君子的典型，是莫里哀讽刺喜剧《伪君子》中的主角。

⑥《马克思恩格斯选集》第4卷，人民出版社1965年版，第70页。

⑦［德］黑格尔：《哲学史讲演录》第2卷，商务印书馆1959年版，第107页。

⑧《马克思恩格斯选集》第2卷，人民出版社1965年版，第456页。

⑨［德］黑格尔：《哲学史讲演录》第2卷，商务印书馆1959年版，第104页。

⑩⑪［德］黑格尔：《哲学史讲演录》第2卷，商务印书馆1959年版，第106页。

论巴尔扎克《人间喜剧》

诗人应当是一个心理学家，然而是隐蔽的心理学家。他应该知道和感觉到现象的根源，表现兴盛或衰败中的现象本身。

——屠格涅夫

1

小说是人生的一面镜子。《人间喜剧》正是法国波旁王朝复辟时代社会生活的一面镜子。巴尔扎克说："我企图写出整个社会的历史。""拿破仑用刀未能完成的事，我要用笔来完成。"他确实做到了这一点。

有趣的是，拿破仑生前也曾留下过这样的警句："大炮摧毁了封建制度，墨水正在摧毁现在的社会制度。"①但他错了，单凭墨水是不能摧毁资本主义制度的。

然而，巴尔扎克那支饱蘸墨水的鹅翎笔，不是确实挑开了当时法国社会"自由、平等、博爱"的美丽帷幕，既展现了这幕布后面的花天酒地，纸醉金迷，又展现了种种阴谋与欺诈、眼泪与鲜血、呻吟与罪恶吗？人间"喜"剧，这是一个多么富于讽刺意味的绝妙标题啊！

2

巴尔扎克的写作不仅仅是按照文学家的方式，还加上哲学家的方式。对于人物和生活，他不仅进行描摹，而且进行解剖。他不是在静观中临摹静物的写生者，而是运笔于最深刻的历史主题、绘制出活的历史画面的巨匠。

有人认为，艺术与哲学，形象思维与逻辑思维是不能相容的。巴尔扎克却把哲学与艺术结合在一起。他的哲学不是通过论文发表的，而是通过他作品中的形象和人物透露的。请听听《高老头》中的两段话吧：“要弄大钱，就该大刀阔斧地干，要不就完事大吉。三百六十行中，倘使有十几个人成功得快，大家便管他们叫做贼。你自己去找结论吧。人生就是这么回事。跟厨房一样腥臭。要捞油水不能怕弄脏手，只消事后洗干净；今日所谓道德，不过是这一点。”“世界一向是这样的。道德家永远改变不了它。人是不完全的，不过他的作假有时多有时少……我并不帮平民骂富翁，上中下三等的人都是一样的人。这些高等野兽，每一百万中间总有十来个狠家伙，高高地坐在一切之上，甚至坐在法律之上，我便是其中之一。”这些话不也是一种哲学吗？不正是那个在种种仁义道德装饰下的资产阶级社会中赤裸裸、血淋淋的人生哲学吗？这里凝聚了巴尔扎克自己和别人的多少人生经验啊！

在他的小说中，不仅有情节和故事，而且有分析和议论。作者随时随刻都在说理和推论，他的人物也随时随刻都在说理和推论，他们的思考和言论几乎总是值得我们思考和深思的。但他作品中的议论又从来不远离情节，这就好比你在漫步山坡上的一座花园后，沿着一条小径爬上山顶，从这里俯瞰花园，园中美不胜收的局部联系成了一个统一的总体。巴尔扎克作品中那种恰到好处的议论也正是起了这样一个联系情节的作用。

有一位文学史家曾经说过：“一个科学家，如果没有哲学思想，便只是个做粗活的工匠；一个艺术家，没有哲学思想，便只是个供玩乐的艺人。”这是卓有见地的话。巴尔扎克正是一个有哲学头脑的艺术家，也可以说，他之所以成为伟大的文学家，首先因为他是深刻地认识了当时时代生活本质的思想家。

3

巴尔扎克是善于刻画细节的。在一篇小说的开始，他首先描写一条街道、一座房屋。他细致地刻画了房屋的门面、门窗的木料、墙上的窟窿，以至石柱的底座、门牌上的铜绿，甚至窗钉上的铁锈……这些描写不显得琐屑吗？不！就在这种描写中，他已经在展开情节，向读者启示房屋居住人的习性、地位、利益、收入……简言之，是他们一个侧面的生活。“环境就是人”“人是环境的产物”，巴尔扎克是深深懂得18世纪法国唯物主义者的这个哲学命题的！

他对人物的刻画有时也非常细致。他不仅告诉我们一个人的职业、年纪、性格，而且告诉我们他下巴的宽度、嘴唇的厚度、鼻梁的高度，直到鼻尖上的一个肉瘤怎样随同这个人情绪的变化而发生颜色的变化……

这种细节的描写，如果出自一个二流作家，就可能变成十分讨人厌的。你想想：如果在一页小说中，我们竟读到十二三行的文字，只不过用来描写一种眼神、一种皮肤或头发的颜色……将会使你感到多么厌烦啊！

而巴尔扎克的描写却并不使人厌烦。相反，通过对这些特点的逐个刻画，一个人物从纸面上凸了起来，活了起来。结果，我们不但知道一个人的家世、教育、生平、财产，知道他每月花多少钱、经常吃什么菜、喝什么酒，而且知道他用什么样的表情哭、用什么样的声音笑、用什么样的姿态发脾气……在他的作品中，我们不仅能看到有情节的故事，有性格的人物，而且能看到活的生活本身。

这种本领既是惊人的，又毫不奇怪。因为生活就是由许许多多、各种各样的细节所构成。巴尔扎克曾说过：“什么叫做生活呢？无非是一堆细小情况，而最伟大的热情就受这些情况管制。”（《致星期日报编辑书》）渺小的作家迷失于生活的无聊细节中，粗放的作家丢失掉生活中的许多细节，巴尔扎克却善于捕捉一切能再现生活本质的细节。他善于运用细节，更懂得联系着细节的规律。他不仅在作品中再现了生活的真实，而且真实地把我们引入了他作品中的生活。

4

他不是像画家那样站在人的对面“写生”，而是钻进人的内心中“传神”。他与他所创造的角色们在内心中也生活在一起，他要塑造什么类型的人物，他就绝对服从这种人生活和思考所必须遵循的逻辑。例如，写老葛朗台时他服从吝啬鬼的逻辑。写高布赛克时他服从高利贷者的逻辑。写贝姨时，他摸透了这个小市民、老处女的内心世界。在写欧也妮·葛朗台时，他又体会着这个天真、纯朴、用情专一的村镇少女的性情和心理。

所以，在他的人物身上，没有一个性格特点的动作是无意义和偶然的。巴尔扎克不会让他的角色们发出一个无意义的微笑和无内容的叹息。对客观逻辑的绝对尊重，是巴尔扎克艺术的重大特点。而这一点，就是古今一些伟大的作家也不能完全做到。在某些名著中，可以明显地看出作者人为造作的斧凿痕迹，粗暴地破坏了人物的本来性格，违背了生活的客观逻辑和作品情节发展的内在逻辑。

黑格尔在谈到艺术的魅力时曾经说："在自然界本来是消逝无常的东西，艺术却使它有永久性。例如一阵突来突去的微笑，嘴唇上一阵突然起来的狡猾的表情，一种眼色、一阵浮光掠影，以至于人的生活中精神的表现，许多来来往往、一见即忘的事件——这一切在瞬间存在中都被艺术摄取去了。就这个意义说，艺术也是征服了自然。"[②]看一看巴尔扎克吧，他的伟大艺术就是征服自然的。他轻轻揭开生活的帘幕，在最普通、最习以为常的生活外表下，从一个眼神、一次戏谑中，从一个外貌和声音最微小的变化中，捕捉出一个人心灵深处瞬息即逝的一个念头。一些痕迹在别人眼里并不能说明什么，或者永远只说明同样的东西；但是一进入他的作品，就呈现了某种深刻的含义，以致使人惊奇为什么一些如此熟悉而真实的事物竟会这么长时间未被人发现，未引人重视……

5

有两种讽刺——

有一种讽刺是漫画式的，它针对事物的一种特性进行夸张，把一种丑态突出出来。这种讽刺是明显的、赤裸裸、火辣辣的，但毕竟来自事物外部。还有一种讽刺，既不突出什么，也不夸张什么，它似乎只是在描绘事物的真实。有时表面上甚至还一本正经地赞美某种丑恶，或不动声色地诉说某种可怜、可悲或可笑的事情。这是一种更高超、更巧妙的讽刺。鲁迅就深知这种讽刺的力量。他说过："所谓讽刺，就是如实地写出人物的真实。"巴尔扎克则十分谙熟这种讽刺的艺术。举一个例子：同是刻画吝啬鬼，试问莫里哀喜剧（《悭吝人》中的阿巴贡，与巴尔扎克笔下的老葛朗台有没有不同呢？莫里哀的阿巴贡不过是一个小丑。他的整个形象设计是经过了充分漫画化的。你看，他生来有钱，却天性悭吝。他挖空心思地节衣缩食，在每一分钱的出入上都要打主意。夜晚舍不得点蜡烛，家人多吃一口饭菜也要心疼。结果，他的小气惹尽了世人的耻笑，儿子四处借债，女儿离家私奔，藏金被人盗去，连自己的再娶新娘也被别人抢走了。他在台上顿足痛哭，而观众则报之以哄堂大笑。莫里哀塑造这样一个艺术形象是对他的时代的忠实。实际上，努力贮藏黄金，这种狂热的求金欲，正是17世纪至18世纪原始积累时代资产者的普遍特点。正如马克思曾指出的："为了想象中的无限享受，他放弃了一切享受。因为他希望满足一切社会需要，他就几乎不去满足必需的自然需要。"[3]而巴尔扎克的葛朗台却是19世纪资本主义上升时期的"当代英雄"。他体现了近代资产者的又一种类型。葛朗台出身劳苦，最后竟有1900万法郎的财产。他并不把钱币埋在地里等它生锈，而想方设法让它进入市场，在流通中生出新的金娃娃。要刻画这样一个人物，巴尔扎克就不能像莫里哀那样，仅仅给葛朗台涂上小丑的油彩。相反，为了揭示这个人物的灵魂，他刻意从正面描写，有时看起来甚至好像在赞美。

巴尔扎克笔下的葛朗台智慧超群，事事精明；对他的行业——经商，目光如炬，料事如神。他意志坚强，无坚不摧。任何时候都能用理智战胜感情。他待人谦和，礼貌周全，从不夸口，埋头苦干，并且决不缺乏"有计划的诚实"。他勤劳朴素，不浪费每一件可用的物品，甚至亲自动手修理家中的楼梯。正因为如此，他在地方上声名显赫、威望卓著。"说话、衣着、姿式、瞪眼睛都是地方上的金科玉律"，"最琐屑的动作，也有深邃的不可言传的智慧"。

从本质上说，葛朗台明明是一个人间恶魔、典型的吸血鬼，但在形式上几乎具备着为人惊羡的一切美德。通过这种描写，巴尔扎克就使人认识到：造成一个人的邪恶本质的，并不仅仅是道德方面的原因，而是人的阶级本质。那种表面上很有道德的魔鬼，比赤裸裸恶狠狠的魔鬼更要奸恶十倍！

在巴尔扎克的这种笔法中蕴含着多么辛辣而高明的讽刺啊！但这种微妙的讽刺，对那种头脑中充满形而上学的人，难道是能够理解的吗？

巴尔扎克说过："我以为一个作家，如果能够使读者思考问题，就是做了一件大好事。"他自己正是这样做的。他的每一部作品，对于读者的思考，都留下了多么宽广的园地呵！

（原载《上海文学》1979 年第 4 期）

注释

①转引自《列宁全集》第 36 卷，人民出版社 1963 年版，第 379 页。

②［德］黑格尔：《美学》第 1 卷，商务印书馆 1979 年版，第 210 页。

③［德］马克思：《政治经济学批判》，人民出版社 1971 年版，第 117 页。

“中国的莎士比亚”——徐渭

徐渭（1521 年—1593 年），明代传奇人物，字文长，号天池山人，田水月、青藤老人、青藤道士、青藤居士、天池渔隐、山阴布衣等。

徐渭是诗人、画家、书法家，又是戏曲家、美食家、酒徒、狂禅居士、旅行家、历史学家；徐渭还是性心理变态者、精神分裂症患者和杀人犯。

徐渭，浙江绍兴府山阴人，幼年聪慧，被目为神童，20 岁参加科举中秀才。此后连考 8 次不第，“再试有司，皆以不合规寸，摈斥于时”。

嘉靖二十六年（1547 年）徐渭在山阴城东赁房设馆授徒，40 岁中举人。后来为浙闽总督做幕僚，曾入胡宗宪幕府，一切疏计，皆出其手，曾出奇计破沿海入侵之倭寇。

嘉靖四十三年（1564 年）胡宗宪因严嵩案被捕于狱中自杀，徐渭作《十白赋》哀之。朝廷严查胡宗宪案，徐渭一度因此发狂，作《自为墓志铭》，以至三次自杀，“引巨锥剚耳，深数寸，又以椎碎肾囊，皆不死”，精神几度癫狂。

嘉靖四十五年（1566 年）他在发病时怀疑小妾张氏不忠，将其杀死，下狱 7 年。出狱后已 53 岁，他从此潦倒，痛恨政治，浪游金陵、宣、辽、北京，又过居庸关赴塞外宣化府等地，教授李如松兵法，结交蒙古首领俺答汗夫人“三娘子”。

万历五年（1577 年）徐渭回绍兴，晚年以卖字画为生。有藏书数千卷，因家贫斥卖殆尽，“畴莞破弊，不能再易，至借稿寝”，常“忍饥月下独徘徊”。经常杜门谢客闭门不出，最后在“几间东倒西歪屋，一个南腔北调人”的境遇中以 73 岁高龄结束一生。死前身边唯有一狗相伴，颇为凄凉。

徐渭生当晚明中国文化将历大变迁之际，是新思潮及新艺术风气之倡导者。在他之后，大写意书画方于近世演为潮流。徐渭有《金刚经跋》，可视为其书画的理论基础：

> 《金刚》一经，自达摩西来，指授世人，示以直明本心，见性成佛，而此经遂以盛行于世。其大指要于破除诸相，洵矣何疑……善乎曹溪大师之言曰：“无相为宗，无往为体，妙有为用。”余每三复所言，妄意必谓无实无虚，中直得把柄，方是了手！

“破除诸相”，是对晋唐宋元以来的经典书法与主流绘画传统的颠覆。徐渭称“东坡千古一人而已”，他把东坡“极有布置而了无布置”的禅意画风作了更尽意的发挥。这种带有极其主观之唯我论倾向，崇尚任性放达自由的“狂禅”倾向正与王阳明、李贽等人之无法无天、唯我独尊之主观派哲学相通。

在书法上，徐渭用“破除诸相”的观念，超越晋唐帖学的藩篱，把书法从手中把玩的翰札、卷、册幅式的种种笔法原则中解放出来，走向壁间悬挂的高堂大轴的视觉革命，从而实现书法作品视觉形式之转换。

徐渭诗歌得“李贺之奇，苏轼之辩”。袁枚对徐渭的诗有一段精彩的评述：

> 文长既已不得志于有司，遂乃放浪曲蘖，恣情山水……其所见山奔海立、沙起云行、风鸣树偃、幽谷大都、人物鱼鸟，一切可惊可愕之状，一一皆达之于诗。其胸中又有勃然不可磨灭之气，英雄失路、托足无门之悲。故其为诗，如嗔如笑，如水鸣峡，如种出土，如寡妇之夜哭，羁人之寒起。当其放意，平畴千里；偶尔幽峭，鬼语秋坟。

徐渭剧作有《四声猿》《歌代啸》。嘉靖三十八年撰成戏曲理论著作《南词叙录》，总结宋、元以来之南戏艺术（南戏乃即近代昆曲、京戏之原型）。今人潘文玉认为，《金瓶梅》也是徐渭所著，作者兰陵笑笑生即徐渭之化名。

明清两代才人辈出，不过像徐渭那样在诗文、戏剧、书画等各方面都能独树一帜而对当世及后代留下深远影响的，惟一人而已。故有论者认为，徐渭是“中国的莎士比亚”。

【附录】

关于莎士比亚的札记

威廉·莎士比亚于1564年4月23日生于英国中部瓦维克郡埃文河畔斯特拉特福的一位富裕的市民家庭。其父约翰·莎士比亚是经营羊毛、皮革制造及谷物生意的杂货商，1565年任镇民政官，3年后被选为镇长。

莎士比亚未上过大学。他少年时代曾在当地的一所主要教授拉丁文的文法学校学习，掌握了写作的基本技巧与较丰富的知识，但因家业破产，未能毕业就走上谋生之路。后来莎士比亚当过肉店学徒，也曾在乡村学校教过书，还干过其他职业，这使他增长了许多社会阅历。

英国历史传记学家乔治·斯蒂文森这样勾勒出莎士比亚的生活轨迹：20岁后到伦敦，先在剧院当马夫、杂役，后入剧团，做过演员、导演、编剧，并成为剧院股东；1588年前后开始写作，先是改编前人的剧本，不久即开始独立创作。

当时的剧坛为牛津、剑桥背景的大学博士们所把持，一个成名的剧作家曾以轻蔑的语气嘲笑莎士比亚这样一个“粗俗的平民”“暴发户式的乌鸦”竟敢同“博学多才的才子们”竞争高下！但莎士比亚的世俗化作品使得他赢得了广大市民观众的拥护和爱戴。

莎氏1597年重返家乡，度过人生最后时光。

据称，他文集中的十四行诗全部都是写给他的同性爱人的。据英国媒体报道，最近一位英国收藏家重新确认了一幅家藏油画的画中人身份，原来这名美艳“女子”不是别人，正是传说中莎士比亚的同性恋情侣——南安普顿伯爵三世亨利 · 里奥谢思利。画中的南安普顿伯爵涂脂抹粉，嘴唇上抹着唇膏，左耳还戴着精致的耳环，手抚披散到胸前的长发，看上去一派女人风情。英国历史文物权威机构“全国托管协会”已确认油画为真迹，此画完成于 1590 年至 1593 年，当时莎士比亚正住在南安普顿伯爵三世的府上。

1616 年莎士比亚在其 52 岁生日前后不幸去世，葬于圣三一教堂。

从 1772 年开始，即有人对于莎剧的真正作者提出疑问，或认为作者是培根、C. 马洛、勒特兰伯爵、牛津伯爵、德比伯爵等等，但都缺乏证据。

莎士比亚的代表作有四大悲剧：《哈姆雷特》《奥赛罗》《李尔王》《麦克白》。四大喜剧：《仲夏夜之梦》《威尼斯商人》《第十二夜》《皆大欢喜》。历史剧：《亨利四世》《亨利五世》《理查二世》等。他还写过 154 首十四行诗和两首长诗。本 · 琼生称他为“时代的灵魂”，马克思称他和古希腊的埃斯库罗斯为“人类最伟大的戏剧天才”。

（闻文　编译）

莎士比亚隽语钞

莎士比亚是有史以来语汇量最丰富的作家，至今没有人能超过他。

第一部分

1. 新的火焰可以把旧的火焰扑灭，大的苦痛可以使小的苦痛减轻。

2. 聪明人变成了痴愚，是一条最容易上钩的游鱼；因为他凭恃才高学广，看不见自己的狂妄。愚人的蠢事算不得稀奇，聪明人的蠢事才叫人笑痛肚皮；因为他用全副的本领，证明他自己愚笨。

3. 对自己忠实，才不会对别人欺诈。

4. 习惯简直有一种改变气质的神奇力量，它可以使魔鬼主宰人类的灵魂，也可以把他们从人们的心里驱逐出去。

5. 不要借钱给别人，也不要向别人借钱；借钱给别人会让你人财两失，向别人借钱会让你挥霍无度。

6. 你可以怀疑星星是火焰，怀疑太阳会移动，怀疑真理是谎言，但绝对不要怀疑我爱你。

7. 我没有路，所以不需要眼睛；当我能够看见的时候，我也会失足颠仆，我们往往因为有所自恃而失之于大意，反不如缺陷却能对我们有益。

8. 要一个骄傲的人看清他自己的嘴脸，只有用别人的骄傲给他做镜子；倘若向他卑躬屈膝，不过添长了他的气焰，徒然自取其辱。

9. 外观往往和事物的本身完全不符，世人都容易为表面的装饰所欺骗。

10. 没有比较，就显不出长处；没有欣赏的人，乌鸦的歌声也就和云雀一样。要是夜莺在白天杂在聒噪里歌唱，人家绝不以为它比鷦鷯唱得更美。多少事情因为逢到有利的环境，才能达到尽善的境界，博得一声恰当的赞赏。

11. 金子啊，你是多么神奇．你可以使老的变成少的，丑的变成美的，黑的变成白的，错的变成对的……

12. 懦夫在未死以前，就已经死了好多次；勇士一生只死一次。在一切怪事中，人们的贪生怕死就是一件最奇怪的事情。

13. 行为胜于雄辩，愚人的眼睛是比他们的耳朵聪明得多的。

14. 疑惑足以败事。一个人往往因为遇事畏缩的原故，失去了成功的机会。

15. 最好的好人都是犯过错误的过来人；一个人往往因为有一点小小的缺点更显出他的可爱。

16. 世界是一个舞台，所有的男男女女不过是一些演员，他们都有下场的时候，也都有上场的时候。一个人的一生中扮演着好几个角色。

17. 赞美倘从被赞美自己的嘴里发出，是会减去赞美的价值的；从敌人嘴里发出的赞美才是真正的光荣。

18. 黑暗无论怎样悠长，白昼总会到来。

19. 世界上还没有一个方法，可以从一个人的脸上探察他的居心。

20. 他赏了你钱，所以他是好人；有了拍马的人，自然就有爱拍马的人。

21. 要是你做了狮子，狐狸会来欺骗你；要是你做了羔羊，狐狸会来吃了你；要是你做了狐狸，万一骗子将你告发，狮子会对你起疑心；要是你做了骗子，你的愚蠢将使你受苦，而且你也免不了做豺狼的一顿早餐……

22. 魔鬼为了陷害我们起见，往往故意向我们说真话，在小事情上取得我们的信任，然后我们在重要的关头便会堕入他的圈套。

23. 上天生下我们，是要把我们当做火炬，不是照亮自己，而是普照世界。因为我们的德行倘不能推及他人，那就等于没有一样。

24. 一个骄傲的人，结果总是在骄傲里毁灭了自己；他一味对镜自赏，自吹自擂，遇事只顾浮夸失实，到头来只是事事落空而已。

25. 无论一个人的天赋如何优异，外表或内心如何美好，也必须在他们德性的光辉照耀到他人身上发生了热力，再由感受他的热力的人把那热力反射到自己身上的时候，才会体会到他本身的价值的存在。

第二部分

1. 人生如痴人说梦，充满着喧哗与躁动，却没有任何意义。

2. 你甜蜜的爱，就是珍宝，我不屑把处境跟帝王对调。

3. 在命运的颠沛中，最可以看出人们的气节。

4. 爱，和炭相同，烧起来，得想办法叫它冷却；让它任意着，那就要把一颗心烧焦。

5. 不要只因一次失败，就放弃你原来决心想达到的目的。

6. 不要给百合花镀金，画蛇添足。

7. 勤劳一天，可得一日安眠；勤奋一生，可永远长眠。

8. 放弃时间的人，时间也会放弃他。

9. 书籍是全人类的营养品。

10. 因为她生得美丽，所以被男人追求；因为她是女人，所以被男人俘获。

11. 时间会刺破青春的华丽精致，会把平行线刻上美人的额角；会吃掉稀世之珍、天生丽质，什么都逃不过它横扫的镰刀。

12. 闪光的不全是黄金。

13. 当我们胆敢作恶，来满足卑下的希冀，我们就迷失了本性，不再是我们自己。

14. 当我们还买不起幸福的时候，我们绝不应该走得离橱窗太近，盯着幸福出神。

15. 美德是勇敢的，为善永远无所畏惧。

16. 女人是被爱的，不是被了解的。

17. 多听，少说，接受每一个人的责难，但是保留你的最后裁决。

18. 不良的习惯会随时阻碍你走向成名、获利和享乐的路上去。

19. 青春是一个短暂的美梦，当你醒来时，它早已消失无踪。

20. 母羊要是听不见她自己小羊的啼声，她决不会回答一头小牛的叫喊。

21. 丑恶的海怪也比不上忘恩的儿女那样可怕。

22. 道德和才艺是远胜于富贵的资产，堕落的子孙可以把贵显的门第败坏，把巨富的财产荡毁，可是道德和才艺却可以使一个凡人成为不配的神明。

23. 习气那个怪物，虽然是魔鬼，会吞掉一切的羞耻心，也会做天使，把日积月累的美德善行熏陶成自然而然而令人安之若素的家常便饭。

24. 人世间的煊赫光荣，往往产生在罪恶之中，为了身外的浮名，牺牲自己的良心。

25. 质朴却比巧妙的言辞更能打动我的心。

26. 人的一生是短的，但如果卑劣地过这短的一生，就太长了。

27. 对众人一视同仁，对少数人推心置腹，对任何人不要亏负。

28. 真正的爱情是不能用言语表达的，行为才是忠心的最好说明。

29. 爱比杀人重罪更难隐藏，爱情的黑夜有中午的阳光。

30. 不太热烈的爱情才会维持久远。

31. 爱情里面要是搀杂了和它本身无关的算计，那就不是真的爱情。

32. 女人是用耳朵恋爱的，而男人如果会产生爱情的话，却是用眼睛来恋爱。

33. 没有什么事是好的或坏的，但思想却使其中有所不同。

34. 你还能说苦啊，最苦没有了你的苦，还不曾苦到底呢。

35. 笨蛋自以为聪明，聪明人才知道自己是笨蛋。

36. 我两腿早陷在血海里，欲罢不能，想回头，就像走到尽头般，叫人心寒，退路是没有了，前途是一片沼泽地，让人越陷越深。

37. 有一类卑微的工作是用坚苦卓绝的精神忍受着的，最低陋的事情往往指向最崇高的目标。

38. 简洁是智慧的灵魂，冗长是肤浅的藻饰。

39. 善良的心地，就是黄金。

40. 豁达者长寿。

41. 报复不是勇敢，忍受才是勇敢。

42. 要是不能把握时机，就要终身蹭蹬，一事无成。

43. 思想是生命的奴隶，生命是时间的弄人。

44. 无瑕的名誉是世间最纯粹的珍珠。

45. 名誉是一件无聊的骗人的东西：得到它的人未必有什么功德，失去它的人也未必有什么过失。

46. 名字有什么关系？把玫瑰花叫做别的名称，它还是照样芳香。

47. 不管饕餮的时间怎样吞噬着一切，我们要在这一息尚存的时候，努力博取我们的声誉，使时间的镰刀不能伤害我们。

48. 成功的骗子，不必再以说谎为生，因为被骗的人已经成为他的拥护者，我再说什么也是枉然。

49. 人们可支配自己的命运，若我们受制于人，那错不在命运，而在我们自己。

50. 美满的爱情，使斗士紧绷的心情松弛下来。

51. 太完美的爱情，伤心又伤身，身为江湖儿女，没那个闲工夫。

52. 嫉妒的手足是谎言！

53. 上帝是公平的，掌握命运的人永远站在天平的两端，被命运掌握的人仅仅只明白上帝赐给他命运！

54. 爱是一种甜蜜的痛苦，真诚的爱情永不是一条平坦的道路的。

55. 如果女性因为感情而嫉妒起来那是很可怕的。

56. 女人不具备笑傲情场的条件。

57. 我承认天底下再没有比爱情的责罚更痛苦的，也没有比服侍它更快乐的事了。

58. 目眩时更要旋转，自己痛不欲生的悲伤，以别人的悲伤就能够治愈！

59. 爱情就像是生长在悬崖上的一朵花，想要摘就必须有勇气。

60. 人类是一件多么了不得的杰作！多么高贵的理性！多么伟大的力量！多么优美的仪表！多么文雅的举动！在行动上多么像一个天使！在智慧上多么像一个天神！宇宙的精华！万物的灵长！

61. 人只不过是一个行走着的影子。

62. 过于匆忙，也同迟缓一样，会导致可悲的结果。

63. 斧头虽小，但经过多次劈砍，终能将一棵最坚硬的橡木砍倒。

64. 行动应如想象同样伟大——以行践言，以言符行。

65. 品行是一个人的内在，名誉是一个人的外貌。

66. 谁要是能够把悲哀一笑置之，悲哀也会减弱它咬人的力量。

67. 善言是黄金。

（闻文、寒山 辑）

关于美学问题的艺术家通信

谈张大千的泼彩艺术

何新弟：你好！

来函已悉，由于繁琐迟复至歉。1945 年前后，我没有去敦煌。先师（大千）在榆州开画展我没有作品参加。虽多次协作有补笔之作品，不必渲染自己。

先师晚年画风变化，泼彩、泼墨兼而用之。虽受西方新派一些影响，也是必然的结果，但另一方面从内在的情绪，有“飘泊异国不如归”的感叹。他在瑞士作画，乃有“看山还是故山青”之感叹。如果在外国为了适应国外欣赏口味的话，不能变法了。

先师画法之变，是在原有以民族传统为基础上而变。所以（不管）怎样变，仍然奔放、大胆，使用颜色吐露自己的胸怀气度，给人以一种强烈的美感，同时又看出他的精微之处。这是和一些“远看吓一跳，近看没东西”的作品不能相提并论的。

泼彩以后还要发展。近年我正在探索，但是亦注意多样性，不能藉此（说）唯有此法，才能以色彩不断创新来感人。

晨起头脑尚未清醒，拉杂至此。一笑，希多教之。

冬祺！

何海霞①

1986 年 1 月 8 日

谈美学与神话

何新同志：

谢谢你的书《诸神的起源》，从报刊上看到评介文章，但书店未见，今得此书，视同珙璧了。

我近年对早期宗教和神话传说很感兴趣，画了一组《中国神话》，已完成八幅，本期《中国画》发了《伏羲女娲》《巫山神女》两幅，《巫山神女》是长江行归来所作。此外《石室魔影》是《敦煌》组画之一。画册奉上，乞指教。

你写了不少评论现代绘画之作，都很有见地，能否给《中国画》赐稿，从美学角度，谈谈旧传统扬弃和未来的瞻望？近几年中国画论争曾热闹一阵，现在似乎要搞点理论建设了，这问题还要求助于你们哲学家；画家大都只会埋头弄点小技巧，不愿啃书，也不爱动脑子。

希望今后能和你合作（如提供插画），得到你的指教和帮助。

握手！

潘絜兹[②]

1986年6月17日

谈何新的水墨画[③]

——评《何新画集》

何新先生：

北京得睹丰采，清气和光，时刻在念。承惠画册，归来细读，夙慧早成，不假磨琢。其中尤以第二编所收最合拙性：如图3之八大山人笔意，及图5、图6（略），皆自出新意，暗与古合。南宋与元之交有禅画一宗，如玉涧、温日观、牧溪，皆出笔如不经意，而意匠极为经营，可以移人情性。先生画致力于此，有同功之妙，拜服拜服。旧作小诗数首，牓二图。

敬请道安，不一。

弟　江兆申[③]

1992 年 10 月 5 日

谈中国神话研究

何新同志：

赠书及大札均收到。

大文已拜读。想为《诸神的起源》中之一或其续作。初见开头以为与苏联的符号学研究有关，读完始知乃是民俗学研究，但卓有新意，希望继续前进。

西方人以希腊神话为标准，以之解古印度神话，由此以为中国缺神话。其实古希腊、印度神话本皆零星散见，不过希腊、罗马古人组成系统故事，叙述较早，而中国的《山海经》《天问》等未得发挥。先民神话今日世界上正在有各种新阐释。我们亟须照古希腊人那样，将零星化为系统，加以叙述，以新观点作通俗化，不尽归之于野蛮、愚昧而抹杀。多年来承袭西方人旧说需要先列事实予以澄清。顾颉刚、闻一多等已开始，但仍以考证面貌出现，对一般人影响不大（不知文研所、师大、北大等民间文艺研究计划如何）。

读大文后偶有所见，列下供参考——

开头引文若照以后解说，似应标点为：

"……司幽生：思士不妻，思女不夫。"意谓，因司幽出生后，建立此社会制度，故立为"司幽之国"。由此下页表中司幽后之"生""产生"皆可删去。男女成年时分别，非仅为防范，亦为教育，参看 M. Mead 之书及其他人类学书。

页 46 引陈遵妫引史书证"极光"之表，未必可靠，不如删去。古代当然不知现代所谓"极光"之词，但以为极北方有奇光，得之传闻，加以解说，是可能的。史中记述许多天象及其命名则不一定是极光。黄河流域不能见北极光作记录，旧说为梦星等等尚未可取消。

同页，第二节末段300误，多一“0”号，成为三千年了。

关于《天问》，林庚同志有文及书，尊文未见提及。

关于“扶桑”等似已有过考证（日本人作过?）亦未见提及。

古字音、形均有时空系数，旧时音韵及训诂学者大多自己定本身一个系统，求其完整，不注意歧异，因此音、形之“通假”或“讹读”“增、夺”等虽事实所有，但亦有推测成分，容易以合不合自己意见而作去取，故应更加慎重，过分肯定似乎不大好。

关于九重天层次说法很好。但“深层”似只谓之学说，亦尚未“深入”。未见大著，不能妄论。

此复即致

敬礼！

金克木[④]

1986年4月17日

谈现代主义[⑤]

乔木同志：

小除夕承拨冗枉顾，又获畅谈，极快极慰。贱躯不足为虑，血压必能渐降；前日有西班牙友人贻彼国所制降压灵药三种，弟则“某未达，不敢尝”，仍依照北京医院指示而已。

何新同志文已于今日细看一遍，遵示以铅笔批识于稿上，献疑求疵，欲为他山之石，想其不致误会为泼冷水也。此文用意甚佳，持论甚正，词锋亦利。然涉面广、战线长，不免失照传讹，如尊示Spengler国籍，即是一例。[⑥]弟爱其才思，本朱子鹅湖诗所谓“旧学商量加邃密”之意，欲其更进一步。其基本弱点似在于界划不甚明晰，将“现代主义”与“存在主义”等量同体，遂欠圆妥；盖就涵义论，“现代主义”广于“存在主义”，而就形成之时间论，“现代主义”又早于“存在主义”。另一弱点，则今之文史家通病，每不知“诗人为时代之触须（antenna）”（庞特语），故哲学思想往往先露头角于文艺作品，形象思维导逻辑思维之先路。而仅知文艺承受哲学思想，推波助澜。即就本文所及者为例，海德格尔甚称十六世纪有关“忧虑”之寓言（Cusa－Fable），先获其心，将其拉丁语全文引而称之（见《存在与时间》德语原本第一版197－8页，按所引为G. g. Hygiuuo之《寓言集》*Fabularum Liber*）；卡夫卡早死，并未及见海德格尔、萨德尔，Dostoevsti之*Notes form the Underground*，二人皆存在主义思想家现世赞叹，奉为存在主义之先觉。盖文艺与哲学思想交煽互发，转辗因果，而今之文史家常忽略此一点。妄陈请教正。

专此即致

敬礼!

钱锺书 上　　杨绛 同候

十二日夜

［胡乔木附言］：

锺书同志另告：对萨特应分前后期，后期较积极，曾后悔未领诺氏奖金以助进步事业。

注释

①何海霞，国画大师，出张大千门下，是其晚年最得意门生。后客居西安，与石鲁、方济众等人共创长安画派，号称“长安四家”之一。何老此信中纵论张大千艺术，极精辟。

②潘絜兹，著名画家，敦煌学家，美术史家。

③江兆申，著名画家，曾任“台北故宫博物院”院长。

④金克木，北京大学教授，著名比较文化学者，印度文化专家。

⑤此信是钱锺书先生写给胡乔木（中国社会科学院名誉院长），讨论何新《先锋艺术及现代西方文化精神的转移》（刊于《文艺研究》1986年第1期）一文。

⑥按何新原稿不误，惟“德”字草书与“法”形近，排版时工人误植“德”字为“法”字，而被误读乃有是说。

纪念吴冠中先生：
现代中国艺术形式主义革命的拓荒者

惊闻吴冠中先生去世了。

30 年前，曾与吴先生就中国视觉艺术的形式革命与创新问题有所交往。

1979 年我写作《试论审美的艺术观》一文，提出对于艺术作品，形式表现重于政治主题和思想内容；艺术必须冲破意识形态之藩篱，“艺术以自身为目的”，“形式决定本质，表现（之美）就是一切”。该文 1979 年—1980 年在香港《抖擞》杂志和《学习与探索》发表，传播开后在国内理论界一度引起轩然大波，以致被当时主流意识形态内定为“精神污染”言论，列名上报。但此文得到两位人士的激赏。一位是吴冠中先生，一位是时任《美术》杂志编辑的栗宪庭君。

吴冠中先生读拙文后立即给我写来一封蕴含激情的信（略）。其后经吴冠中先生引介，当时主持《美术》杂志的栗宪庭君来访，要我为《美术》杂志撰稿。

我说我的东西只怕你们不能发表。栗君说，有吴冠中先生等画家支持，他可以做主；并特转告，吴先生希望我力批“写实主义”，冲击当时主宰艺术领域与美学理论的保守派意识形态。

当时我恰当壮年，正奋力参与并弄潮于思想界的启蒙与反思运动。对造型艺术中以政治运动为主题的小人书式绘画和造型久已倦眼，因此一拍即合。于是接二连三在《美术》杂志上发表数篇文章，鼓吹对视觉艺术的形式表现进行革新。

文章发表后，美术界回应强烈。正统派自然要骂。而吴冠中先生则再度来信，对我的文论继续给予鼓吹。其中最动人的有两句话曰：

掌握科学人胆大，哪怕你铜墙铁壁，哪怕你皇亲国戚！

其间多次信件往复。后来吴先生乃邀请我去其劲松的新居拜访，赠画留念，相谈甚欢。

1988 年后，邓林女士成立东方美术交流学会，吴冠中先生与我都忝列理事，时有欢宴往返。

90 年代以后，吴冠中先生已成画坛泰斗，成为名震中外、艺冠中西的一代大宗师，而且堪称是当今拜金主义五浊恶世之下中国极少数真能名副其实的艺坛大师之一。

而我则自 90 年代后期即闭门谢客，与外界疏于往来。及去年某日余昆弟来家，云最近他曾造访吴老，吴先生问候老兄云云。我问吴先生身体如何，弟云："颇好而健谈。惟于交谈中乃痛诋时流以及美坛风气败坏，痛心疾首！"我云："世道皆如此，何止美坛？当今文化风俗之败坏，一如史上西晋、晚唐、明末、清之光宣，江河日下，不可收拾矣！"未料弟旋以余言转告吴老，而吴老乃回电邀访。但余则以怠懒之身日推一日终未成行。不期恍惚之间，吴老竟终天年而谢世矣！闻讯后，不胜悔叹！

读吴冠中先生画，其妍貌如丽人好女；观吴先生文思，则器识才艺为一代之冠。忆其出处则彬彬君子，览其笔墨则云腾海泛。

叹曰：呜呼！沧桑人生，冷眼世情。天道反复，落日悲沉。举世披靡，危岩峻立。峤峤巨木，桃李成荫。君子德风，污浊不染。高风亮节，垂范人间。

闻讣告遵吴冠中生前遗愿，不举行告别仪式，不开追悼会云云，因录此篇，聊记追思与怀念。

后学何新　拜祭于燕京水云居

2010 年 6 月 27 日

吴冠中与何新书论艺术形式革新问题

何新同志：

大作带来旅途细读，很好，因为是贴切了艺术实践的真实的，所以是科学的。不少虚伪的“艺术理论”文章，美术工作者不爱读，不读！年青一代更反感。所以在美术界，理论与实践者间是话不投机。

我自己的时间精力都倾注给实践了，没有理论水平，但看到伪论的毒害，使许多青年美工在做无效的劳动，有时写一点体会，比方“形式与内容”“抽象美”等等有关形式美的关键问题，收到实践者们的共鸣，同时引起卫道士们的反对。因为有些只识归途的老马，他们还负责驾车的时候是决不敢走新路的。何况，逢迎者也总不乏人。

希望你坚决、勇敢地写下去，也给《美术》杂志写（稿子直接寄他们，我不负责编辑，但可了解处理意见），攻那个“内容决定形式”（此内容非你所指的内容）的毒瘤。《美术》在美术界算是最普及的刊物了，约20多万份。

《文艺研究》1981年第2期及《大众摄影》7月份的一期有我的短文，请多提意见。旅途匆忙，恕迟复。

握手

吴冠中

7月5日（1981）

何新同志：

我于去年12月去西非访问，今年2月上旬经巴黎返京。《美术》收到，大作我已先读过，分析清晰，文笔生动，对瞎子摸象者应起启发作用。前一篇大作，我在新疆及北京大学两次讲座中均作了重点介绍，并将印件介绍给《美术》，希望他们转载，获得了几位编辑的好评。特别像小栗这样的年青人，不背包袱，明辨是非。

我很少读那些“理论”文章，同期其他文章尚未读，以后再读。

刚回国，甚忙，日后较松时当约相叙。

握手！

吴冠中

16日（1982）

何新同志：

信悉。你的文章已读过，很有分量！有说服力，是学术研究。掌握科学人胆大，哪怕你铜墙铁壁！哪怕你皇亲国戚！

因感冒，我最近很少外出，很欢迎你来叙，只（是）这里电话不便，星期日上午我均在家，其他时间来先来信通知，好等待，怕万一临时出门不遇。房间编号改为719楼4门302号（原109）。

吴冠中

27日（1983）

何新同志：

我最近较忙，不日去新疆。转来的大作尚未细读，预备带去新疆细读，我在那边大概要留两个多月，以后再交换意见，希见谅。

敬礼！

吴冠中

7月1日（1983）

跋

此书是我的美学及艺术论集。

此前此书有三个版本：

1. 《艺术现象的符号—文化学阐释》，1987 年人民文学出版社出版。

2. 《艺术分析与美学思辩》，2001 年时事出版社出版。

3. 《美学分析》，2002 年中国民族摄影艺术出版社出版。

此次新版，补充了几篇札记。对所收入诸文亦有所修订、删略与增补。是为跋。

何新

2010 年 4 月 18 日记于京东滨河花园